普通高等院校计算机类专业系列教材
全国部分理工类地方本科院校联盟应用型课程教材

云计算原理与技术

主　编　刘甫迎　杨明广
副主编　刘　焱　党　锐
　　　　杜　毅

北京理工大学出版社
BEIJING INSTITUTE OF TECHNOLOGY PRESS

内 容 简 介

云计算按需提供基于互联网的基础设施、平台、软件即服务，已广范应用于当今数字技术时代。

本书有5篇10章和3个附录。云计算基础篇：云计算概述、云计算的实现机制及流派、与云计算技术；云平台操作、云管理及运营篇：OpenStack 云平台；云计算原理及技术流派篇：谷歌、亚马逊、微软云计算及阿里云；开源云计算篇：Hadoop（HDFS、MapReduce、HBase）；云计算发展的相关技术篇：容器、容器云、K8s 容器编排管理，Spark；附录：教学大纲、实验指导书、试卷。立足云端应用开发和运营，重实践，教学资源丰富。

本书可作为应用型高等学校本科或高职高专、软件学院及培训机构的数据科学与大数据技术、计算机科学与技术、网络工程、物联网工程、软件工程、数字媒体、软件技术、计算机应用等计算机类专业及通信工程类专业的教材，也适合于从事软件开发与应用的人员参考。

图书在版编目（CIP）数据

云计算原理与技术 / 刘甫迎，杨明广主编. -- 北京：
北京理工大学出版社，2021.11（2022.2 重印）
ISBN 978 - 7 - 5763 - 0733 - 7

Ⅰ.①云… Ⅱ.①刘… ②杨… Ⅲ.①云计算 – 高等
学校 – 教材 Ⅳ.①TP393.027

中国版本图书馆 CIP 数据核字（2021）第 248254 号

出版发行 / 北京理工大学出版社有限责任公司
社　　址 / 北京市海淀区中关村南大街 5 号
邮　　编 / 100081
电　　话 / （010）68914775（总编室）
　　　　　（010）82562903（教材售后服务热线）
　　　　　（010）68944723（其他图书服务热线）
网　　址 / http：//www.bitpress.com.cn
经　　销 / 全国各地新华书店
印　　刷 / 涿州市新华印刷有限公司
开　　本 / 787 毫米 × 1092 毫米　1/16
印　　张 / 17
字　　数 / 396 千字
版　　次 / 2021 年 11 月第 1 版　2022 年 2 月第 2 次印刷
定　　价 / 49.00 元

责任编辑 / 江　立
文案编辑 / 李　硕
责任校对 / 刘亚男
责任印制 / 李志强

前　　言

云计算技术按需提供基于互联网的软件即服务（SaaS）、平台即服务（PaaS）和基础设施即服务（IaaS），在信息技术和数字技术领域最新的技术发展趋势中，云计算技术名列前茅。

随着云计算的兴起，各种相关书籍纷至沓来。与市面同类教材相比，本书的主要特点如下。

（1）以就业和适应产业发展需求为导向，用云计算行业标准确立本课程的培养任务。本书集云计算原理、技术、开发、应用、云管理、云安全、云运营于大成，全面介绍了云计算行业需求的关键技术，突出云端应用开发编程和云管理运营能力的培养，在系统性和实用性两方面寻求平衡，为学生获取专业毕业证书和云计算开发工程师等职业证书（即"1＋X"证书）服务。

（2）理论与实践相结合、育训结合，突出云计算实践教育。本书向读者推荐业界广泛运用的 OpenStack 开源云平台（多数云计算教材只介绍云计算仿真器 CloudSim），本教材附录 B 的云计算 IaaS 实验介绍了 OpenStack 的安装与部署、操作与运维。另外，还有虚拟化技术实验、云计算 PaaS 和 SaaS 实验（OpenStack 云主机应用程序的安装及运行使用）、开源云计算 Hadoop（HDFS、MapReduce、HBase）技术实验，以及云计算发展的相关技术实验（Kubernetes 容器编排管理和应用）等，实训、实践性教学课时占总课时一半或以上，培养学生的创新精神与实践能力，特别适用于应用型本科和高职高专院校。

（3）介绍了与 Amazon 争雄的，中国自己的云计算平台阿里云，相关的内容在其他同类出版物中鲜有涉及。

（4）渐进式的教学内容模块安排顺序，便于学习理解，也便于学校教师和企业专家分模块教学。全书分为五篇，从"云计算基础篇"了解云计算基本概念，通过"云平台操作、云管理及运营篇"（第 2 章 OpenStack 开源云平台，第 3 章云管理、云安全和云运营），让学生对云平台有一个实操感受，为培养学生云端管理、维护及运营能力，培养云安全法规意识（立德树人的职业素养）和对后面章节的学习兴趣奠定基础。"云计算原理及技术流派篇"（第 4 章 Google 云计算原理与应用、第 5 章 Amazon 云计算及其弹性云技术、第 6 章微软云计算与软件加服务方式、第 7 章阿里云及其与 Cloud Foundry 的结合）对云计算原理与技术进行了深入介绍。

（5）强调教材内容应具有准确性和先进性，体现新工科现代科学新技术。有的书讲述 Google 云计算时介绍的是 Hadoop，其实并不准确：Hadoop 不是 Google 产品而是受 Google 云计算理论影响的 Apache 开源项目组 Nutch 的产品，Google 云计算主要应介绍云计算奠基原理——Google 云计算原理及其 GAE 引擎、应用等。本书纠正了该说法，将 Hadoop 放在了"开源云计算篇"（第 8 章开源云计算——Hadoop）中，主要培养学生的云端应用开发能力。"云计算发展相关技术篇"的容器、容器云和 Kubernetes（K8s）技术以及 Spark 内存计算技术，让学生体会到在云计算、大数据及人工智能时代对新的科学技术学习没有止境。

（6）注重校际联盟，校企合作，企业深度参与协同育人。本书又属于 G12（12 所高校组成的全国部分理工类地方本科院校联盟）课程教材建设项目，充分发挥联盟各高校"双师型"教师（同时具备理论教学和实践教学能力的教师）的教学经验长处，并运用各自合作企业的真实案例进行课程教材建设。本书作者与中科院成都信息技术有限公司等合作，按照行业、企业的需求编著，特别是本书附录部分的"附录 A《云计算原理与技术》教学大纲"体现了企业深度参与、协同育人的成果。

（7）教材信息化建设。本书辅助教学资源丰富，有教学大纲、实验指导书、模拟考试，每章有习题，还有配套电子教案等，便于教学和学生学习。拟打造成立体化在线资源共享课程的教材，为提升为 MOOC 课程做准备。

本书由刘甫迎、杨明广担任主编，刘焱、党锐、杜毅担任副主编。刘甫迎编写第 1 章、附录 A；杨明广编写第 4 章和第 5 章；刘焱编写第 2 章、第 3 章和第 7 章；党锐编写第 8 章、第 9 章和附录 B（除附录 B.4.1 外）；杜毅编写第 6 章、第 10 章、附录 B.4.1 和附录 C；全书由刘甫迎和杨明广统稿。对在编写和出版本书过程中，北京理工大学出版社给予的帮助和付出的辛勤工作表示衷心感谢！

由于作者水平有限，错误难免，请斧正。

编　者

CONTENTS 目录

云计算基础篇

云平台操作、云管理及运营篇

第3章 云管理、云安全和云运营 ……………………………………（ 65 ）

云计算原理及技术流派篇

第4章 Google 云计算原理与应用 …………………………………（ 93 ）

云计算发展相关技术篇

第 9 章　容器、容器云和 Kubernetes（K8s）技术 ······················· (225)

第 10 章　Spark 内存计算技术 ·· (241)

云计算基础篇

第1章

绪　　论

本章讲述云计算的基础知识，包括云计算的概念、原理、流派和主要技术等，为学习后面章节奠定基础。

1.1　云计算概述

云计算是基于互联网的相关服务的增加、使用和交付模式，涉及通过互联网来提供动态易扩展且常是虚拟化的资源，这些资源是被称作"云"的计算机群及其拥有的软件和资料。

当今互联网技术（Internet Technology，IT）的理念是使信息产品（软件和硬件）能够像电一样，按需使用和付费。企业无须购买硬件和软件，只需要一台能上网的计算机或手机，无须考虑存储或计算发生的位置，随时可以获取更新的信息和服务。其软件和硬件服务标准化，并有平台管理。云计算是 IT 的基石，在高德纳（Gartner，世界上首家信息技术研究和分析的公司）公布近年来十大技术趋势中，云计算名列前茅。

1.1.1　云计算的产生与发展

1. 云计算的产生

1）新的商业模式——云计算服务的出现

2006 年 8 月，在圣何塞举办的搜索引擎战略大会（Search Engine Strategies Conference，SESC）上，谷歌（Google）首席执行官施密特（Eric Schmidt）提出了"云计算"的概念。

云计算商业模式和技术已经发展了很长时间，并在实践的过程中逐步演进。人们对云计算的认知已经发生了质变，将其理论化、体系化势在必行。

Google 虽然为云计算命名，但真正明确云计算商业模式的是亚马逊（Amazon）。在施密特提出"云计算"概念后，Amazon 推出了动态计算云（Elastic Compute Cloud，EC2）服务，将"云"这个名词包含在内。Amazon 公司以前主要销售图书、DVD、计算机、软件、电视游戏、电子产品、衣服、家具、计算资源等一切适合电子商务的"商品"。Amazon 创始人杰夫·贝佐斯认为，"PC + 软件"和从"云"里取得服务的方式，既是技术的问题，也是商业模式的问题。为了让网站支持大规模的业务，Amazon 在基础设施建设上花了很大功夫，积累了很多经验。为了将平时闲置的计算资源作为商品出售，Amazon 公司先后推出了 3S（Simple、Storage、Service，简单、存储、服务）和 EC2 等存储、计算租用服务。

在 Amazon 之前，很多具有云计算特征的服务，仍然是互联网服务。Amazon 推出基础设施即服务（Infrastructure as a Service，IaaS）后，云计算的商业模式独立出来，成为云计算服务。

2）云计算服务的底层支持——云计算平台

云计算服务是一种新的商业模式，面向海量用户提供永远在线、随时访问的可用服务，并支持多用户按需获取服务资源，保证服务的可靠性，要求底层 IT 系统支持这样的服务模式。伴随着云计算服务理念的发展，云计算形成了一整套技术实现机制，云计算平台是这套机制的具体体现。

云计算平台与操作系统类似，管理着一个可扩展的网络超级计算机。这个操作系统将大量分布于各地的计算机通过网络连接起来，使之在逻辑上以整体的形式呈现。在不同的应用需求出现时，系统可以快速调动各种软、硬件资源协同工作，完成计算、存储和沟通任务，用户无须关注实现细节。网络超级计算机的可扩展性可以根据需要添加或者删减计算资源，其展现出的性能会呈现近似线性的变化。

3）云计算的定义

目前，云计算还没有一个统一且被各方接受的定义，如果想要完整地认知云计算，需要从服务和平台两个方面理解，涵盖云计算服务和云计算平台两个概念，云计算既是商业模式，也是技术。

云计算是一种新型的计算模式，把 IT 资源、数据、应用作为服务通过互联网提供给用户。云计算也是一种基础架构管理的方法论，大量的计算资源组成 IT 资源池，用于动态地创建高度虚拟化的资源提供给用户。

云计算服务可以划分为 3 个层次，即基础设施即服务、平台即服务（Platform as a Service，PaaS）和软件即服务（Software as a Service，SaaS），按需使用和付费。

4）云计算平台与云计算服务

云计算平台和云计算服务的关系，如同底层基础和上层建筑的关系。云计算平台可以将大量计算资源集中起来，协同工作，支撑上层服务的运行。云计算服务的丰富和扩展，对底层平台不断提出发展的要求。

云计算服务以商业服务模式为主要的推动力，可以运行在传统的底层架构上，底层技术平台的选择可以起到辅助和提升的作用。云计算平台通过先进的技术手段构建全新的基础平台或改造旧有的底层架构，为所有的应用和计算服务提供底层支撑而不局限于云计算服务，如目前正在研究在云计算平台上实现大规模模拟计算的并行计算框架，以及利用云计算平台解决企业面临的海量数据存储或系统管理问题。

云计算平台在设计上针对大用户、大数据和大系统的问题提出了解决办法，由云计算平台支撑的云计算服务，不仅可以提高服务的效率，还可以充分发挥平台的能力和优势。因此，云计算平台在目前更适合推广云计算服务，只有二者的完美结合，才能实现在大规模用户聚集的情形下以较低的服务成本，提供具有高可用性和高可靠性的服务，从而保持业务的持续发展和在商业竞争中的优势。

2. 云计算的发展

1）云计算从初期的冷清到社区的活跃，以及标准化的推进

2006年，当Amazon推出第一个云计算服务的时候，在大多数人眼中这不过是一个高投入、低利润的产业，既没人看好也乏人问津。这样又默默耕耘了两年，直到《经济学人》杂志破天荒地用整期内容对云计算做了全方位深度报道之后，这项技术才算引起社会注意，逐渐在产业界火热起来，极大地吸引了中外学术研究领域的兴趣，推动了相关技术标准和商业模式的研究进展。

（1）云计算的论坛与研讨会异常活跃。

云计算论坛在世界各地兴起，各种研究机构十分活跃。关于云计算的各种形式研讨会几乎每个月都有。投资者和提供者均看好云计算的发展，关于云计算的商业模式和业务创新的研究层出不穷。

（2）云计算的标准化进程稳步推进。

制订云计算标准的开放云联盟（Open Cloud Consortium，OC）宣布成立，成员包括伊利诺伊大学、美国西北大学、约翰霍普金斯大学、芝加哥大学和加州传讯及信息科技研究院。思科是第一家公开加入该组织的IT厂商，接着有更多的厂商参加进来。

在云计算的国际标准化方面，信息技术领域的国际标准化官方组织ISO/IEC JTC1（国际标准化组织国际电工委员会、第一联合技术委员会）已正式成立了两个相关的标准研究组，即SO/IEC JTC1/SC7下设的云计算中IT治理研究组和ISO/IEC JTC1/SC38下设的云计算研究组。云计算标准化的内容包括开放云计算接口、云计算基准（Benchmark）、云计算参考实现、计算试验平台等。

（3）中国积极开展云计算的研究。

中国是发起成立SC38的主要国家，为我国组织研究制订云计算领域的国际标准奠定了坚实的基础，实现了我国在ISO/IEC JTC1工作中由"被动跟随"到"积极引导"的历史性突破。工业和信息化部与国家标准化管理委员会联合组织开展云计算标准化工作，由中国电子技术标准化研究所具体牵头，充分发挥信息技术标准工作组的平台作用，组建云计算标准化产业联盟，并与国际标准化工作衔接。中国电子学会专门成立了"云计算专家委员会"，正在跟踪国内外云计算科技研究和产业发展趋势、重视领域人才培养、积极参与各个层面的决策咨询、参与制订云计算技术产业规范、加强与企业界的联系（为企业提供高水平、实用性强的技术培训，如CMM项目经理培训、系统分析员培训）等方面积极开展相关工作。

2）云计算发展已形成的五大趋势

在十多年之后的 2017 年，Amazon 云科技的首席云计算顾问费良宏发表了其云计算已有五大趋势看法：全球化基础设施的扩张加速；大型企业拥抱云计算；混合架构提供了新的机遇；Serverless 架构的普及；物联网（The Internet of Things，IoT）爆发。

（1）全球化基础设施的扩张加速。

云计算的用户对于数据的位置通常有自己的偏好，网络的低延迟也是不容回避的需求。此外，合规性也是云计算服务提供者必须满足的优先项。所有这些都会导致在接下来的一段时间内云计算基础设施继续保持扩张的趋势。以 Amazon 云科技为例，除了常规的自有数据中心之外，为了实现最佳客户体验，Amazon 云科技还定制化和自行研发了集成电路、网络路由器芯片、路由器、服务器、存储设备等大量硬件设备。在最新的夏威夷跨太平洋光纤线缆网络工程中，Amazon 云科技建成长达 14 000 千米的海底光缆，以连接新西兰、澳大利亚、夏威夷和俄勒冈等地，最深处为海平面以下 6 000 米，其中很多工程挑战已经超出了一般科技公司的工作范畴。

这种变化除了已知的优点之外，还包括一些新的挑战出现，即利用全球化基础设施时需要解决的成本管理、灾害控制和高可用性的架构设计以及可移植性等方面的问题。

（2）大型企业拥抱云计算。

如果说过去的几年人们提起云计算的受益者，通常都会列举诸如 Airbnb、Netflix Supercell 这类明显带有互联网特质的公司。而过去的几年，新增了一些"不同寻常"的名字，如全球最大的快餐连锁企业麦当劳。在充分利用了云计算优势以后，系统的性能提升了 66%。麦当劳的 POS 系统有超过 300 000 台 POS 设备，系统每秒钟实现的交易达到了 8 600 笔。还有高盛、花旗银行及 Capital One 等。

最为传统和保守的银行业也启动了云计算的应用，还有美国金融业监管局（The Financial Industry Regulatory Authority，FINRA）。根据 FINRA 的 CIO Steve Randich 的介绍，FINRA 已将其 75% 的业务操作迁移至 Amazon 云科技云计算平台之上。利用云计算获取、分析、存储了每天产生的高达 750 亿条之多的记录。按照其描述，这个改变在成本上的直接的变化就是每年会节省 2 000 万美元。

对于企业而言，云计算已经不再是一个可选项，而是企业发展的必然选择。借用 Gartner 的说法就是 Cloud is not a strategy, it is a tactic（云计算已经不再是一个战略问题，它是个战术问题）。

（3）混合架构提供了新的机遇。

2016 年 11 月份，福布斯披露了其针对全球 302 位企业高管所做的一项关于云计算的调查。调查的结果显示在企业市场，混合架构（有人称其为混合云）的场景将会越来越普遍。企业的工作负载将会根据需要在云以及本地 IT 之间频繁地迁移。对于这些企业而言，成本已经不再是考量的唯一要素。云计算的其他优点，如敏捷性、弹性支持的能力会越来越被看重。

从企业来看，安全性依然是最被看重的方面。而云计算带来的性能和效率的提升得到最多的认同。超过 1/3 的管理者表示大规模的交易系统最适合应用在云计算之上。随着混合架构重要性的提升，出现云计算和本地 IT 环境间迁移的大量需求。这个挑战对于传统的 IT 人员来说是一个极大的难题。这需要新的能力，但也是一个新的机遇。

（4）Serverless 架构的普及。

Serverless 架构是一个比较新的事物，其出现不过几年而已。所谓的"无服务器"不是真的脱离了物理上的服务器，而是指代码不会明确地部署在某些特定的平台或者硬件的服务器之上。运行代码的托管环境是由云计算厂商所提供的。

从技术角度来看，这并非什么新的技术，无非是利用了 Linux 内核中已经实现的诸如 cgroups、namespace 一类的资源隔离和管理能力而提供的一种新的代码运行环境。这种环境的一个极大优势在于，系统架构中最为复杂的扩展性、高可用性、任务调度以及运维等工作已经由服务提供者代为管理。由此，可以步入一个新的系统开发的境界——no - Architecture（无架构师）、no - Ops（无运维）。

从熟知的程序运行环境的变迁也可以解释这种新的变化，从最初的物理服务器进化到虚拟化提供的虚拟机，由虚拟机进化到容器，而今天 Serverless 架构又提供一个比容器更轻量、更简单的环境。在 Serverless 的世界里面，Amazon 云科技扮演了非常重要的角色，人们期待这个领域会有更大的发展。

（5）物联网（IoT）爆发。

IoT 是基于互联网、传统电信网等的信息承载体，让所有能够被独立寻址的普通物理对象形成万物互联的网络。困扰 IoT 发展的 IoT 平台，随着云计算的发展而得到了长足的进步。以 Amazon 云科技提供的 IoT 服务为例，它可以支持数十亿台设备和数万亿条消息，其可以对这些消息进行处理并将其安全可靠地路由至终端节点和其他设备。而且这样的一个平台可以极大地简化开发 IoT 应用的复杂性。

而 Amazon IoT Button 则带来了 IoT 设备的一个新的思路。这是一款可编程的简单的Wi - Fi 设备，非常易于配置。通过这样一个简单的设备可以快速开发出诸如一键购买、汽车解锁、智能家居控制、住客签到等。

对于 IoT 应用，低功耗广域网（Low - Power Wide - Area Network，LPWAN）也是进步惊人。相比于短距技术（蓝牙、Wi - Fi、ZigBee 紫蜂低速短距离传输的无线网上协议等），LPWAN 无须额外部署汇聚网关，大大降低了用户的部署成本和复杂度，应用终端即插即用消除了部署限制。2016 年 6 月，窄带物联网（Narrow Band Internet of Things，NB - IoT）技术协议获得了第三代合作伙伴计划（3rd Generation Partnership Project，3GPP）无线接入网（Wireless Access Network，RAN）技术规范组会议通过，在 2017 年投入商用。远距离无线电（Long Range Radio，LoRa）作为一种无线技术以较低功耗远距离通信，对建筑物的穿透力很强。LoRa 的技术特点更适合低成本大规模的 IoT 部署，如智慧城市。仅在 2016 年已经有 17 个国家公开宣布建网计划，120 多个城市地区有正在运行的 LoRa 网络。2021 年 9 月中国工信部等八部委印发《物联网新型基础设施建设三年行动计划（2021—2023）》更是将 IoT 新型基础设施建设在中国上升到新的高度。

困扰 IoT 的平台以及网络等瓶颈，因为市场的发展和技术进步而得以消除，迎来了 IoT 的爆发。

3）云计算技术及云基础设施的近期展望

于 2019 年，所进行的值得关注的近期云计算技术及云基础设施五大展望分析如下。

（1）容器和 Kubernetes（简称 K8s）在企业数据中心的兴起。

企业以比预期快得多的速度拥抱容器。蓬勃发展的开源社区与成熟商业产品的可用性相结合，为企业客户提供了信心。K8s 已成为企业容器 PaaS 平台的事实标准。从传统 OS 供应商到现代 PaaS 提供商，每个主要的平台供应商都有一个商业 K8s 产品，使之成为其数据中心的新操作系统。K8s 技术于 2014 年由 Google 提出后得到快速发展，特别是近期在企业中迅速崛起。容器通过弥合传统和现代应用程序，以及内部和公共云基础设施之间的差距来重新定义混合云。Google 发布了预览版（Google K8s Engine，GKE），该预览将经过验证的容器即服务（Communications as a Service，CaaS）紧密集成到公有云中——Google K8s Engine。微软正在迅速将 Azure K8s 服务引入 Azure Stack 私有云平台。IBM 正在押注 IBM Cloud Private——一个基于 K8s 的混合云平台。

传统的 PaaS 已逐渐转变为容器管理平台。PaaS 行业的领导者红帽和 Pivotal 已经接受了 K8s 作为其平台的基础。人们会见证 PaaS 向 CaaS 的全面转型。

（2）专用硬件的普及。

在计算的初始阶段，软件是为基于 Intel X86 或 SPARC 的通用硬件体系结构编写的。最终，英特尔成为操作系统供应商和应用程序供应商的最低共同标准。

公共云改变了硬件和 CPU 市场的现状。为了推动经济和效率的规模，像 Amazon、Google、微软和 Facebook 这样超大规模供应商开始构建与 Intel CPU 互补的自定义硬件和处理器。随着诸如机器学习和高性能计算之类的小生产环境成为公共云采用的关键驱动因素，超大规模提供商正在转向定制硬件以加速应用程序的性能。

于 2019 年，已出现了定制芯片取代通用软件的趋势。为虚拟化、图形化和高性能计算机（High Performance Computing，HPC）群编写的软件所完成的繁重工作将转移到提供大量性能和效率的特定构建的硬件上。

微软面向实时人工智能应用的深度学习加速平台 Project Brainwave 中使用的现场可编程门阵列（Field Programmable Gate Array，FPGA）和 Google Cloud TPU（Google 专为机器学习打造的专用集成电路（Application Specific Integrated Circuit，ASIC），解决了企业在部署人工智能应用中的痛点）等专有加速器变得更加突出。

（3）多云不再是一个流行语。

企业正在投资多个云平台，以降低供应商锁定和单点故障的风险。大型企业客户在运行关键业务时至少使用两个云供应商。常见的模式是使用对象存储来维护额外的冗余层；在不同的云平台中部署 DR 站点也是多云的常见用例。但这些模式并没有给企业带来真正采用多云的好处。

2019 年以后，客户已更多地联合多个云平台以运行分布式业务。可以在一个云平台中运行遗留事务数据库，而在另一个云平台中运行新事务数据库。由于业务特性和需求的不同，客户将选择最优秀的云供应商来运行相应的业务。

K8s 演变成为多云的结构。当下将 K8s 作为首选部署工具的客户将享受多云和可移植性的好处。

（4）DevOps 的下一阶段。

从字面上看，"DevOps"一词是由开发（Development）和运维（Operations）组合而成，但所代表的理念和实践要比这广阔的多。DevOps 涵盖了许多方面。

两个主要趋势将影响当前的 DevOps：模型-容器和人工智能（Artificial Intelligence，AI）。传统的 DevOps 工具是专门为供应、调度、配置和管理虚拟机的生命周期而设计的。容器带来了不同级别的抽象，消除了直接管理虚拟机的需要。诸如不可变基础设施、代码等基础设施和自愈应用程序之类的概念使得传统的 DevOps 工具不那么相关。

人们将目睹新一批 DevOps 公司提供高效的持续集成/持续交付（Continuous Integration/Continuous Delivery，CI/CD）流水线，具有更好的可观察性和微服务的安全性。与其他基础设施领域一样，容器也将加速 DevOps 市场的变革。

将 AI 应用于 DevOps 导致了减少人工干预需要的 AIOps 的出现。从异常检测到根本原因分析，从预测性扩展到智能监控，基于 AIOps 的技术成为智能运营工具。它甚至可以用智能自动化取代 L1 和 L2（两个正则化方法）支持团队。AIOps 成为 DevOps 的重要趋势。

（5）CaaS 和 FaaS 的融合。

无服务器计算（Serverless）不再是一个流行语。它正在成为发展最快的云服务交付模型之一。Amazon、Google、IBM 和微软在它们各自的公共云环境中提供无服务器计算模型。

功能即服务（Functions as a Service，FaaS）是无服务器计算的交付模型之一，其中开发人员上传打包为模块化函数的代码片段。调用这些函数是为了响应由各种外部源（如数据库、存储容器、流，甚至用户界面）生成的事件。AWS Lambda、Azure Functions、Google Cloud Functions 和 IBM Cloud Functions 是公共云中的一些事件。

在 KubeCon 2018 大会上，讨论最多的是无服务器。业界正在共同努力使 K8s 成为部署事件驱动功能的平台，这些功能是根据内部和外部事件调用的。FaaS 成为容器世界的主要方向，定义 FaaS 的通用标准以实现功能的可移植性和互操作性。现在人们已看到云计算发展的两个趋势，即 CaaS 和 FaaS 的融合，以及 FaaS 的标准化了。

在 Re：Invent 技术大会上，AWS 又更进一步推出 Outpost、Wavelength、Local Zones 这样更灵活更高效的云服务，可以预见，其他大厂也会跟着推出克隆产品。曾经的 AWS 创新，现在是云服务标配；同样，现在的 AWS 创新，就是未来的云服务标配。

AWS 推出了在线技术大会 AWS INNOVATE（如 AWS INNOVATE 2020 就是在线会议），目前在线便可以了解云服务未来的趋势了。

1.1.2　云计算的特点

1. 云计算的特点

在云计算时代会出现越来越多的基于互联网的服务，这些服务丰富多样、功能强大，可以随时随地接入，用户无须购买、下载和安装任何客户端，使用浏览器即可轻松访问各种服务，也无须为软件的升级和病毒的感染操心。用户可以将文档等数据放在"云"中共享和协作，如共同编辑同一文章，通过严格的权限管理机制来确保协作在安全的环境下进行。

企业用户可以利用云技术优化现有的 IT 服务，使现有的 IT 服务更可靠、更自动化，可以将企业的 IT 服务整体迁移到"云"上，使企业卸下维护 IT 服务的重担，专注于主营业务。

个人用户使用的服务运行在"云"端，本地计算需求比较少，不需要不断地升级计算机的配置或购买昂贵的计算机，只需要一个可以上网的智能终端，如手机和上网平板本等。互联网服务是按需使用的，无须在初期购置价格不菲的软件客户端。企业用户除了可以利用先进的云技术来降低企业 IT 初期的投资成本和后期的维护成本之外，还可以通过将 IT 服务外包或整体迁移到外部的"云"中来削减 IT 部门的规模，使公司成本的结构更完善。

云计算具有如下特点。

（1）超大规模。大多数云计算中心都具有相当的规模，Google 云计算中心拥有几百万台服务器，而 Amazon、IBM、微软、Yahoo 等企业拥有的云计算规模也毫不逊色，云计算中心通过整合和管理数量庞大的计算机集群，赋予用户前所未有的计算和存储能力。

（2）抽象化。云计算支持用户在任意位置使用各种终端获取应用服务，所请求的资源来自"云"，而不是有形的实体。应用在"云"中某处运行，用户不需要了解应用运行的具体位置，有效地简化了应用的使用。

（3）高可靠性。云计算中心在软硬件层面采用数据多副本容错、心跳检测和计算节点同构可互换等措施来保障服务的可靠性，在能源、制冷和网络连接等设施方面采用冗余设计，进一步确保服务的可靠性。

（4）通用性。云计算中心很少为特定的应用存在，但支持业界大多数的主流应用。一个"云"可以支撑多个不同类型的应用同时运行，并保证这些服务的运行质量。

（5）高可扩展性。用户所使用的"云"资源可以根据其应用的需要进行调整和动态伸缩，加上云计算中心的超大规模，"云"能够有效地满足应用和用户大规模增长的需要。

（6）按需服务。"云"是一个庞大的资源池，用户可以按需购买，就像自来水、电和煤气等根据用户的使用量计费，不需要任何软硬件和设施等的前期投入。

（7）花费低。云计算中心规模巨大，能够带来经济性和提升资源利用率，并且"云"大多采用通用的 X86 节点构建，用户可以充分地享受云计算所带来的低成本优势。

（8）自动化。在"云"中，应用、服务、资源的部署和软硬件的管理主要通过自动化的方式执行和管理，极大地降低了云计算中心的人力成本。

（9）节能环保。云计算技术将分散在低利用率服务器上的工作负载整合到"云"中，提升资源的使用效率。"云"由专业的管理团队运行和维护，其电源使用效率（Power Usage Effectiveness，PUE）值比普通企业的数据中心低，如 Google 数据中心的 PUE 值在 1.2 左右，而常见的 PUE 范围是 2~3。"云"建设在水电厂等清洁能源附近，既可以节省能源开支，又可以保护环境。

（10）完善的运维机制。"云"是由专业的团队来帮用户管理信息，由先进的数据中心帮用户保存数据的。同时，严格的权限管理策略可以保证数据的安全。

2. 云计算的性能

云计算系统必须具备按需自动服务、广泛的网络访问、资源池化、快速弹性伸缩能力、计量服务 5 大基本要素。

（1）按需自动服务指客户可以定制计算机资源，而不需要云服务提供商插手。

（2）广泛的网络访问指使用标准方法确保全网范围客户可以访问云端的资源，并为各种类型的用户提供相对独立的访问，包括异种操作系统的混合，以及"胖"客户机、"瘦"客户机，如笔记本、移动电话和掌上电脑（Personal Digital Assistant，PDA）。

（3）资源池化指云服务提供商创造池化在一个支持多租户共享系统中的资源，资源在物理上分布多个位置，当计算需要时作为虚拟件，按需动态分配或重新分配。资源池化的本质是隐藏虚拟机、进程、内存、存储、网络带宽和连接等抽象概念。

（4）快速弹性伸缩能力指资源可以被快速、弹性地分配，自动满足云计算自助服务特征需求，对用户表现为一个能够提供按需付费的大规模动态资源池。为了提供伸缩能力，需要考虑开发和实现松耦合服务。这些服务的伸缩性彼此之间相互独立，不依赖其他的伸缩能力。

（5）计量服务指云系统资源的运用是被计量、通过审核的，并基于仪表系统向客户报告。可以对客户基于一个已知的度量方法收费，如存储空间的使用量、事务数量、网络吞吐量或带宽占用、处理能力的能源消耗量。计量服务基于服务的等级对客户收费。

除了以上的 5 个核心特性，云计算系统还具有以下优势。

（1）更低的成本：云网络运行的高效率和高利用率，使其成本显著下降。

（2）易于使用：根据服务类型，云计算系统不需要硬件或软件许可也可能实施服务。

（3）服务的质量：按合同规定从供应商处获得服务质量。

（4）可靠性：云计算网络的规模以及提供负载均衡和故障转移的能力使它们高度可靠，通常比在一个组织内所能做到的要可靠。

（5）外包 IT 管理：云计算部署可以将计算机基础设施的管理外包，缩减人工成本。

（6）简化维护和升级：云计算系统是集中管理的，容易集中打补丁和升级，可以保证用户总是使用最新版本的软件。

（7）低准入障碍：前期资本支出大大减少。

3. 云计算的局限性

1）事件和任务必须可切分

使用云计算技术获得明显的性能或效率提升的前提条件是，所针对的问题、事件或任务必须可进行切分。

云计算平台解决问题的根本方法之一，是将负载进行平衡，即实现任务在计算资源上的分工。从管理的角度理解，分工是把组织目标进行分解，使组织的各个层次、部门和个人了解自己在实现组织目标中应承担的工作职责。

云计算进行负载均衡的方法有两种：横向切分和竖向切分。

（1）横向切分。

横向切分是指同一工作量的分解，通过增加同工节点的数量共同完成任务。当面对多任务压力时，人们通常会将任务分摊到多个个体。例如，银行有多个窗口提供服务，大型超市有多个结账台完成结算。云计算将信息处理所面临的负载压力切分到多个节点上进行并行处理。因此，当一台服务器难以承受 100 万的 Web 并发访问请求压力时，可以考虑将其分摊到 10 台机器上同时处理，每台机器只需应对 10 万的访问请求，解决请求时的排队问题，大大加快处理速度。

（2）纵向切分。

纵向切分是指工作流程的切分，一个任务的处理在流程上进行切分，在结果上聚合。例如，对于一个零件生产厂商来说，在生产螺丝和螺帽的套件时，按照实际的生产条件，可以选择一条生产线按顺序生产螺丝、螺帽后进行装配，也可以选择两条生产线同时生产螺丝和螺帽，再以另外一条生产线进行组装。在标准时间内第二种生产方式的效率更高。同样，一些计算任务或网站业务如果在执行流程上可以被分解成不同的过程并行处理，就可以使用云计算技术分配不同的资源并行完成，再将结果整合。

由此可以得出两条结论：

① 当工作量或工作流程无法进行切分即并行处理时，使用云计算不会有明显的性能改善；

② 云计算技术用于解决处理问题时产生的排队问题，而非提高个体处理问题的速度。

假设每名顾客在银行办理业务的时间相等，增开服务窗口可以将排队等待的顾客转移到其他窗口同时办理，以加快整体办理速度，但最高速度不会快于单个顾客办理业务的时间（如果要缩短这个时间，就要通过提高银行人员的办事效率、缩短业务的流程等方式实现）。

2）云计算无法解决"原子"操作的时延问题

如果一个操作不可分割，在执行完成之前不会被任何其他任务或事件中断，则可称为"原子"操作。云计算技术针对"原子"操作，用于解决吞吐量（Throughput）的问题，而非时延（Latency）问题。

多数网站处理速度慢是因为服务器的能力不足造成服务请求的排队。在这种情况下，通过云计算的负载均衡技术可以将单个服务器的压力进行分摊，从而加快处理速度，提高服务性能。但是，如果网站服务器处理单个请求的速度很慢，就不能只靠云计算来解决问题，还需要综合考虑其他因素。

1.1.3　云计算的架构

云计算的架构分为服务和管理两大部分，如图 1-1 所示。

图 1-1　云计算的架构

云计算管理以云管理层为主，确保整个云计算中心安全、稳定地运行，并且能够被有效管理。云为用户提供基于云的各种服务，包含 SaaS、PaaS 和 IaaS。

1. 云服务

从用户角度而言，云服务①是独立的，它们提供的服务完全不同，面向的用户也不同。但从技术角度而言，云服务的这 3 层有一定的依赖关系。一个 SaaS 层的产品和服务不仅需要使用 SaaS 层的技术，还依赖 PaaS 层所提供的开发和部署平台，以及 IaaS 层的计算资源，而 PaaS 层的产品和服务也可能构建于 IaaS 层服务之上。

1）SaaS

SaaS 是最常见的也是最先出现的云计算服务。这层的主要作用是将应用以基于 Web 的方式提供给客户，通过 SaaS 模式，用户只要连接网络，通过浏览器就能直接使用在"云"上运行的应用。

SaaS 云供应商负责维护和管理"云"中的软硬件设施，以免费或者按需使用的方式向用户收费，用户不需要考虑安装、升级和防病毒等，免去初期高昂的硬件投入和软件许可证费用的支出。

（1）SaaS 的发展。SaaS 的前身是动态服务器页面（Application Service Provider，ASP），其概念和思想与 ASP 相差不大。最早的 ASP 厂商有 Salesforce. com 和 Netsuite，其后还有一批企业跟随进来。这些厂商在创业时专注于在线 CRM（客户关系管理）应用，但由于那时正值互联网泡沫破裂，而且当时 ASP 技术并不成熟，缺少定制和集成等重要功能，加上欠佳的网络环境，ASP 没有受到市场的热烈欢迎，导致大批相关厂商破产。2003 年后，在 Salesforce 的带领下，随着技术和商业不断成熟，Salesforce、WebEx 和 Zoho 等国外 SaaS 企业获得了成功，而国内的用友、金算盘、金蝶、阿里巴巴和八百客等企业也加入 SaaS 的浪潮中。

（2）SaaS 的产品。SaaS 产品起步较早，而且开发成本低，其数量和类别都非常丰富，出现了多款经典产品，其中最具代表性的产品是 Google Apps、Salesforce CRM、Office Web Apps 和 Zoho。

①Google Apps（Google 企业应用套件）提供企业版 Gmail、Google 日历、Google 文档和 Google 协作平台等在线办公工具，价格低廉，使用方便，已经有超过两百万家企业购买了 Google Apps。

②Salesforce CRM 是一款在线客户管理工具，在销售、市场营销、服务和合作伙伴 4 个商业领域上提供完善的 IT 支持，提供强大的定制和扩展机制让用户的业务更好地运行在 Salesforce 平台上。

③Office Web Apps 是微软开发的在线版 Office，提供基于 Office 2010 技术的简易版 Word、Excel、PowerPoint 及 OneNote 等功能，属于 Windows Live 的一部分，与微软的 SkyDrive 云存储服务有深度的整合，兼容 Firefox、Safari 和 Chrome 等非 IE 系列浏览器，在与 Office 文档的兼容性方面远胜其他在线 Office 服务。

④Zoho 是 AdventNet 公司开发的一款在线办公套件，提供邮件、CRM、项目管理、

---

① 除了 SaaS、Paas 和 IaaS，还有一切皆服务（× as a Service）。

Wiki、在线会议、论坛和人力资源管理等几十个在线工具供用户选择。美国通用电气等多家大中型企业已经开始在其内部引入 Zoho 的在线服务。

（3）SaaS 的优点。与传统桌面软件相比，SaaS 服务具有以下优势。

①使用简单。在任何时候或任何地点，只要接上网络，用户就能访问 SaaS 服务，而且无须安装、升级和维护。

②支持公开协议。现有的 SaaS 服务支持公开协议，如 HTML 4/HTML 5，用户只需一个浏览器就能使用和访问 SaaS 应用。

③安全保障。SaaS 供应商需要提供一定的安全机制，不仅要使存储在云端的用户数据处于绝对安全的环境，而且要通过一定的安全机制（如 HTTPS 等）确保与用户之间的通信安全。

④初始成本低。用户在使用 SaaS 服务前不需要购买昂贵的许可证，而且几乎所有的 SaaS 供应商都允许免费试用。

（4）SaaS 的技术。SaaS 最主要的 5 种技术是 HTML、JavaScript、CSS、Flash、Silverlight。

2）PaaS

PaaS 层将一个应用的开发和部署平台作为服务提供给用户。通过 PaaS 模式，用户可以在一个提供软件开发工具包（Software Development Kit，SDK）、文档、测试环境和部署环境等在内的开发平台上非常方便地编写和部署应用，在部署和运行的时候，无须为服务器、操作系统、网络和存储等资源的运维操心。PaaS 主要面向开发人员。

（1）PaaS 的发展。PaaS 是出现最晚的云计算服务。业界第一个 PaaS 平台诞生在 2007 年，是 Salesforce 的 Force. com，用户通过这个平台，不仅能使用 Salesforce 提供的完善的开发工具和框架来轻松地开发应用，而且能把应用直接部署到 Salesforce 的基础设施上，使用其强大的多租户系统。在 2008 年 4 月，Google 推出了 Google App Engine，将 PaaS 所支持的范围从在线商业应用扩展到普通的 Web 应用，使得越来越多的人开始熟悉和使用功能强大的 PaaS 服务。

（2）PaaS 的产品。PaaS 产品少而精，其中比较有名的产品有 Force. com、Google App Engine、Windows Azure Platform 和 Heroku。

①Force. com 通过提供完善的开发环境和强健的基础设施等来帮助企业和第三方供应商交付健壮的、可靠的和可伸缩的在线应用。Force. com 基于 Salesforce 著名的多租户架构。

②Google App Engine 提供 Google 的基础设施来让用户部署应用，提供一整套开发工具和 SDK 加速应用的开发，并提供大量免费额度帮助用户节省开支。

③Windows Azure Platform 是微软推出的 PaaS 产品，运行在微软数据中心的服务器和网络基础设施上，通过公共互联网来对外提供服务。它由具有高扩展性的云操作系统、数据存储网络和相关服务组成，服务通过物理或虚拟的 Windows Server 2008 实例提供。该产品附带的 Windows Azure SDK 提供了一整套开发、部署和管理 Windows Azure 云服务所需要的工具和 API。

④Heroku 用于部署 Ruby On Rails 应用，其底层基于 Amazon EC2 的 IaaS 服务，在 Ruby 程序员中有非常好的口碑。

（3）PaaS 的优点。与现有的基于本地的开发和部署环境相比，PaaS 平台具有以下优势：

①开发环境友好。PaaS 提供的 SDK 和集成开发环境（Integrated Development Environment，IDE）等工具让用户不仅能在本地方便地进行应用的开发和测试，而且能进行远程

部署。

②服务丰富。PaaS 平台会以 API 的形式将各种各样的服务提供给上层的应用。

③管理和监控精细。PaaS 能够提供应用层的管理和监控，如观察应用运行的情况和具体数值（吞吐量、响应时间等）来更好地衡量应用的运行状态，能够通过精确计量应用所消耗的资源来更好地计费。

④伸缩性强。PaaS 平台会自动调整资源来帮助运行于其上的应用更好地应对突发的流量。

⑤多租赁（Multi – Tenant）机制。许多 PaaS 平台自带租赁机制，不仅能更经济地支撑庞大的用户规模，还能提供一定的定制服务满足用户的特殊需求。

⑥整合率高。PaaS 平台的整合率非常高，如 Google App Engine 能在一台服务器上承载成千上万个应用。

（4）PaaS 的技术。PaaS 层常见的技术有 REST（Representational State Transfer，表述性状态转移）、多租户、并行处理、应用服务器、分布式缓存等。

3）IaaS

IaaS 层将各种底层的计算（如虚拟机）和存储等资源作为服务提供给用户。用户通过 IaaS，可以从供应商那里获得所需要的计算或存储等资源来装载相关应用，而只需为其所租用的资源付费，管理工作则交给 IaaS 供应商来负责。

（1）IaaS 的发展。与 SaaS 类似，IaaS 的想法已经出现很久了，如 IDC（Internet Data Center，互联网数据中心）和虚拟专用服务器（Virtual Private Server，VPS）等，但由于技术、性能、价格和使用等方面的缺失，这些服务并没有被大中型企业广泛采用。在 2006 年年底，Amazon 发布了 IaaS 云服务 EC2。EC2 在技术和性能等方面的优势被业界广泛认可和接受，其中包括部分大型企业，如纽约时报。

（2）IaaS 的产品。IaaS 产品有 Amazon EC2、IBM Blue Cloud、Cisco UCS 和 Joyent。

①Amazon EC2 基于开源虚拟化技术 Xen，主要提供不同规格的计算资源（虚拟机）。通过 Amazon 的各种优化和创新，EC2 在性能和稳定性上能够满足企业级的需求。它还提供完善的 API 和 Web 管理界面来方便用户使用。

②IBM Blue Cloud 是由 IBM 云计算中心开发的第一个企业级云计算解决方案。该解决方案可以对企业现有的基础架构进行整合，通过虚拟化技术和自动化管理技术来构建企业的云计算中心，并实现对企业硬件资源和软件资源的统一管理、分配、部署、监控和备份，打破应用对资源的独占，帮助企业享受到云计算所带来的优越性。

③Cisco UCS 是下一代数据中心平台，在一个紧密结合的系统中整合了计算、网络、存储与虚拟化功能。该系统包含一个低延时、无丢包、支持万兆以太网的统一网络阵列以及多台企业级 X86 架构刀片服务器等设备，并在一个统一的管理域中管理所有资源。用户可以通过在 UCS 上安装 VMWare vSphere 支持多达几千台虚拟机的运行。通过 Cisco UCS，企业能够快速在本地数据中搭建基于虚拟化技术的云环境。

④Joyent 提供基于 Open Solaris 技术的 IaaS 服务，其 IaaS 服务的核心是 Joyent SmartMachine。Joyent 并不将底层硬件按照预计的额度直接分配给虚拟机，而是维护了一个大的资源池，让虚拟机上层的应用直接调用资源，这个资源池有公平调度的功能，可以优化资源的调配，易于应对流量突发情况，同时使用人员无须过多关注操作系统级的管理和运维。

（3）IaaS 的优势。与传统的企业数据中心相比，IaaS 服务具有以下优势：

①免维护。IaaS 的维护工作由 IaaS 云供应商负责，用户不必操心。

②非常经济。LaaS 免除了云用户前期的硬件购置成本，而且 IaaS 云大都采用虚拟化技术，应用和服务器的整合率（一台服务器运行的应用数量）普遍在 10 以上，能够有效降低使用成本。

③开放标准广泛。虽然很多 IaaS 平台存在一定的私有功能，但是由于 OVF 等应用发布协议的诞生，IaaS 在跨平台方面稳步前进，应用能够在多个 IaaS 云上灵活地迁移，而不会被固定在某个企业数据中心内。

④支持的应用广泛。由于 IaaS 主要提供虚拟机，而且普通的虚拟机能支持多种操作系统，因此 IaaS 所支持应用的范围非常广泛。

⑤伸缩性强。IaaS 云只需几分钟即可给用户提供一个新的计算资源，而且可以根据用户的需求调整计算资源的大小。

（4）IaaS 的技术。IaaS 采用底层的技术，常用的技术有虚拟化、分布式存储、关系型数据库和 NoSQL。

①虚拟化：成熟的 X86 虚拟化技术有 VMware 的 ESX 和开源的 Xen。

②分布式存储：为了承载海量的数据，并保证数据的可管理性，需要一整套分布式存储系统，如 Google 的 GFS。

③关系型数据库：传统的基于二维表关系的数据库，其中 MySQL 数据库在云计算、大数据、人工智能、深度学习方面用得最多。

④NoSQL：满足一些关系数据库所无法满足的目标，如支撑海量数据等。

大多数的 IaaS 服务是基于 Xen 的，如 Amazon EC2 等。VMware 推出了基于 ESX 技术的 vCloud，业界也有几个基于关系型数据库的云服务，如 Amazon 的 RDS（Relational Database Service，关系型数据库服务）和 Windows Azure SDS（SQL Data Services，SQL 数据服务）等。分布式存储和 NoSQL 已经被广泛用于云平台的后端，如 Google App Engine 的 Datastore 基于 BigTable 和 GFS 技术，而 Amazon 推出的 Simple DB 则基于 NoSQL 技术。

2. 云管理层

云管理层是"云"的核心。与过去的数据中心相比，"云"最大的优势在于云管理的优越性。云管理层是云服务的基础，并为云服务提供多种管理和维护等。云管理层共 9 个模块，这 9 个模块可分为用户层、机制层和检测层，如图 1－2 所示。

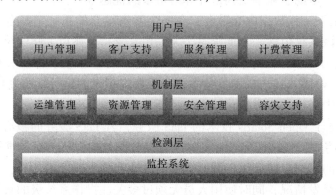

图 1－2　云管理层

1）用户层

用户层主要面向使用"云"的用户，通过多种功能更好地为用户服务。用户层包括 4 个模块：用户管理、客户支持、计费管理和服务管理。

（1）用户管理对系统而言是必需的，"云"也是如此。"云"的用户管理主要有 3 种功能。

①账号管理，包括对用户身份及其访问权限进行有效的管理，以及对用户组的管理。

②单点登录（Single Sing On），其意义是在多个应用系统中，用户只需要登录一次就可以访问所有相互信任的应用系统，极大地方便用户在云服务之间进行切换。

③配置管理，对与用户相关的配置信息进行记录、管理和跟踪，配置信息包括虚拟机的部署、配置和应用的设置信息等。

（2）客户支持好的用户体验对于云而言也是非常关键的，所以帮助用户解决疑难问题。云管理建设了一整套完善的客户支持系统，以确保问题能按照其严重程度或优先级来依次解决，而不是一视同仁，从而提升客户支持的效率。

（3）计费管理利用底层监控系统所采集的数据对每个用户所使用的资源（如所消耗 CPU 的时间和网络带宽等）和服务（如调用某个付费 API 的次数）进行统计，准确地向用户索取费用，并提供完善而详细的报表。

（4）服务管理。大多数"云"在一定程度上遵守面向服务的架构（Service‐Oriented Architecture，SOA）的设计规范。SOA 将不同的应用功能拆分为多个服务，并通过定义良好的接口和契约将这些服务连接起来，使整个系统松耦合，通过不断演化来更好地为客户服务。一个普通的"云"由许多服务组成，如部署、启动或关闭虚拟机的服务等，管理好这些服务对"云"而言是非常关键的。

服务管理模块主要有以下功能。

①管理接口提供完善的关于服务的 Web 管理界面和 API 接口。

②自定义服务允许用户对服务进行自定义和扩展。

③服务调度配备强健的机制负责服务的调度，使服务在合理的时间内被系统调用和处理。

④监控服务利用底层的监控系统观测服务实际的运行情况。

⑤流程管理提供一个工具帮助用户将多个服务整合为一个流程，并对其进行管理以提升运行效率。

2）机制层

机制层主要提供各种管理"云"的机制。这些机制能够让云计算中心内部的管理更加自动化、安全和环保。用户层包括 4 个模块：运维管理、资源管理、安全管理和容灾支持。

（1）运维管理。"云"的运行情况取决于其运维系统的强健和自动化程度。与运维管理相关的功能主要包括 3 个方面。

①自动维护的运维操作应尽可能地专业和自动化，从而降低云计算中心的运维成本。

②能源管理包括自动关闭闲置的资源，根据负载调节 CPU 的频率以降低功耗，提供关于数据中心整体功耗的统计图与机房温度的分布图等来提升能源的管理，并减少浪费。

③监控数据中心发生的各项事件，确保在"云"中发生的异常事件能够被管理系统捕捉到。

（2）资源管理与物理节点的管理相关，如服务器、存储设备和网络设备等，涉及3个功能。

①资源池使用资源抽象方法，将具有庞大数量的物理资源集中到一个虚拟池中，以便于管理。

②自动部署将资源从创建到使用的整个流程自动化。

③资源调度不仅能更好地利用系统资源，还能自动调整"云"中的资源来帮助运行于其上的应用更好地应对突发的流量，从而起到负载均衡的作用。

（3）安全管理对数据、应用和账号等IT资源采取全面保护，使其免受犯罪分子和恶意程序的侵害，并保证云基础设施及其提供的资源能够被合法地访问和使用。安全管理主要包括7种机制。

①访问授权为多个服务提供集中的访问控制，以确保应用和数据只能被有授权的用户访问。

②安全策略实现基于角色或规则的一整套安全策略，允许系统模拟策略发生变更的情况以提升安全策略的健壮性。

③安全审计对安全相关的事件进行全面审计，以检测是否存在安全隐患。

④物理安全根据职责限定每个云管理人员的权限，如门禁等。

⑤网络隔离使用虚拟专用网络（Virtual Private Network，VPN）、安全套接层（Secure Sockets Layer，SSL）和虚拟局域网（Virtual Local Area Network，VLAN）等技术隔离网络并确保网络的安全。

⑥数据加密利用对称加密、公钥加密等保证数据被窃取时不会被非法分子利用，相关的机制有对称加密和公钥加密等。

⑦数据备份：数据完整性是云计算的基本要求，除了通过上面的机制确保数据不会被没有权限的人访问之外，还需要对数据进行备份，以避免由于磁盘损坏或者管理不当导致数据丢失的情况。完善的备份服务满足用户不同的备份策略。

（4）容灾支持涉及数据中心和物理节点两个层面。

①数据中心级别：数据中心的外部环境出现断电、火灾、地震或网络中断等严重的事故时，可能导致整个数据中心不可用，这就需要在异地建立一个备份数据中心来保证云服务持续运行。这个备份数据中心会实时或异步地与主数据中心进行同步，当主数据中心发生问题的时候，备份数据中心会自动接管在主数据中心中运行的服务。

②物理节点级别：系统检测每个物理节点的运行情况，当某个物理节点出现问题时，恢复该节点或将其屏蔽，以确保相关云服务正常运行。

3）检测层

检测层主要监控云计算中心，并采集相关数据，以供用户层和机制层使用，涉及物理资源、虚拟资源、应用3个层面。

（1）物理资源层面主要监控物理资源的运行状况，如CPU使用率、内存利用率和网络带宽利用率等。

（2）虚拟资源层面主要监控虚拟机的CPU使用率和内存利用率等。

（3）应用层面主要记录应用每次请求的响应时间和吞吐量，以判断它们是否满足预先设定的服务级别协议（Service Level Agreement，SLA）。

1.1.4 云计算的类型

云计算按照部署和使用方式的不同，分为公有云（Public Cloud）、私有云（Private Cloud）和混合云（Hybrid Cloud）的概念。

1. 公有云

公有云通常指开放给公众使用的云基础设施，企业、院校、政府机构与合作机构，都可以持有、管理和运营公有云，如 Amazon 的 AWS、微软的 Windows Azure 平台、Google 的 Google App Engine 等都是公有云。

2. 私有云

私有云通常指一个客户单独使用而构建的云基础设施，可以提供对数据、安全性和服务质量的最有效控制，并可以控制在此基础上部署应用程序的方式，如 IBM Blue Cloud、Cisco UCS 等都是私有云。通常，多数中小型企业可以从不同服务商提供的各种公有云服务中受益，而企业所面对的用户量、数据量及系统复杂度都在快速增长，即便是一个小企业所面临的压力，从过去的大型企业的角度来看也已经是大问题，通过建设私有云来应对系统压力、满足业务系统需求，正在成为越来越多企业和组织的选择。随着企业规模的增加，私有云建设带来的收益也愈发突显。

从现实情况看，公有云和私有云的技术上是互通的，区别主要体现在商业应用方面，最根本的区别是访问权限和访问模式的控制，即可访问的范围决定了"云"的业务性质。私有云面向一个组织机构，而非公众，但这界限其实并不绝对和清晰。例如，Google 的云操作系统，对内使用而言是私有云，而对外提供 Google App Engine 时，就变成了公有云的 PaaS。

3. 混合云

混合云把公有云和私有云结合到一起，在某一块资源不够的情况下，从另一处借用资源。例如，游戏服务提供商 Zynga 有自己的"云"运行服务，但在用户使用高峰期时，会租用 Amazon 的 IaaS 服务。

华三云基于 OpenStack 开源架构，结合自身对行业用户需求的理解与本地化服务能力，为用户搭建混合云架构，如图 1-3 所示，通过与第三方公有云的合作及对接，实现与公有云的统一管理监控、统一申请与计费、虚拟私有云（Virtual Private Cloud，VPC）集成与互通，为用户构建混合云平台，支撑"互联网+"战略在企业的落地。

长远来看，公有云是云计算的最终目的，但私有云和公有云会以共同发展的形式长期共存。就像银行服务出现后，货币从个人手中转存到银行保管，是更安全、方便的过程，但仍然会有人选择自己保管货币。

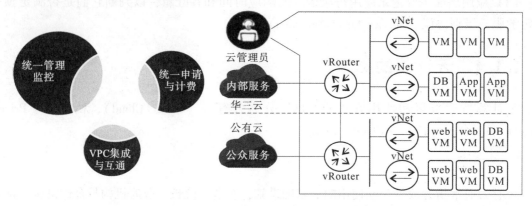

图 1-3　华三云架构

1.1.5　云计算的应用、意义及其在大数据时代的展望

1. 云计算的应用

1）云计算服务的应用

从服务的角度说，云计算落地是已然确定的，如 Salesforce. com 的在线 CRM 应用、苹果的 iCloud、Google 的 App Engine、Amazon 的 S3 与 EC2 等都是云计算服务。云计算服务具有互联网服务的特征，但也有自己的特点，形成了新的商业模式，如按需使用、多租赁支持等。这种服务方式已经在用其产生的市场力量影响人们的生活和工作、企业的业务和经营思想，以及社会的方方面面。

美国总务管理局（General Services Administration，GSA）在将门户网站 USA. org 迁移至一家公司提供的云服务中之后，网站升级时间从包括设备采购在内的九个月，缩减至最多一天。传统的主机设置下，每月的宕机时间大概为 2 h，而在"云"解决方案下，宕机时间基本为 0。按其旧有设置，GSA 每年要为 USA. gov 支付 235 万美元，包括 200 万美元的硬件更新和重新获得软件许可的成本，以及 35 万美元的人力成本。在迁移到云服务之后，GSA 目前在 USA. gov 上一年支付费用仅 65 万美元，这意味着节省了 170 万美元的所有相关费用。

2）云计算技术的应用

从技术应用的角度看，云计算平台提出了新的计算资源的使用和管理思路。在云计算之前，购买更多更高性能的服务器，是企业应对大用户、大数据问题时的唯一选择。云计算的出现创新性地以分布式集中的方式，将分散的计算资源组合在一起，发挥"群体"的功能，来应对大用户和大数据的压力，形成了新的"机器管理机器"的思路，在技术实现上有完整的体系架构。

3）云计算在中国的应用

目前，Amazon、Google、Salesforce. com 等互联网企业使用云计算平台构建其业务系统。在国内各领域中，云计算平台已经服务各类组织机构。例如，全国性的政府机构构建了数据云系统，把分布于全国数百个地市内的业务系统中生成与维护的业务数据，进行集中存储管理，并保证系统的整体性能、高可靠性和高可用性。又如，电网公司通过对现有 IT 系统的部分子系统进行云化改造，实现了对分布于不同地区的业务系统的集中管理和统一调度，以及所有业务数据的统一存储。

不论对个人生活，还是企业应用，云计算都在产生着深刻的影响。一些人认为云计算还有些虚，一是因为云计算还处于普及推广的过程中，云计算应用的大量落地需要时间；二是因为就公有云而言，很多人或者企业从心理上还没做好接受云计算服务的准备，不放心将数据存放在他处。

回顾信息技术的发展历史，不论是从大型机到个人电脑，将电脑带给所有人的阶段，还是从个人电脑到互联网，将信息带给所有人的阶段，新的信息技术从出现到普通应用都有一个渐进的过程。

2. 云计算的意义

社会不断向前推进发展，并因此产生不同的递进式的服务模式和技术需求。人们对计算的需求促进了计算机的普及与发展，沟通与分享的需求促进了互联网的诞生。云计算是社会需求推动的结果。在获取知识、不断创新和分享的渴望下，人们对信息服务和产品不断提出新的要求。云计算的出现解决了系统日趋凸显的压力问题，拓宽了网络应用的范畴和创新的可能性，在极大地降低人们创造和分享知识成本的前提下，进一步满足了人们获取、创新、分享知识的需求。云计算是信息社会发展的必然产物。随着应用环境的发展，云计算会越来越普及，带来全新的信息社会。

工业革命的意义之一，在于使人们摆脱了生产条件的束缚，极大地解放了物质产品和有形服务的生产力。云计算的出现使人们逐步摆脱使用计算资源和信息服务时的束缚，降低知识获取的成本，使知识的产生变得更容易、分享变得更方便，革命性地改变以信息产品与知识服务的生产力。

3. 云计算在大数据、人工智能等领域的展望

现在来看，云计算仍然在发展的过程中，未来会发展到什么高度还未知。当然，科技肯定会在很多前沿领域得到发展，但是最重要的将会在下面这 3 个领域：首先是 IT 领域，会分为两个阶段，第一阶段是云计算，而第二阶段是人工智能（Artificial Inelligence，AI）全面应用；其次是洁净的能源；还有就是先进的医疗。同时这几个方面是相互依赖的，如能源的有效利用和医疗技术的研发需要强大的云计算技术支持。

2008 年，人们意识到云计算在 IT 领域的应用非同寻常，它与 IBM 现有的"智慧星球"战略相似，也就是将 AI 与我们现有的各行各业和每个人的生活紧密联系在一起，就好像将来人脑会成为新一代的 CPU，非常灵活，但速度一般，而电脑将会成为 GPU，虽然比较"直来直去"，但速度快。虽然 IBM 现在的"智慧星球"的想法不错，但是总体而言时机并不成熟，也就是说技术和需要都不成熟。现有的行业解决方案只是对之前的解决方案做了一次翻新，很像云计算之前的网络计算，其想法和云计算有相似之处，但是那时的虚拟化和互联网技术都不是特别成熟，导致网络计算成为明日黄花。另外，在需求方面，"智慧星球"也不是很成熟。云计算所提供的强大计算资源是 AI 全面应用的基础。

2012 年，大数据及其概念出现，美国政府宣布投资 2 亿美元拉动大数据相关产业发展，将

"大数据"上升为国家意志。2013年中国国务院颁布文件将"大数据"上升为国家发展战略高度。"大数据"这个21世纪人类探索的数字技术新边界,正在被云计算发现、征服。特别是随着云计算的发展,其在基于大数据的深度学习等方面都得到了很好的应用。

云计算对社会生产和生活的一些领域产生了积极的影响,随着技术的发展和服务的创新,普及使用云计算、大数据和人工智能的时代将会很快到来,并最终影响到每一个人。

1.2 云计算的实现机制及流派

云计算提出了一种灵活可靠的分布式集中组织机制及系统工程理念,将各种资源进行快速调度和组合,来满足不同业务应用的需求。这种不但适用于业务模块,而且适用于底层硬件资源的"积木式重组"思想,重新定义了计算资源的使用方式与服务的提供方式,以及社会化大生产的协作过程,为解决互联网带来的"大"问题和创新服务模式提供了一种全新的思路。

1.2.1 分布式集中机制及系统工程理念

云计算技术将大量的硬件资源通过虚拟化技术结合成一个有机整体,利用数据传输、负载均衡等技术完成预设功能,形成一个在物理上分散、在逻辑上集中的系统,这样的系统采用的就是分布式集中机制。

Amazon EC2云基础设施平台分布在全球7 000多个机架上,Google在全球有将近100万台服务器,对于不同地区的访问者而言,相应的服务在使用体验上没有任何差别。对于企业来说,不需要考虑服务器的数量和分布的位置,只要可以联网,资料存储和管理、系统使用和维护都可以实现"集中"化。

这种大量资源的逻辑中,意味着通过技术手段充分利用资源,可以满足大用户的需求,解决大数据的问题,并通过对不同资源(硬件、应用)进行调度,基于一个平台提供多种服务,即各种IaaS、PaaS、SaaS,以及XaaS,满足各类用户的需求。

云计算将大量计算资源组织在一起,协同工作,就必须在信息技术层面,给出针对大规模系统的科学管理办法。这种方法能够解决资源组织管理过程的各种问题,如在增加节点、扩大系统规模的同时保证系统性能的近线性提高;在系统可能出问题的情况下,保证系统整体的稳定运行;在面临不同的业务需求时,快速组织资源,以新的架构适应变化。这些都要求云计算将各种技术组织起来,调和实现各种功能。从某种意义而言,云计算是信息技术的系统工程。

系统处在一定的环境中,与环境进行质量、能量或信息交换。一个庞大的信息系统内部会产生多种变化,外部的需求和环境也随之改变,系统必须不断地自我管理和调整,以应对变化。在应用层面,大量资源组织在一起,必须通过系统内部资源的整合来支持各种应用,并通过快速重组来应对变化,用于各种网络服务。为此,作为底层技术支撑的云计算平台具有六大技术思想:弹性、透明、积木化、通用、动态和多租赁。这六大技术思想的灵活使用,决定了云计算平台可以通过虚拟化技术整合各类软硬件资源，借鉴 SOA 的理念实现系统和硬件的松耦合，进行计算、存储和应用的自由调度，并通过负载均衡等方法解决"大"问题。

在一个高弹性、可迁移的体系架构下，通过工作流引擎等方式，云计算平台可以实现硬件资源和应用模块的动态调用。在这种被称为"积木化"的技术思想下，云计算平台可以将资源和模块重新组合，快速形成新的流程来应对业务需求变化。企业在业务转型或业务拓展时，如果需要底层 IT 系统提供信息化支持，只需明确业务流程，即可由云计算平台快速实现业务系统的重构，为业务革新带来可能。

云计算扩大了对服务的定义，带来了全新的计算资源管理思路，以及信息技术的系统工程理念。

1.2.2 云计算的流派

云计算的发展起源于互联网公司，各互联网公司的业务方向不同，发展云计算技术的路线并不相同，不同的技术流派各有特点。

在互联网普及的早期，最知名的互联网公司有 Yahoo、Amazon、Google 和 eBay 等，其中前三家都有其独特的云计算技术理念。

1. Yahoo 云计算

Yahoo 以搜索引擎起家，随着商业理念的转变，很快发展到门户网站的模式。早期的 Yahoo 基本上代表了互联网的全部形态，包括服务内容和广告模式等。对于 Yahoo 来说，其支撑平台必须适应互联网上的所有应用，从某种角度而言，体现了云计算平台的意义。Yahoo 初期在发展大规模分布式系统的时候，考虑最多的是通用性，即支持各种应用，而非存储的问题，造成了一段时期内在邮箱存储方面的成本极高。为解决邮箱存储和搜索效率的问题，2006 年，Yahoo 开始推动 Apache 软件基金会 Hadoop 项目的发展，成为 Hadoop 发展主要的推动力量之一。

Hadoop 是一个能够对大量数据进行分布式处理的软件框架，主要由 HDFS、MapReduce 和 HBase 组成。其黄色小象的标识原型（如图 1-4 所示）是经典儿童读物《霍顿与无名氏》（《Horton Hears A Who》）里的小象霍顿（Horton）。道格·卡廷起初只是想把 Hadoop 应用于搜索领域，但当时 Yahoo 负责 Hadoop 团队的巴尔德施维勒（Baldeschwieler）认为，Yahoo 之所以选择 Hadoop 并将其开源，是因为"意识到 Hadoop 将成为一种

图 1-4 Hadoop 的 logo

'通用'技术"。Hadoop 的发展迅速，Amazon、Facebook、eBay 等都在使用 Hadoop，Yahoo 基于 Hadoop 驱动的服务也不止搜索引擎一项。但 Hadoop 的技术思想归属于 Google 派，HDFS 对应 GFS 的开源实现，MapReduce 对应 Google MapReduce，HBase 对应 Google BigTable。

2. Google 云计算

Google 早期的业务主要是搜索，系统设计主要是为了保证大块（大文件和大数据块）数据的查询、搜索的效率和可用性，早期的技术理念以存储为根本，并在此之上建立所有的体系。2003 年，Google 在操作系统原理会议（Symposium on Operating Systems Principles，SOSP）上发表了有关分布式存储系统的论文，而后又在操作系统设计与实现会议（Operating Systems Design and Implementation，OSDI）上发表了有关 MapReduce 分布式处理技术和 BigTable 分布式数据库的论文。这 3 篇论文促成了 Yahoo 的 Hadoop、HDFS、Hbase 等开源技术产品的诞生，以及 Facebook 数据库系统 Cassandra 的实现。

GFS 主要为搜索而设计，不适合后来推出的一些新产品，Google 之后的新文件系统在设计时有所改变。

3. Amazon 云计算

Amazon 以电子商务云服务（Amazon Web Services，AWS）为主，其底层架构的核心作用是保证在线交易不中断。与 GFS、HDFS 相比，Amazon 的存储平台 Dynamo 更适于存储较小的对象（小于 1M），这使得 Amazon 可以处理更多用途的数据，如电子商务处理中的购物车信息，以及其他交易系统的数据等。在存储数据时，Dynamo 采用哈希算法切分数据，将数据在一个节点"环"内均匀存储，分担压力。Amazon 的分布式系统的通用强（针对应用层面而言），其云计算平台融合了多种技术，属于混合派。

4. VMware 云计算

VMware 成立之初，主要向企业客户提供虚拟化解决方案，其技术路径从单机虚拟化做起，向上发展出更高层面的虚拟化技术来部署云计算平台。

在云计算方面，VMware 当前的定位主要是为企业客户提供云计算平台产品和云计算解决方案，帮助客户构建和管理"云"。借由虚拟化技术实现的各种硬件资源的池化，以及在此基础上不断丰富和完善的配置、调度和管理功能，是 VMware 云计算平台的基本特点。

分布式系统的核心理念是通过网络将物理上分散的计算资源连接起来解决问题，解决了网络问题，就可以解决分布式系统中的"距离"问题，因此，在总结各方经验的基础上，重新梳理云计算平台在实际应用中遇到的问题，以一种从整体而言更为合理的架构来开发云计算平台，成为发展和应用云计算技术的新途径。

以网络协同为基础，在此之上建立资源的调度、存储体系，并在网络层解决网络的协同问题，为上层开发打基础，针对通信、存储和管理提供一整套解决方案，即可实现云计算平台的通用性。

用户在选择云计算技术服务时，可以从业务场景、开发能力和资金预算等方面综合考虑。

1.3　与云计算有关的技术

对于一些运行大规模和超大规模网络系统以提供业务支撑的企业来说，云计算平台提供弹性可扩展、对上层应用透明并具备高可靠性的 IT 架构，企业借助云计算的基础软件技术，完成从传统结构向全新 IT 架构的平滑迁移之后，可以像使用单机一样使用计算机集群，以极低的管理成本获得巨大的存储空间和计算能力。

在具体的技术实现上，云计算平台融合了多种技术思想，通过不同的组合解决在具体应用时遇到的问题。

云计算源自大规模分布式计算，是一种演进的分布式计算技术，延伸了 SOA 的理念，并整合了虚拟化、负载均衡等多种技术，形成了一套新的技术理念和实现机制。

1.3.1　分布式计算与并行计算

1. 并行计算

并行计算（Parallel Computing）通常是指同时执行多个指令的计算模式，将一个"大"问题分解为多个同时处理的"小"问题，从而加快计算速度。确定问题分解的并行算法对于并行计算至关重要。

并行计算在结构上是紧耦合的，在软件工程中，耦合指互相交互的系统之间的依赖。紧耦合表明模块或系统之间关系紧密，存在明显的依赖关系。如果一个计算机系统是紧耦合的，则在设计时必须对相关任务进行良好的定义，制订具体的执行策略。对于定义之外的任务，系统将无法处理。这样，并行计算的计算机体系架构联系紧密，利用预先定义的计算指导每个环节之间流动和反馈的内容。

并行计算通常集中于一处，通过共享存储进行信息交换。

2. 分布式计算

分布式计算（Distributed Computing）利用多个计算资源解决复杂的计算问题，即将大任务分解后交给多个计算机执行。

分布式计算是松耦合的，将分布于各处的计算资源以透明的、可扩展的方式连接起来，共同解决问题。

分布式计算的计算资源分散于各地，通过网络实现节点的连接，是无共享的架构。

3. 云计算

云计算与并列计算的区别如下。

（1）云计算源自超大规模分布式计算，云计算平台是无共享的架构，通过网络实现节点的连接并进行信息交换。

（2）与并行计算执行特定任务的紧耦合不同，云计算表现出明显的松耦合特性，并可通过对软、硬件资源的调用，满足多种应用需求。

（3）并行计算强调任务处理，较少考虑成本问题，而云计算具有明显的商业实用性，对技术应用的投入和产出考虑较多。

云计算与传统的分布式计算的区别如下。

与传统的分布式计算相比，云计算代表了一种技术的演进。传统的分布式计算主要考虑如何将大任务分解成小任务，并利用分布在各处的计算资源完成小块任务的处理，最后将结果聚合并统一反馈给用户；云计算考虑如何把分布在各处的计算资源整合成一块足够大的计算资源池，并以统一的界面提供给用户使用，每个用户所面对的是一块完整的计算资源，而非分散在各处的零散资源。

1.3.2 集群计算与网格计算

1. 集群计算

集群（Cluster）是使用多个计算机，冗余互连组成一个对用户来说单一的高可用性的系统。集群计算是将两个或多个计算机连成网络充分利用并行处理性能的技术。

早期的集群计算系统要求必须同构，如X86，并且耦合度相对较高，因此基本上局限于实验室的范围内使用，没有形成真正意义上的商业应用。

集群计算的主要发展方向是逐渐摒弃网络中的标准化同构的计算节点，转向充分利用闲置的计算资源发展，如办公室中的桌面工作站、普通的个人电脑等，并通过普通的网络进行连接。这些节点白天通常会被正常占用，它们的计算能力只能在晚上和周末的时间被共享。

2. 网格计算

为了在提高整个系统计算能力的同时提高节点的使用效率，网格计算（Grid Computing）技术产生。

从结构上来说，网格计算是一种分布式计算模式，它通过将分散在网络中的计算节点（如空闲服务器、存储系统等）连接在一起，形成一个拥有超强性能的虚拟计算机，为用户提供功能强大的计算和存储能力，来处理特定的任务。网格计算的松耦合、异构性质更明显，而且在地理位置上更分散。

加入网格计算的各节点可以独立地进行其他工作，在管理分布式系统的异构松耦合资源方面效率明显提升，在网格的调度下，资源可以完成特定的大规模计算任务，如寻找外星人、生命医学研究和全球气候研究等。

在网格计算中，使用者通常需要基于网格的框架来构建网格系统，即使用开放的源代码工具或供应商提供的专利工具和产品构建网格，并对其进行管理，执行计算任务。如果一个新的应用程序要使用网格系统，则在设计和部署时要考虑网格的基本结构及其提供的服务，开发者必须知道如何把基础设施的各个部分组合在一起，考虑编程语言、系统环境、数据管理、任务分发、结果打包、安全性和可用性管理等内容。网格计算是面向任务的专用计算形式。

3. 云计算

在云计算中，服务提供商通常负责处理底层架构中的安全性、可用性和可靠性问题，对使用者来说，用户只需要使用"云"中的资源，不需要关注系统资源的管理和整合。这一切由云计算提供者进行处理，用户看到的是一个逻辑上单一的整体。云计算体现了更多的通用性，用户可以把更多的精力放在业务逻辑上。

云计算和网格在资源的所属关系上存在着较大差异。在网格计算中，多个零散资源为个别任务提供运行环境；而在云计算中单个整合资源为多个用户提供服务。

　　网格计算最早用于研究机构，有了理论后才有实验室的实践，而且只在小范围内（如学术圈）进行小规模的使用，缺乏强大的生命力。

　　而云计算的发展是为了解决用户需求中出现的"大"问题，在理论和方法上有明确针对性，借鉴了很多网格计算的想法，但弱化了网格计算的学术特点，提高了相关技术在商业方面的实用性，通过大规模使用增加生命力。这是云计算和网格计算的本质区别。如果说集群计算类似于集中制，以模式化进行管理，网格计算在异构环境下依靠复杂的调度进行管理，各处资源处于无控制状态，则云计算就是分布式计算的革新。

1.3.3　SOA 技术

　　面向服务架构（Service Oriented Architecture，SOA）是一种组织和利用可能处于不同所有权范围控制下的分散功能的范式[①]。通常所说的 SOA 是一套设计、开发软件的原则和方法，它将应用程序的不同功能单元（即服务）通过定义良好的接口和协议联系起来，以便平台或系统中所构建的各类服务可以通过统一的方式进行交互。

　　简而言之，SOA 是一种理念，即给定一种标准接口和一个约束接口的服务协议，任何业务应用只要满足服务协议，即可通过给定的标准接口进行通信和交互，实现对接。这与 USB 接口类似，任何支持通用串行总线（Universal Serial Bus，USB）通信协议的设备终端（如 U 盘、相机、鼠标等），都可以与具有 USB 端口的主机进行通信，传输数据。

　　SOA 理念最初用于整合企业应用中分散的业务功能。企业在发展过程中，会不断形成新的业务系统，来满足业务流程信息化的需要。为解决不同系统，尤其是不同厂商间产品集成的问题，出现了不同的企业应用集成（Enterprise Application Integration，EAI）技术。各个系统可以通过消息中间件实现数据交换。各应用将自己的输出封装成消息，通过消息中间件进行发布，而需要数据的应用从消息中间件中获得消息即可，典型的产品是 IBM 的消息传输中间件产品（Message Queue，MQ）。通过这种消息的封装方式可以有效地集成企业内的各种系统，提高信息集成的水平。

　　由于缺乏消息的标准，容易造成对单一产品的依赖，而且不同消息中间件之间也不能直接交换数据。Java 技术和 J2EE 的发展促成了基于 J2EE 的 JCA（J2EE 连接器架构）的诞生。JCA 用于解决应用与应用之间的通信问题，使 EAI 领域有了相对开放统一的标准，成为 EAI 的第一个正式规范。

　　相对于 EAI 在系统建设后整合上发挥的作用，SOA 偏重于事先的规范。SOA 提出的标准接口和服务协议的理念，使基于 SOA 开发的服务具备松耦合的特征。松耦合在这里是指服务具有中立的接口定义，且没有强制绑定到特定的实现上，即服务之间有通用的对话方式；而紧耦合则是指应用程序之间不同组件的接口与其功能和结构紧密相连，当某一组件的功能发生变化时，其他相关部分也要进行调整。

　　对于企业来说，松耦合具有极大的便利性。在 SOA 架构下，由于服务的可重用性，当企业搭建新的应用系统时，可直接使用现有服务而无须再次开发，只需要对所需功能进行补充完善，从而充分利用现有的资源，降低成本。

---

　　① SOA 标准促进组织（Organization for the Advancement of Structured Information Standards，OASIS）所给出的定义。

SOA 的消息集成是一种适应企业业务流程而进行的流程管理行为，是一种以服务为导向的集成，与 EAI 事后"打补丁"的方式，在思路上有明显的区别。基于 SOA 的集成方式比 EAI 的集成方式适用范围更广，更容易组合各个服务，响应业务的变化。

因此，虽然同样能够解决企业集成的问题，在通常情况下，EAI 和 SOA 的目标都是以现有的应用组合支持企业的业务流程，根本区别在于，EAI 通过集成服务应用功能，以企业业务模型的方式展现现有的应用组合；SOA 隐藏现有应用，突出一系列与应用无关的业务服务，在现有应用组合上突显企业的业务模型。

SOA 在开始时针对 Web 服务，主要体现在软件应用层面。由于最初关注的问题不同，SOA 当前所具有的含义与云计算强调的内容存在明显的差异。

SOA 的实施在本质上是一种用于交换系统与系统之间信息的企业集成技术，更关心系统集成效率提升的问题。SOA 实施技术允许消费者的软件应用在公共网络上调用服务，并提供一个软件层，实现对各种开发语言和平台的集成。因此，企业实施 SOA 可以统一企业架构中的系统接口，以节约资源，并在将来集成时提高速度或敏捷性。

云计算的重点在于通过资源的重新组合，来满足不同服务的需求。这可能会包含 SOA 内的软件服务，但云计算的使用涵盖了更多领域。从服务的角度而言，云计算扩展了服务的内涵，使 IT 功能可以像商品一样在市场上销售。从实际情况来看，一个企业可以同时部署 SOA 和云计算，也可以单独部署其中一项，或者借助 SOA 的方法将本地应用、私有云和公有云中的应用整合形成灵活的混合云方案。

云计算是 SOA 思想在系统和硬件层面的延伸。云计算平台借鉴其面向服务架构的思想，实现更大范围服务的模块化、流程化和松耦合，即通过通用接口的定义屏蔽底层硬件资源的区别，通过其他接口的定义实现数据交换的一致性，从而实现底层硬件资源和上层应用模块的自由调度。这样，企业可以通过资源和模块重组，快速完成整个业务系统的功能转变，满足不同的业务需要。

1.3.4　虚拟化技术

虚拟化（Virtualization）是为了摆脱现实情况下物理资源的限制，为某些事物创造的虚拟版本，如硬件平台、计算机系统、存储设备和网络资源等。虚拟化是资源的逻辑表示，不受物理限制的约束。

从 IBM 大型计算机的虚拟化到易安信公司可应用于桌面机的 VMware 系列，单机虚拟化技术已经经历了半个世纪的发展。

在初期，虚拟化技术是为了使单个计算机看起来像多个计算机或完全不同的计算机，提高资源的利用率并降低 IT 成本。随着虚拟化技术的发展，虚拟化的概念所涵盖的范围也不断加大。

计算机系统通常被分为若干个层次，从底层到顶层为硬件资源、操作系统、应用程序等。虚拟化技术的出现和发展，使人们可以将各类底层资源进行抽象，形成不同的虚拟层，向上提供与真实的"层"相同或类似的功能，从而屏蔽设备的差异性和兼容性，对上层应用透明。虚拟化技术降低了资源使用者与资源具体实现之间的耦合程序，让使用者不再依赖资源的某种特定实现。

云计算的虚拟化将计算、存储、应用和网络设备等资源连接在一起，由云计算平台进行管理和调度。对使用者来说，计算资源是一个整体，即"云"，使用者不需要了解其具体组成。

云计算平台借助于虚拟化技术可以对底层资源进行统一管理，也可以随时方便地进行资源调度，实现资源的按需分配，使大量物理分布的计算资源在逻辑层面上以整体的形式呈现，并支持各类应用需求。

虽然基于虚拟化云计算可以通过虚拟机或者物理机的快速供给，来部署或扩展工作负载，从某种角度可以将云计算看作虚拟化的计算机资源池，但云计算并不是虚拟化的另一种表述方法。

从服务的角度而言，有些人认为云计算与虚拟化之间没有必然的关系。有一种说法是，尽管大多数情况下云计算服务会采用虚拟化技术，但虚拟化技术并非唯一选择。"将云计算和虚拟化等同起来，就好比是说所有的汽车和汽油发动机系统没有区别。因为汽车可能采用汽油发动机系统作为引擎，但同样可以用其他发动机系统取代它。"

云计算利用虚拟化技术，将大量计算设备连接在一起，通过资源整合形成逻辑上集中的"超级计算机"，实现资源的动态调度和管理。也正是由于虚拟化技术的成熟和发展，云计算平台的技术思想才可以更好地得以实行。

虚拟化是云计算的关键组成，但是云计算并不仅限于虚拟化。如同一个公司由大量员工聚集在一起，通过一定的管理办法形成了一个组织，但我们提到这个公司时，远不止组织形态这么多。同样，云计算表达的还有按需供应、按量计费的服务模式，以及弹性、透明和积木化等技术特点。

1.3.5　租赁技术

在我们的生活中，租户的概念并不陌生。例如，酒店部署了一套共用的基础设施，如水、电、供暖、空调等。住进酒店的人被称作租户。租户共享酒店的基础设施，酒店对租户按天收费。酒店希望入住率越高越好，即在同时间段，租户越多越好。多租户是酒店赢利的必要模式。

SaaS 的运营维护及商业模式与酒店类似。在 SaaS 模式下，服务提供商要搭建服务器、网络、系统等基础设施。如果一套基础设施只为一个客（租）户提供服务，提供商必然要在高成本下运维，如果一套基础设施可以为多个客（租）户服务，提供商就可以在相对稳定的成本下，以相对低价吸引更多客户，实现赢利。

单租户系统和多租户系统适用于不同的情况。如果客户对个性化有很高的要求，而对成本不敏感，则单租户系统是比较适合的；如果客户希望降低成本，并且对于个性化的要求不高，则多租户系统是最佳的选择。SaaS 可以实现强大的多租户模式。

多租户按每个租户实例支持的租户数量分为高级、中级、初级。高级别 SaaS 的每个租户实例支持数千个个租户，中级别 SaaS 的每个租户实例支持数百个租户，初级别 SaaS 的每个租户实例支持数十个租户。

单租户系统和多租户系统的架构区别如下。

传统的系统架构为托管服务提供商提供两种架构。要在数据存储层面上实行多租户，需要使用网络化的存储。每个客户有一个特定的存储空间，它被称作租户空间。这个租户空间用来专门存储特定客户的业务、配置和程序数据。独立于客户的数据是在所有租户共享的，存储在共用的存储空间，如公共的配置数据、服务数据、程序数据等。

要建立一个多租户的体系，必须安装一个提供共享空间并同时提供租户模板空间的系统。租户模板空间包含需要存储特定客户的业务数据、配置数据的数据结构、关于应用服务器以及数据库管理的程序文件。在此基础上，托管供应商通过复制租户模板空间的方式，为每一个新客户创造一个新的租户空间。这个动作只需要数分钟就可以完成，而不需要另外的安装过程。

在运行时段，应用服务器访问租户空间来获取客户特定的数据，访问共享空间来获取共用数据。客户不能修改共享空间存储的数据。

对于传统的托管方案而言，IT 资源要承载已经分配的多个商业应用。SAP 的 NetWeaver、Salesforce. com 的 Force. com 这样的平台提供强大的计算调节能力，通过一个虚拟层使得多租户系统支持将灵活的作业分配到计算资源上。比如，一个租户的应用服务器和数据库管理系统并没有被安装在某个特定的服务器上，而是在处于闲置状态的计算资源上被启用和执行。通过这种方式，托管提供商可以最大程度地发挥 IT 基础架构的能力。

完整的托管解决方案通常通过一个集中的多租户控制器和一个计算调节控制器来管理。多租户控制器可以创建、删除和监控租户，计算调节控制器可以灵活地分配计算资源。

多租户是第一个自始至终充分运用企业级 SOA 原则的托管解决方案。一方面，这是一个基于服务的概念，这种服务通过一个中央系统来提供，而服务本身被共享到多个租户系统中，另一方面，多租户充分利用了 IT 基础架构，把它作为一套可以被经济灵活使用的资源提供给客户。

习　题

一、判断题（正确打√，错误打×）

1. 云计算是提供基于互联网的资源变成的服务。　　　　　　　　　　　　　（　　）

2. 云计算是一种基础架构管理的方法论，大量的计算资源组成 IT 资源池，用于动态创建高度虚拟化的资源提供用户使用。　　　　　　　　　　　　　　　　　　（　　）

二、简答题

1. 简述云计算的产生与发展。

2. 简述云计算的特点。

3. 简述云计算的架构与类型。

4. 简述云计算的应用、意义及展望。

5. 简述云计算分布式集中机制及系统工程理念。

6. 简述云计算的不同流派及各自特点。

7. 简述云计算与分布式计算及并行计算的关系。

8. 简述云计算与 SOA 技术。

9. 简述云计算与虚拟化技术。

10. 简述云计算的租赁技术。

云平台操作、云管理及运营篇

第2章

OpenStack 开源云平台

本章介绍当前广泛使用的开源云平台——OpenStack（开源项目，任何人都可以使用它搭建自己的云计算环境），以期让读者了解 OpenStack 的功能、演进、社区、生态、应用领域、系统架构及核心组件，并且培养读者安装、部署、运行、操作、管理和维护一个具体的云平台的能力。

2.1 OpenStack 概述

OpenStack 的功能强大且具有开源性，得到广大用户的欢迎，Cisco、Dell、Intel、微软以及华为等 60 余家领军企业都参与了 OpenStack 项目，形成了以 OpenStack 基金会为平台的社区生态，并在企业级落地应用。

2.1.1 OpenStack 的特点

OpenStack 是由网络主机服务商 Rackspace 和美国国家航天局（National Aeronautios and Space Administration，NASA）联合推出的开源项目，目的是制订一套开源软件标准，任何公司或个人都可以搭建自己的云计算环境。2011 年，新浪以 OpenStack 为基础组建了新浪云主机，是较早部署 OpenStack 的国内企业。

OpenStack 云计算平台于 2010 年 1 月发布第 1 版，取名 Austin，主要帮助服务商和企业内部实现类似于 Amazon 弹性计算云 Amazon EC2 和 Amazon 简单存储系统 3S 的 IaaS。

OpenStack 包含两个主要模块：Nova 和 Swift，Nova 是 NASA 开发的虚拟服务器部署和业务计算模块，Swift 是 Rackspace 开发的分布式云存储模块，两个模块可以一起使用，也可以分开使用。

OpenStack 层是启用云操作系统（Cloud OS）的开源云平台，用于创建私有云和公有云，可以实现基于物理架构的扩展性、弹性和多租户，供前端进行计算资源、网络资源和存储资源等资源管理，并且能够按需分配。OpenStack 层的地位与作用如图 2 - 1 所示。

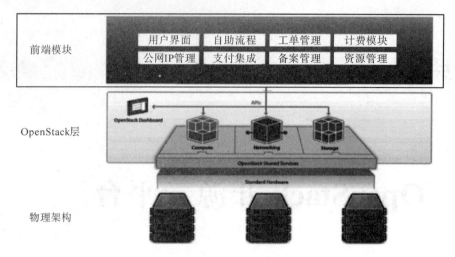

图 2 – 1　OpenStack 层的地位与作用

　　基于 OpenStack 云基本功能的集成管理有安装与部署、操作、配置、管理等。其中，安装与部署用来部署 OpenStack 的组件以及监控、配置、运维服务等到多个物理节点。操作的功能丰富，包括集成操作图形化界面、命令行和 REST API，执行各种弹性结算的功能。配置功能在企业真实的环境里可以优化配置 OpenStack 运行参数，用于面对和满足各种不同企业业务的支撑运行环境需求。管理进行云平台管理，包括账户、密码、端口、DNS、企业认证系统集成、授权、操作系统访问和各种资源访问控制等。

　　OpenStack 的特点如下。

　　(1) 控制性：开源平台不会被某个特定的厂商绑定和限制，模块化的设计能够集成遗留的和第三方的技术，从而满足自身的业务需要。OpenStack 项目所提供的云计算，让 IT 团队可以成为自己的云计算服务厂商，虽然构建和维护一个开源私有云计算并不适合每一家公司，但是如果拥有基础设施和开发人员，OpenStack 是很好的选择。

　　(2) 兼容性：OpenStack 公有云的兼容性可以方便企业将数据和应用迁移到基于安全策略的、经济的和其他关键商业标准的公有云中。Amazon 网络服务等云服务无法轻易转移数据。在云计算社区，数据是有重的，数据存储在某个云计算提供商后，会变得繁重而难以迁移。如果在迁移的过程中不能保护好数据安全，可能会给企业带来灭顶之灾。

　　(3) 可扩展性：目前主流的 Linux 操作系统（包括 Fedora、SUSE 等）都支持 OpenStack。OpenStack 在大规模部署公有云时，在可扩展性上有优势，也可用于私有云，一些企业特性也在逐步完善。随着 Ubuntu 12.04 LTS 正式将 Eucalyptus 全面替换成 OpenStack，OpenStack 将成为云平台基础的第一选择。

　　(4) 灵活性：用户可以根据需要建立基础设施，也可以轻松地增加集群规模。OpenStack 主要用 Python 语言编写，代码质量高，很容易遵循，带有一个完全文档的 API，用户可以使用 JSON 或 XML 消息格式的不同组件的代码，有利于项目的发展壮大。此外，OpenStack 项目的代码在极为宽松、自由的 Apache 2 许可下发布，第三方可以重新发布其代码，在其基础上开发私有软件并按照新的许可发布，给众多的云计算企业留下更大的发展空间。

　　(5) 行业标准：OpenStack 项目研发的初衷是制订一套开源软件标准。Cisco、Dell、

Intel、微软等领军企业都参与了 OpenStack 项目，在全球使用 OpenStack 技术的云平台不断上线。OpenStack 未来可能成为行业标准。

（6）无任何语言层面的限制：基于 OpenStack 的开源应用引擎（OpenStack Application Engine，OAE）集成无任何语言层面的限制，开发者学习成本低，支持的编程语言极其简单，平台开发和维护成本低。OpenStack SaaS 解决方案（OpenStack For SaaS/Web）的实用性高。

（7）经过实践检验：OpenStack 的云操作系统已被全球正在运营的大型公有云和私有云技术验证，如 Dell 公司推出了 OpenStack 安装程序 Crowbar。在中国，物联网用户、国内高校和部分企业开始利用 OpenStack 建立云计算环境，整合企业架构和企业内部的 IT 基础架构。

（8）领军企业支持：2010 年 10 月，微软表示将推动 Windows Server 2008 R2 和 OpenStack 的整合。不久，思科宣布加入 OpenStack，着重于 OpenStack 的网络功能并推出了新的 NaaS 服务（Network as a Service）。2011 年 7 月，Dell 推出了第一套支持 OpenStack 架构的解决方案，开发了一个 OpenStack 安装程序 Crowbar，供企业使用 Power Edge C 服务器建设 OpenStack 环境。随后 HP 云服务加入 OpenStack 计划，除了提供赞助外，HP 云端开发团队也参与了 OpenStack 计划的开发。据不完全统计，2010 年 7 月开源以后，越来越多的 IT 厂商宣布加入 OpenStack，30 余家公司表示对该开源平台项目有兴趣，AMD、Cloudkick、Cloudswitch 和 NTT DATA 等已经参与到该项目中。

随着云计算创新的步伐不断加快，新一代的技术和成果快速增长。云计算市场的分散性导致客户难以选择云计算厂商和合作伙伴，一旦做错决定将不得不转移到新的"云"上重新进行构建。因此，"云"需要一个开源的操作系统，避免被锁，OpenStack 就是这样一个开源的云操作系统。

2.1.2　OpenStack 的演进

OpenStack 的功能不断提高和演进。其主版本系列按照字母表顺序（A～Z）命名，以年份及当年内的排序为版本号，从第一版的 Austin（2010.1）到稳定版 Icehouse（2014.4）和 JUNO（2014.10），共经历了 10 个主版本，后来又推出了第 11 个版本 OpenStack 的版本如图 2-2 所示。

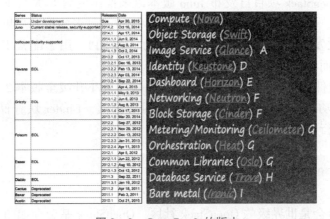

图 2-2　OpenStack 的版本

（1）Austin：包括 Swift 对象存储模块和 Nova 计算模块。

（2）Bexar：正式发布 Glance 项目，负责 Image 的注册和分发，增加对微软 Hyper－V 的支持，开始开发 Dashboard 控制台等。

（3）Cactus：Nova 增加了新的虚拟化技术支持，如 LXC 容器支持多种不同的 Image 格式等。

（4）Diablo：整合 Keystone 认证，支持 KVN 的暂停恢复、KVM 的块迁移等。

（5）Essex：正式发布 Horizon 项目，支持开发第三方插件扩展 Web 控制台；正式发布 Keystone 项目，提供认证服务。

（6）Folsom：正式发布 Quantum 项目，提供网络管理服务；正式发布 Cinder 项目，提供块存储服务。

（7）Grizzly：Nova 支持将分布于不同地理位置的机器组织成的集群划分为一个 cell；通过 Glance 提供的 Image 位置 URL 直接获取 Image 内容以加速启动；Keystone 使用 PKI 签名令牌代替传统的 UUID 令牌；Cinder 支持光纤通道连接设备等。

（8）Havana：正式发布 Ceilometer 项目，进行内部数据统计，可以用于监控报警；正式发布 Heat 项目，应用开发者可以通过模板定义基础架构并自动部署；网络服务 Quantum 变更为 Neutron；使用 Cinder 卷时支持加密；Neutron 引入新的边界网络防火墙服务；可以通过 VPN 服务插件支持 IPSec VPN；Cinder 支持直接使用裸盘作为存储设备，无须再创建 LVM 等。

（9）Icehouse：新增了近 350 个功能，修复超过 2 900 个漏洞；在对象存储（Swift）项目上引入发现性和全新的复制过程以提高性能；新的块存储功能使 OpenStack 在异构环境中拥有更好的性能；联合身份验证允许用户通过相同的认证信息同时访问 OpenStack 私有云与公有云；Trove（DB as a Service）成为版本中的组成部分，允许用户在 OpenStack 环境中管理关系数据库服务。

（10）Juno：支持软件开发、大数据分析和大规模应用架构等 342 个新功能，其中重要的功能之一是围绕 Hadoop 和 Spark 集群管理和监控的自动化服务。社区共修复了 3 219 个 bug，这标志着 OpenStack 正向大范围支持的成熟云平台快速前进。Juno 包含很多企业级功能，如存储策略、新的数据处理服务，奠定了网络功能虚拟化的基础。Juno 让基于 OpenStack 的电信厂商与 IDC 服务提供商的服务更具灵活性和高效性。

（11）Kilo：OpenStack 项目自发布 Juno 版本以来推出的首套大版本升级方案，其中囊括了四百项新功能、并包含来自 169 家公司的 1 492 位贡献者的技术成果。

OpenStack 首次发布完整版 Ironic。Ironic 作为一款 API，用于配置工作负载，能够直接运行在服务器硬件而不仅仅是虚拟机系统中。

Neutron 网络组件的更新包括其负载均衡，即服务 API 升级至版本 2 以及面向网络功能虚拟化的一系列新功能。Nova 计算组件、Swift 对象存储、Cinder 块存储、Keystone 识别服务及其子系统也进行了更新与改进。

2.1.3　OpenStack 基金会

OpenStack 基金会是世界级的 OpenStack 社区，OpenStack 基金会如图 2－3 所示。

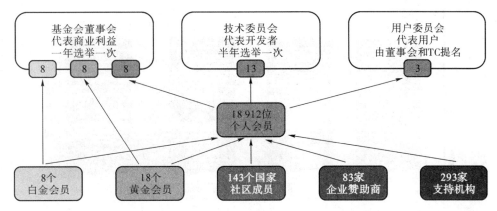

图 2 – 3 OpenStack 基金会

1. OpenStack 基金会的组织结构

OpenStack 基金会设有三个分支：董事会、技术委员会和用户委员会。

（1）董事会由 24 名成员组成，负责为该组织提供战略和财务监督，8 名成员来自白金赞助商，8 名成员来自黄金赞助商，8 名成员来自个人会员。董事会成员是分散的，不会有任何实体对董事会具有太大的影响力。目前 8 个白金会员包括 AT&T、Canonical、惠普、IBM、Nebula、Rackspace、Red Hat 和 SUSE。黄金会员包括思科、戴尔、NetApp、Piston 云计算、Yahoo，英特尔、NEC 和 VMware。

（2）技术委员会是项目政策委员会（Project Policy Board）的延续，定义并指导个别项目的软件开发。目前，OpenStack 包含 3 个独立的项目，以及身份管理和用户界面项目。独立项目为 Nova、Swift 和 Glance，其中 Nova 处理计算，Swift 存储，Glance 管理虚拟镜像。

（3）用户委员会代表最终用户的利益。CERN 欧洲核子研究组织的操作系统和基础设施服务小组负责人 Tim Bell 负责这个委员会。每个季度，董事会和技术委员会安排时间听取用户委员会的报告。

2. OpenStack 基金会的中国成员

华为是 OpenStack 基金会的黄金会员，中兴、UnitedStack、Easystack、inspur 浪潮等是 OpenStack 基金会的企业赞助商。

2.1.4 OpenStack 的企业级应用

OpenStack 在资源虚拟化（Hypervisor and VM）、桌面虚拟化（Virtual Deskop Infrastructure，VDI）、大数据应用（BigData）、高性能计算（High Performance Computing，HPC）等技术领域，以及企业、金融、教育、医疗、电力、互联网等行业领域均有很好的应用。

企业从传统 IT 到云计算的 IaaS、PaaS、SaaS 部署模式的演化路线如图 2 – 4 所示，横向轴表示必须由用户管理的任务越来越少，纵向轴表示其敏捷度更高、成本更低。

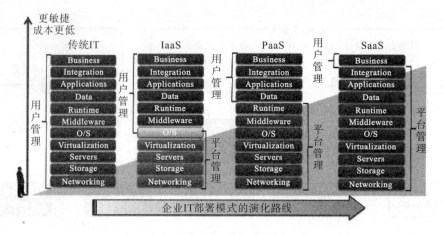

图 2-4 企业 IT 部署模式的演化路线

从纵向轴可以看出，箭头起点 Networking（网络化）的敏捷度最低、成本最高，经由存储器（Storage）、服务器（Servers）、虚拟机（Virtualization）、操作系统（O/S）、中间件（Middleware）、运行时（Runtime）、数据（Data）、应用（Applications）、集成（Integration），最后到事务（Business）的敏捷度最高、成本最低。

从横向轴可以看出，箭头起点传统 IT 全部需要用户管理，没有平台管理；IaaS 的 Networking、Storage、Servers、Virtualization、O/S 可以平台管理；PaaS 增加了 Middleware、Runtime 可以平台管理；SaaS 的用户管理任务最少，几乎都由平台管理。

IaaS 通过云端的数据中心节省 IT 费用，简化技术的复杂性；PaaS 运用云端平台加快产品上市的时间；SaaS 可以直接、快速获得云端的软件服务。

企业的 IT 基础设施有 Windows、Linux、Databases、Mission critical、HPC、Big Data 等，其改变包括：

（1）基于应用网络模型的抽象；

（2）集中式策略管理与控制；

（3）以应用为中心的运维、监控和性能优化；

（4）数据中心基础设施关注应用网络模型的实现和优化。

设备上升为分布式集中机制的云计算，提供商有 Amazon 等。

OpenStack 与企业 PaaS 解决方案有开发、集成、部署和运维。开发是快速进入生产系统、垂直整合技术栈、面向服务的业务架构。集成是应用栈管理和依赖性调用、服务标准化、简化中间件的管理。部署和运维完成虚拟资源回收、网络控制、应用服务共享，简化部署。其按需弹性资源扩张，提供商主要有 Google 等。

OpenStack SaaS（OpenStack For SaaS/Web）等实用性高，提供商主要有 Salesforce.com 等。

中国云计算服务提供商（IaaS、PaaS、SaaS）有阿里云、百度云、金蝶、盛大云、新浪、用友、八百客、微云、金山云、风云在线等。

1. 基于 OpenStack 的企业云计算解决方案

在私有云中，OpenStack 运用 redhat 的 KVM、VMware 的 vSphere、Microsoft 的 Hyper-V、CiTRIX 的 Xen，基于服务器、存储、网络实现丰富异构厂商生态系统无数台计算机及设备资源的硬件级抽象，即分布式的虚拟计算环境，基于此进行企业云的聚集管理和应用；同时运用云连接（EC2 APIs、Azure APIs 等）实现无缝混合云对接集成，即私有云与 AWS 公有云、Windows Azure 公有云、OpenStack 公有云的连接。基于 OpenStack 的企业云计算模型如图 2 - 5 所示。

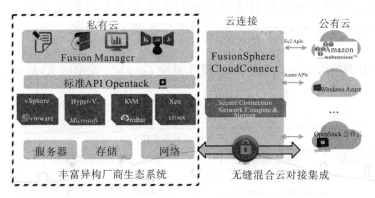

图 2 - 5　基于 OpenStack 的企业云计算模型

分布式虚拟化技术很重要。虚拟化技术（Hypervisor）及各级（层）的结构如图 2 - 6 所示。在 Host OS 下经过 Hypervisor 虚拟化后，可以运行基于各自独立虚拟机操作系统上的应用程序（App）。

- 指令集本系结构级 -QEMU
- 硬件抽象级
  -KVM、XEN、Hyper-V、VMware VShpere
- 操作系统级（容器技术）
  -LXC、Docker、zones
- 库支持（用户API）级
  -WINE
- 应用程序级
  -JVM、NET CLR

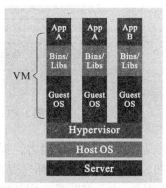

图 2 - 6　虚拟化技术及各级（层）的结构

基于 OpenStack 云加速企业 IT 的解决方案如下。

（1）构建云平台：基于 OpenStack 建设云基础平台，构建包含 X86 PC 服务器、存储及网络的资源池。

（2）定制开发云平台：基于 OpenStack 云基础平台架构进行定制开发，完成统一服务门户、运营管理、报表管理等客户定制化需求工作。

（3）云化试运行：先对系统 Web 接入服务器及非核心数据库进行云化改造，完成虚拟化改造的系统设备进行 IaaS 整合，将原有的系统迁移到云平台。在云化系统运行期间，旧有系统保持不变，直到试运行通过。

（4）全面推广：实现系统应用层基础设施的全面云化，推动各业务域资源池的云建设与整合。

2. 应用 OpenStack 建立电商云平台——京东

当今企业面临线下成本上升、用户偏好网络购物、渠道扁平化革命的困境，需要拓展电商业务，线上、线下业务融合。

电商平台开发需要考虑是进行自主研发还是基于开源项目研发，是选择开源云平台 Eucalyptus、CloudStack 还是 OpenStack，是使用操作系统 CentOs 还是 Ubuntu，采用虚拟机 KVM 还是 XEN。

京东选择基于开源的云平台 OpenStack、操作系统 CentOs、虚拟机 KVM 建立电商云平台，如图 2 - 7 所示。

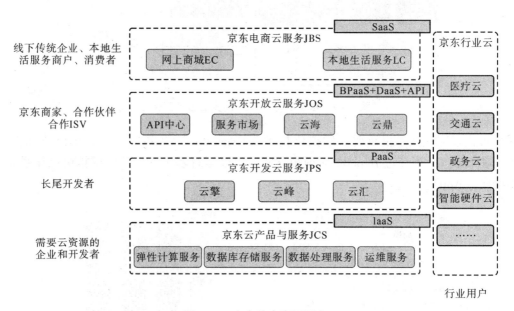

图 2 - 7 京东的电商云平台

京东的目标是开发服务 PaaS 能力，提供了京东"云鼎"、京东"云擎"、京东"云汇"、京东"云峰"四大解决方案。"云鼎"是电商应用云，托管 IaaS 及 SaaS 平台，面向基础资源提供及高级应用服务；"云擎"是应用开发云 PaaS 平台，面向 Web 应用；"云峰"是移动应用客户端的开发 PaaS 服务，面向移动互联网应用；"云汇"是社区互动平台，提供全流程支持。

2.2　OpenStack 的系统架构及核心组件

2.2.1　OpenStack 的系统架构

1. OpenStack 架构模块

OpenStack 架构包括 Heat、Horizon、Nova、Neutron、Swift、Keystone、Glance、Ceilometer

等模块，如图2-8所示。

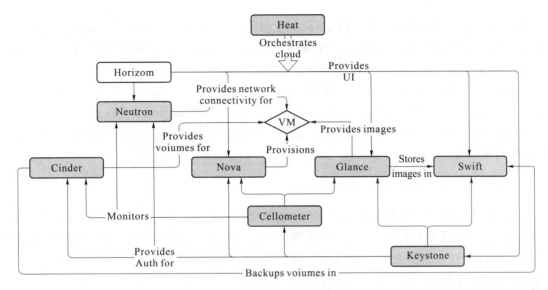

图2-8　OpenStack的架构

（1）Heat（Orchestration，编排器模块）：通过API使用HOT模板或AWS Cloud Formation模板部署多组件云应用。

（2）Horizon（Dashboard，仪表板模块）：提供一个基于Web的自助服务接口，用来与OpenStack服务交互，如生成实例、分配IP地址和配置接入控制等。

（3）Nova（Compute，运算模块）：管理计算实例的生命周期，可以按需生成、调度、停止虚拟机。

（4）Neutron（Network，网络套件模块）：提供网络连接服务给其他组件，如给计算机提供网络服务；提供API让用户自己定义网络并使用；嵌入式架构能够支持多个网络设备商的产品及技术。

（5）Swift（Object Storage，对象存储模块）：通过RESTful、HTTP格式API存储和检索任意非结构化的数据对象，有较高的容错能力，并非一个文件系统。

（6）Keystone（Identity，身份识别模块）：为其他服务提供认证和授权服务。

（7）Glance（Image Service，镜像文件管理模块）：存储虚拟机磁盘镜像，生成实例时调用Glance中的镜像文件。

（8）Ceilometer（Meter/Monitor，监控/计量模块）：监控和计量云使用情况，包括计费、配额、可扩充性和统计。

（9）Cinder（Block Storage，块存储模块）：提供永久的块存储给运行中的实例，可嵌入式驱动架构，支持创建和管理块存储设备。

（10）Trove（Database Service）：提供高可靠、可扩充的DBaaS功能，支持关系型、非关系型数据引擎。

（11）Savannah（Sahara），可以在OpenStack上部署Hadoop大数据处理等。

2. 模块关联

Horizon 模块关联的模块包括 Nova、Cinder、Glance、Swift、Neutron、Keystone，Ceilometer 可以监控的模块包括 Nova、Glance、Cinder、Neutron。Keystone 模块能够以 Nova、Glance、Cinder、Swift、Neutron、Ceilometer 进行身份及权限验证。

虚拟机（Virtual Machine，VM）关联：Nova 为 VM 提供计算资源，Glance 为 VM 提供镜像，Cinder 为 VM 提供块存储资源，Neutron 为 VM 提供网络资源及网络连接。

Cinder 连接 VM 后所产生的数据可以备份到 Swift 对象存储中，Glance 提供镜像可以保存在 Swift 对象存储中。

3. OpenStack Compute 服务架构

Compute 的服务架构包括两个主要部分，分别是 API Server 和 Registry Server（注册服务）。

API Server 起通信 hub 的作用，客户程序、镜像元数据的注册、包含虚拟机镜像数据的存储系统，都是通过它来通信的。API server 转发客户端的请求到镜像元数据注册处和它的后端仓储。OpenStack Image Service 通过服务架构来保存虚拟机镜像。

4. OpenStack 的基本功能架构

OpenStack 的基本功能体现在两个节点及两种网络上，如图 2－9 所示。

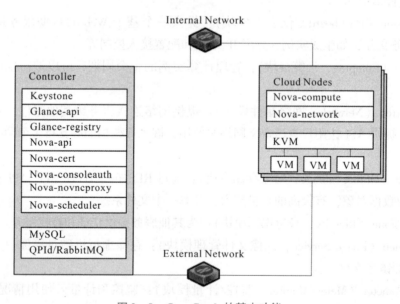

图 2－9　OpenStack 的基本功能

（1）两个节点是云控制节点（Cloud Controller Node）和计算节点（Compute Node）。Cloud Controller Node 具有身份验证服务（Keystone）、镜像管理服务（Glance）、计算机资源管理服务（Nova）、MySQL（数据库服务）、RabbitMQ 或 Qpid（消息服务）等功能。Compute Node 包括 Nova－Compute、Nova－Network、KVM 虚拟化系统。

（2）两种网络为内部网络（Internal Network）和外部网络（External Network）。Internal Network 提供 Provider 网络（VM to Provider）和 Tenant 网络（VM to VM）。External Network 用

于外部用户与 VM 通信及控制（VM to Internet）。

2.2.2 OpenStack 核心组件的使用

1. Horizon

Horizon 是 OpenStack 应用的入口。它提供了一个模块化的、基于 Web 的图形化界面服务门户。用户可以通过浏览器使用该界面访问并控制其计算、存储和网络资源，如启动实例、分配 IP 地址、设置访问控制等。

Horizon 模块为 IT 人员提供图形化的网页接口，是可扩展的网页式 App，可以整合第三方的服务或产品，如计费、监控或额外的管理工具。IT 人员可以综观云端服务目前的规模与状态，统一存取、部署与管理云端服务所使用的资源。

Horizon 基于 Django 框架（高级别 Python 框架）实现，为云管理员提供整体视图，为云用户提供自助服务门户。云管理员可以总览整个"云"的资源规模及运行状况，并创建终端用户和项目，为终端用户分配项目，进行项目可使用的资源配额管理。云用户可以在云管理分配的项目中，在不超过配额限制的范围内，自由操作、使用和分配资源。

2. Keystone

Keystone 为 Nova、Glance、Swift、Cinder、Neutron、Horizon 等模块提供认证服务。

Keystone 各种角色概念之间关系如下：

（1）租户（Tenant）下，管理用户（人或程序）。

（2）每个用户都有自己的凭证（credentials），可以用户名与密码或者用户名与 API key，或其他凭证。

（3）用户在访问其他资源（计算、存储）之前，需要用自己的 credentials 请求 keystone 服务，获得验证信息（主要是 Token 信息）和服务信息（服务目录及其 endpoint）。

（4）用户利用 Token 信息，可以访问指定的资源。

3. Glance

Glance 用来注册、登录和检索虚拟机镜像。Glance 服务提供一个 REST API，查询虚拟机镜像元数据和检索的实际镜像。通过镜像服务提供的虚拟机镜像可以存储在不同的位置，从简单的文件系统对象存储到类似 OpenStack 对象存储系统。

镜像服务组件包括 Glance API、Glance registry 和 Database：Glance API 接收最终用户或 Nova 对镜像的请求，检索和存储镜像相关的 API 调用；Glance registry 存储、处理和检索有关镜像的元数据，元数据大小、类型等；Database 存储镜像元数据，可以支持多种数据库，现在使用比较广泛的是 MySQL 和 SQLite。

4. Nova

Nova 用 Python 语言编写，基于用户需求为 VM 提供计算资源管理，其处理过程如图 2-10 所示。

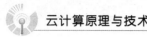

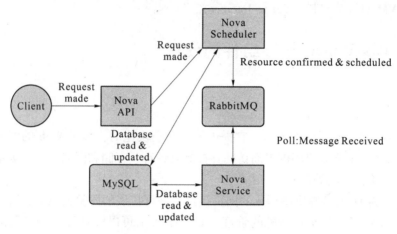

图 2 - 10　Nova 的处理过程

（1）Nova API（应用程序接口）对外统一提供标准化接口。接收和响应 Client（最终用户）Compute API 的请求（Request made），同时实现与 OpenStack 其他逻辑模块的通信并提供服务。

（2）Nova Scheduler（调度程序）使用多种过滤器或算法调度，从队列上得到一个虚拟机实例请求并决定其运行位置。Queue（MQ 消息队列）提供守护进程之间传递消息的中央枢纽，建立与 OpenStack 其他逻辑模块通信的连接枢纽。

（3）Nova Database（数据库）存储云基础设施编译和运行的状态，OpenStack Nova 支持 SQL Alchemy 支持的数据库，可以读取和更新数据库。目前广泛使用的数据库有 SQlite3（只适用于测试和开发工作）、MySQL 和 PostgreSQL。

（4）Nova Compute（计算）是一个人工守护进程，可以通过虚拟机管理程序的 API（XenAPI for Xen Server/XCP、libvirt for KVM or QEMU、VMware API for VMware 等）来创建和终止虚拟机实例，支持多种虚拟化平台。

（5）Nova Service（服务）接收消息，读取和解析数据库。

Nova 还提供控制台的服务，让最终用户通过代理服务器访问虚拟实例的控制台，涉及 Nova console、Nova novncproxy、Nova xvpnvncproxy 和 Nova consoleauth 守护进程。

5. Cinder

Cinder 提供到虚拟机的永久性块存储卷。多个卷可以被挂载到单一虚拟机实例，也可以在虚拟机实例间移动，单个卷在同一时刻只能被挂载到一个虚拟机实例。

块设备卷完全与 OpenStack Compute 集成，并支持云用户在 Dashboard 中管理数据的存储。Cinder 除了支持简单的 Linux 服务器本地存储之外，还支持众多的存储平台，包括 Ceph、NetApp、Nexenta、SolidFire、Zadara。快照管理提供强大的数据备份功能，可以作为引导卷使用。

块存储适合性能敏感的业务场景，如数据库存储、大规模可扩展的文件系统或服务器，需要访问到块级裸设备存储。

6. Swift

Swift 采用基于标准化服务器的集群架构提供冗余、可扩展对象存储，具有良好的扩展性。

Swift 的功能如下：

（1）能实现 PB 级数据的存储；

（2）能支持存储对象写入的多份复制，以及文件丢失后的自我修复功能，确保数据的一致性；

（3）能提供每 GB 高性价比的可用性和数据耐久性；

（4）能支持原生的 OpenStack API 及 S3 compatible API。

Swift 采用层次数据模型，设三层逻辑结构：Account（账户）、Container（容器）、Object（对象），每层的节点数量可以任意扩展。Account 对应租户，用于隔离；Container 对应某个租户数据的存储区域；Object 对应存储区域中具体的模块。

Swift 具有存储区域网络 SAN 的高速直接访问和网络附属存储（Network ANAS）的数据共享等优势，提供高性能、高可靠性、跨平台、安全的数据共享存储体系结构。

7. Neutron

Neutron 实现被管理设备之间的网络连接，具体功能如下：

（1）允许用户创建自己的网络并作为 attach 端口使用；

（2）通过开发的 Plugins 支持软件定义网络（Software Defined Network，SDK）和 Open-Flow；

（3）用户自定义子网地址、私有网络/公有网络及 Floating IP 分配规则。

1）Neutron 服务网络管理

Neutron 服务网络管理有 3 种模式和 2 种 IP。3 种模式为 Flat 模式、FlatDHCP 模式、VLAN 模式。2 种 IP 为固定 IP 和浮动 IP，固定 IP（Fixed - IP）分配给虚拟机实例使用；浮动 IP（Floating IP）分配给虚拟机实例的外网地址，通过 NAT 方式实现。

2）控制节点和计算节点的网络流

FlatDHCP 模式下的网络流（双网卡多节点）如图 2 - 11 所示。

（1）控制节点的网络流如下：

①在主机上创建一个网桥（br100），把网关 IP 赋给网桥；如果已经有 IP，自动把这个 IP 赋给网桥作为网关，并修复网关；

②建立 DHCP Server，监听网桥，并在数据库中记录 IP 的分配和释放，从而判定虚拟机释放正常，关闭 DHCP；

③监听到 IP 请求时，从 IP 池取出 IP，响应这个 IP 给实例；

④建立 IPtables 规则，限制或开放与外网的通信以及对其他服务的访问。

（2）计算节点的网络流如下：

①在主机上建立一个对应控制节点的网桥（br100），把上实例（虚拟机）桥接到 br100 所在的网络；

②此后，这个桥、控制节点的桥和实例的虚拟网卡在同一虚拟网络，通过控制节点对外访问。

3）请求虚拟机实例的过程

请求一个虚拟机实例的过程如图 2 - 12 所示。

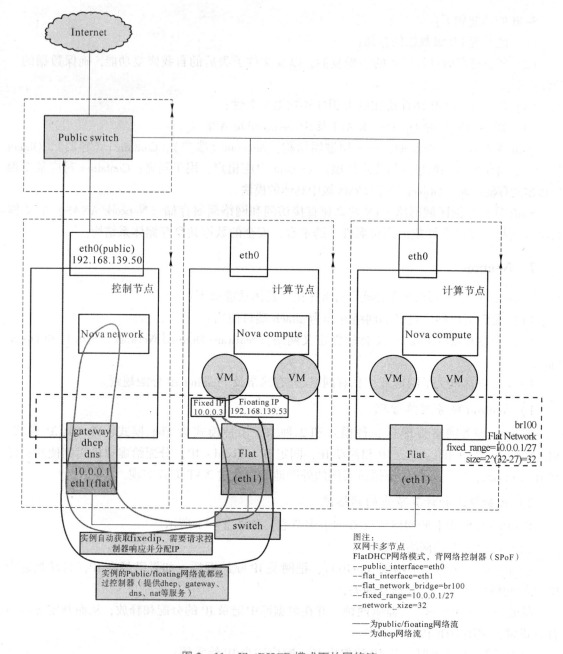

图 2-11　FlatDHCP 模式下的网络流

（1）用户（Client）通过 dashboard 发起请求，先进入 Keystone 认证。

（2）Keystone 认证通过，返回查找 Nova API，请求启动实例，Nova API 验证 Keystone 是否合法，若 keystone 返回，则表示没问题。

（3）Nova API 把用户请求虚拟机的信息传到 Nova Scheduler，开始和 Queue 队列交互，把用户的请求加入队列中。

（4）Nova Scheduler 从 Queue 队列中取得请求进行调度，Nova Scheduler 知道把这个请求调度给谁，然后把这个结果附加到请求中，返回队列。

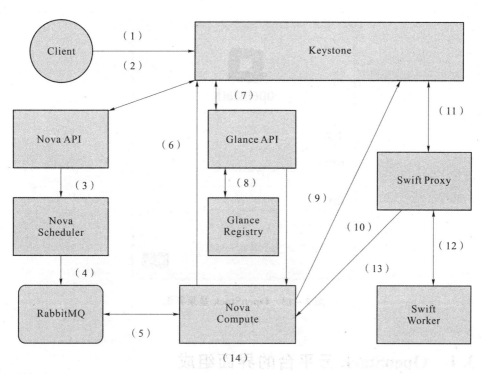

图 2 - 12　请求一个虚拟机实例的过程

（5）Nova Compute 节点发现与自己相关的信息，从 Queue 队列中取得由自己启动实例的相关信息，启动实例。

（6）Nova Compute 去 Keystone 认证通过后，联系 Glance API 请求映像文件。

（7）Glance API 去 Keystone 确认请求合法性，Keystone 返回确认结果。

（8）Glance API 联系 Glance Registry（注册处），查找映像文件。

（9）Glance API 返回 location（位置）和 metadata（元数据）给 Nova Compute。

（10）Nova Compute 去 Keystone 认证，请求映像文件。

（11）Swift Proxy（代理）去 Keystone 确认请求合法性，Keystone 返回确认结果。

（12）Swift Proxy 联系 Swift Worker 得到映像文件。

（13）Swift Proxy 将结果（得到的映像文件）返回给 Nava Compute。

（14）Launch VM（启动虚拟机）完成虚拟机实例的请求。

2.3　OpenStack 云平台实践

通过浏览器访问 OpenStack 服务的登录界面如图 2 - 13 所示。在"用户名"栏和"密码"栏分别填写用户名和密码，单击"登入"按钮，进入平台。

图 2 – 13　OpenStack 登录界面

2.3.1　OpenStack 云平台的界面组成

OpenStack 的界面包括"项目""管理员""设置"等选项面板。

1. 项目

"项目"界面可以查看 Compute、网络和编配情况，是普通用户登录可见的界面。

1）Compute

"Compute"包括概况、实例、云硬盘、镜像、访问 & 安全，如图 2 – 14 所示。

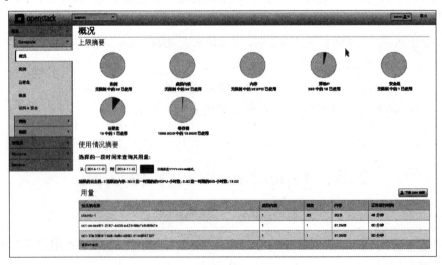

（a）

图 2 – 14　"项目"选项面板中的"Compute"功能

（a）概况

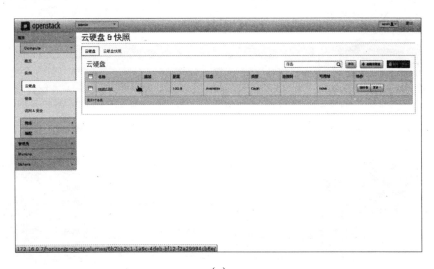

(b)

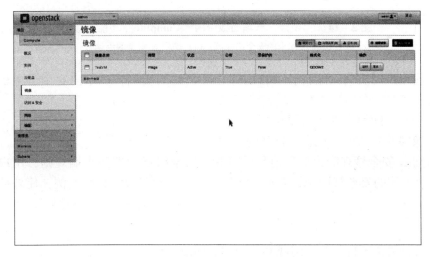

(c)

(d)

图 2-14　"项目"选项面板中的"Compute"功能（续）

（b）实例；（c）云硬盘；（d）镜像

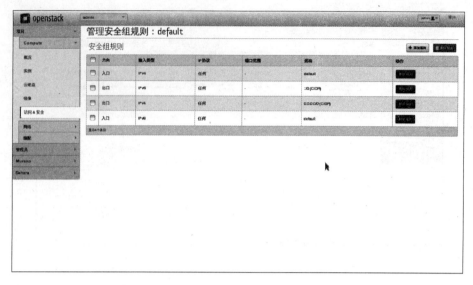

（e）

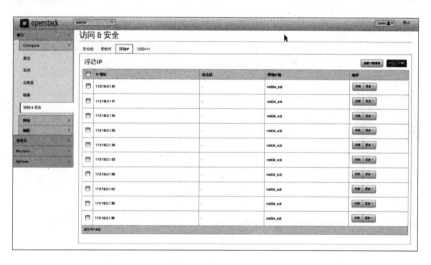

（f）

图 2 – 14　"项目"选项面板中的"Compute"功能（续）

（e）访问 & 安全的安全组规模；（f）访问 & 安全的浮动 IP

（1）普通用户的实例只能查看项目内部自己创建的实例，显示内容少了主机，操作少了迁移。

（2）云硬盘帮助用户创建云硬盘。

（3）镜像即共有的或用户自己创建的镜像。

（4）访问 & 安全管理防火墙规则和浮动 IP，安全组规则即防火墙规则，用户可以为不同的实例创建不同的安全规则组；浮动 IP 即用户可以分配浮动 IP 给实例，使外部网络可以访问实例。

2）网络

用户可以定制属于自己的网络或共享 public 网络。

网络拓扑用图形化显示网络连接，如图 2 – 15 所示。

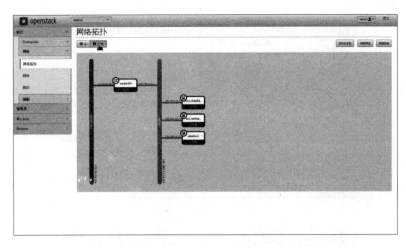

图 2 – 15　网络拓扑用图形化显示网络接连

2. 管理员

"管理员"界面有"系统面板"和"认证面板"两个选项，只有管理员权限的用户才能访问。

1）系统面板

系统面板包括概况、资源使用情况、虚拟机管理器、主机集合、实例、云硬盘、云主机类型、镜像、网络、路由、系统信息等选项，如图 2 – 16 所示。

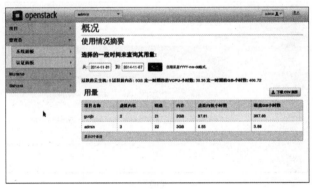

（a）

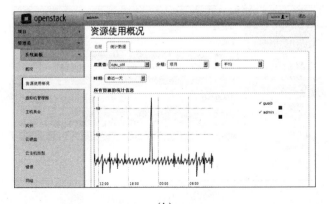

（b）

图 2 – 16　"管理员"选项面板的"系统面板"
（a）概况；（b）资源使用情况

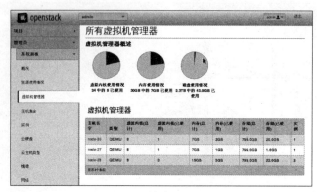

(c)

(d)

(e)

(f)

图 2-16　"管理员"选项面板的"系统面板"（续）

（c）所有虚拟机管理器；（d）主机集合；（e）实例；（f）云硬盘

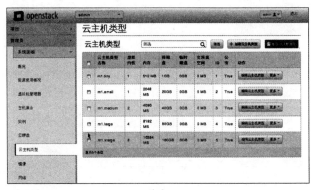

（g）

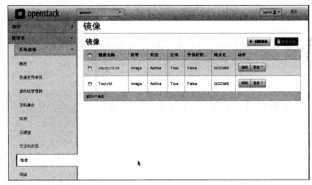

（h）

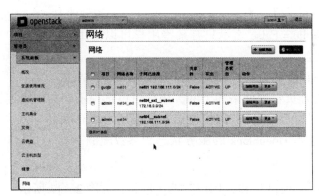

（i）

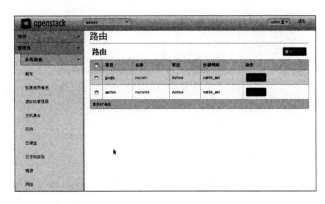

（j）

图2-16 "管理员"选项面板的"系统面板"（续）

（g）云主机类型；（h）镜像；（i）网络；（j）路由

(k)

图 2 – 16 "管理员"选项面板的"系统面板"（续）

(k) 系统信息

（1）资源使用概况显示系统资源的使用情况。这是通过 Ceilometer 实现的功能。

（2）虚拟机管理器显示物理机器的资源情况，包括 CPU、内存、硬盘情况和虚拟机数量。

（3）主机集合支持在界面上创建 Host Aggregate 和 Available Zone。

（4）实例列出所有的虚拟机和所在的主机，并且可以对虚拟机进行迁移、删除等操作，信息比 Overview 详细。

（5）云硬盘显示用户使用和创建的卷，可以设置云硬盘类型，查看、删除用户创建的云硬盘。

（6）云主机类型目前默认有 5 个 Flavor，可以编辑和创建 Flavor。Public = True 表示所有用户都可以使用，Public = False 表示只有某些用户可以使用，普通用户不能创建 Flavor，也不能定义虚拟机的配置。

（7）镜像管理可以上传镜像，需要知道上传的 image 格式。

（8）网络帮助管理员管理网络和子网，用户可以选择不同的网络连接。

（9）路由实现不同网络之间的路由连接，一般用于私有网络与公共网络的路由连接。

（10）系统信息查看 OpenStack 的服务状态和参数配额。

2）认证面板

"认证面板"包括"项目"和"用户"两个项目，如图 2 – 17 所示，项目是用户的管理。

图 2 – 17 "管理员"选项面板的"认证面板"

3. 设置

在页面左侧点开"设置"选项，可以对用户和密码进行设置。

（1）在"用户设置"选项面板，可以设置系统的语言、时区和每页条目数。如图2-18（a）所示，单击右上角的"setting"按钮进行用户设置，完成设置后，单击"保存"按钮。

（2）在"修改密码"选项面板，用户可以修改密码，如图2-18（b）所示。修改完密码后，系统会强行退出，用户需要重新登录。

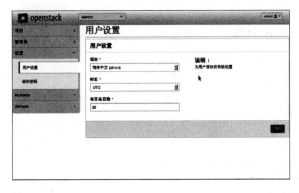

（a）

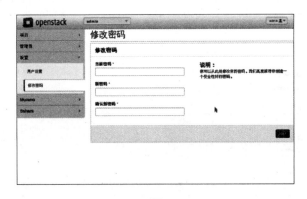

（b）

图2-18 "设置"选项面板

（a）用户设置；（b）修改密码

2.3.2 OpenStack 云平台的运维

1. 创建实例

创建实例的步骤如下：

1）登录

（1）打开浏览器，输入 http：//host-ip/horizon（host-ip 替换成所用主机的 IP），如 http：//×××.×××.××.×××/horizon，进入用户登录界面。

（2）出现图2-13所示的用户登录界面。使用用户名和密码登录。用户名为 admin，密码为123456（根据setting.conf的设置），登录后显示的界面是管理员面板的"概况"页面。

2）安装OpenStack网络服务

默认安装完成后的OpenStack是没有网络（network）服务的，所以需要配置网络必须先单独安装neutron。格式如下：

```
$ ./openshit.sh neutron install(安装)
$ ./openshit.sh neutron config(配置)
```

安装网络后再登录OpenStack，可以看到左侧导航有了"网络"。

3）创建一个Test项目和用户

（1）在Open Stack页面的左边选择"管理员/认证面板/项目"选项，在"项目"面板中单击"创建项目"按钮，创建一个test项目。

（2）在Open Stack页面的左边选择"管理员/认证面板/用户"选项，进入"创建用户"页面，如图2-19所示。在该页面中填写用户名、邮箱、密码等，单击"创建用户"按钮，创建一个普通用户test，并加入test项目。

图2-19 "创建用户"页面

（3）使用test用户登录，更改用户设置语言、时区与用户密码。密码修改后弹出如图2-20所示的对话框，单击"OK"按钮，确认修改。

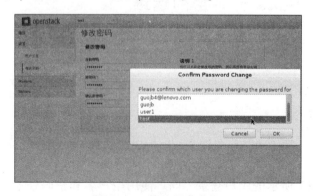

图2-20 修改用户密码

（4）使用新密码重新登录。

4）配置 OpenStack 网络

（1）在 OpenStack 页面的左边选择"项目/网络"选项，进入"创建网络"页面，在"网络名称"文本框中输入"test – net"，创建网络"test – net"，如图 2 – 21 所示。

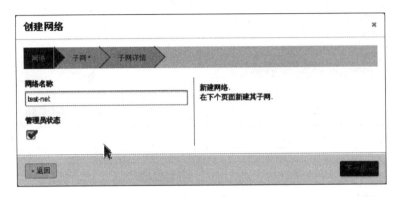

图 2 – 21　创建网络

（2）单击"下一步"按钮，进入子网的创建页面。在"子网名称"文本框中输入"test – subnet"，在网络地址文本框中输入"192. 168. 121. 0/24"（添加的网络地址段必须能够上网），并打开 DHCP，如图 2 – 22 所示。

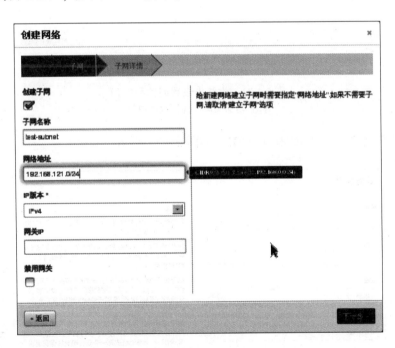

图 2 – 22　创建子网

（3）单击"下一步"按钮，进入"增加接口"页面。创建路由 test – route，并为路由设置网关和接口，如图 2 – 23 所示。

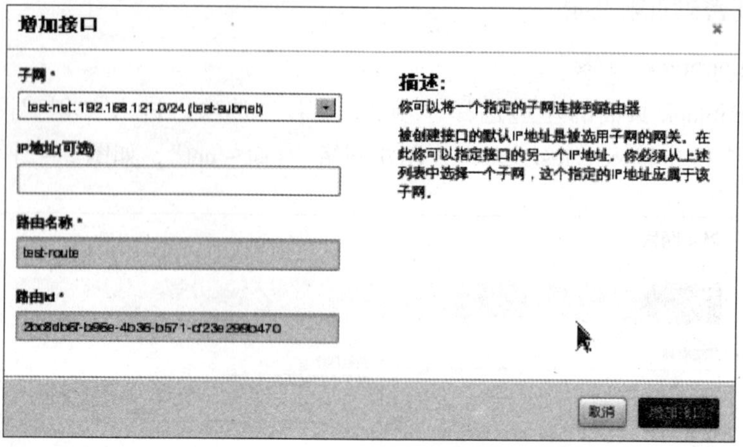

增加接口   ✕

子网 *

test-net: 192.168.121.0/24 (test-subnet)　▾

IP地址(可选)

路由名称 *

test-route

路由id *

2bc8db6f-b96e-4b36-b571-cf23e299b470

描述：

你可以将一个指定的子网连接到路由器

被创建接口的默认IP地址是被选用子网的网关。在此你可以指定接口的另一个IP地址。你必须从上述列表中选择一个子网，这个指定的IP地址应属于该子网。

取消　　增加接口

(a)

设置网关   ✕

外部网络 *

net04_ext　▾

路由名称 *

test-route

路由id *

2bc8db6f-b96e-4b36-b571-cf23e299b470

描述：

你可以将一个指定的外部网络连接到路由器.外部网络将作为路由器的默认路由同时将扮演外部连接网关的角色

取消　　设置网关

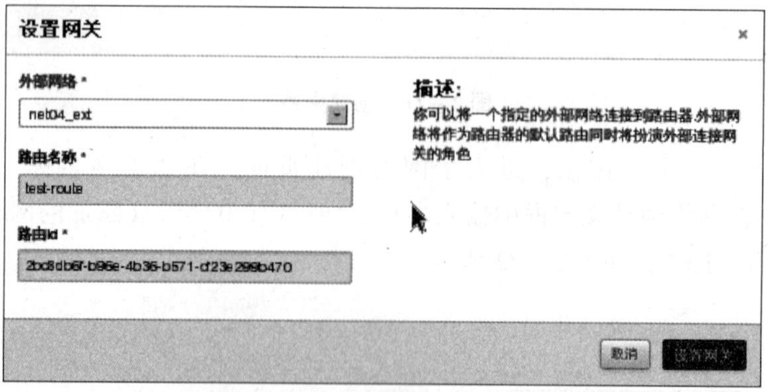

(b)

图 2 – 23　为路由设置网关和接口
(a) 增加接口；(b) 设置网关

(4) 设置安全组，打开 ICMP 和 SSH，如图 2 – 24 所示。

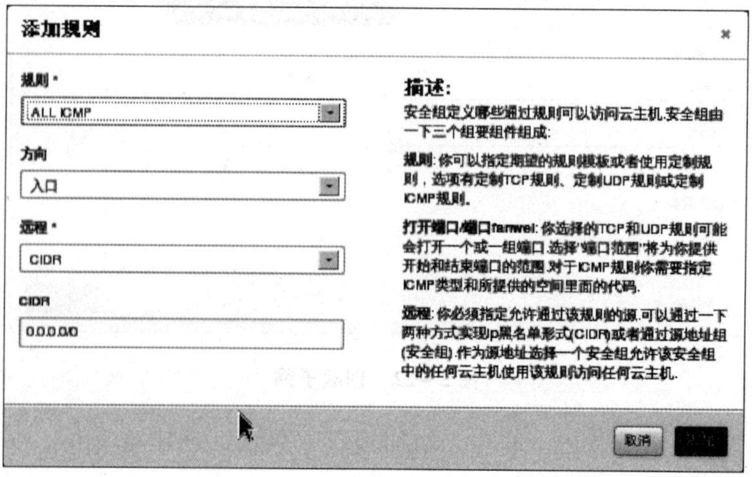

添加规则   ✕

规则 *

ALL ICMP　▾

方向

入口　▾

远程 *

CIDR　▾

CIDR

0.0.0.0/0

描述：

安全组定义哪些通过规则可以访问云主机.安全组由一下三个组要组件组成:

规则: 你可以指定期望的规则模板或者使用定制规则，选项有定制TCP规则、定制UDP规则以及定制ICMP规则。

打开端口/端口范围(fanwei): 你选择的TCP和UDP规则可能会打开一个或一组端口.选择"端口范围"将为你提供开始和结束端口的范围.对于ICMP规则你需要指定ICMP类型和所提供的空间里面的代码.

远程: 你必须指定允许通过该规则的源.可以通过一下两种方式实现ip黑名单形式(CIDR)或者通过源地址组(安全组).作为源地址选择一个安全组允许该安全组中的任何云主机使用该规则访问任何云主机。

取消　　入口

(a)

图 2 – 24　设置安全组
(a) ICMP

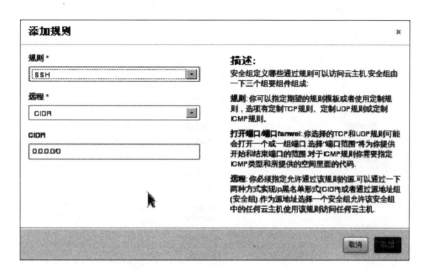

(b)

图 2-24　设置安全组（续）

(b) SSH

（5）单击复选框选中 IP 地址，申请浮动 IP，如图 2-25 所示。

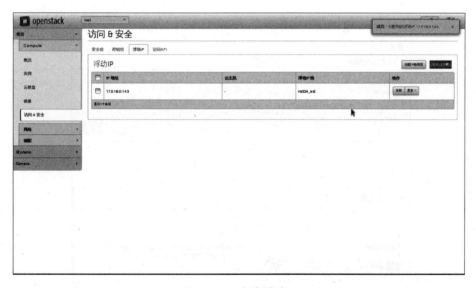

图 2-25　申请浮动 IP

（6）启动云主机：在"详情"选项卡中设置云主机的类型和镜像，此处云主机的类型使用系统默认的 tiny，镜像使用测试的 TestVM；在"访问 & 安全"选项卡中设置安全组，勾选"安全组"下面的"default"复选框；在"网络"选项卡的"已选择的网络"下拉列表中选择"test-net"选项，设置云主机的网络，如图 2-26 所示。

完成设置后，云主机启动成功，绑定浮动 IP，如图 2-27 所示。

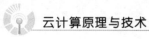

（c）

图 2 - 26　云主机设置

（a）"详情"选项卡；（b）"访问 & 安全"选项卡；（c）"网络"选项卡

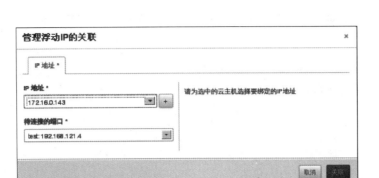

图 2-27 绑定浮动 IP

（7）查看云主机的网络配置。由于路由的作用，拥有内部 IP 地址 192.168.121.4 的云主机可以访问外部网络 172.16.0.1，云主机的网络配置结果如图 2-28 所示。

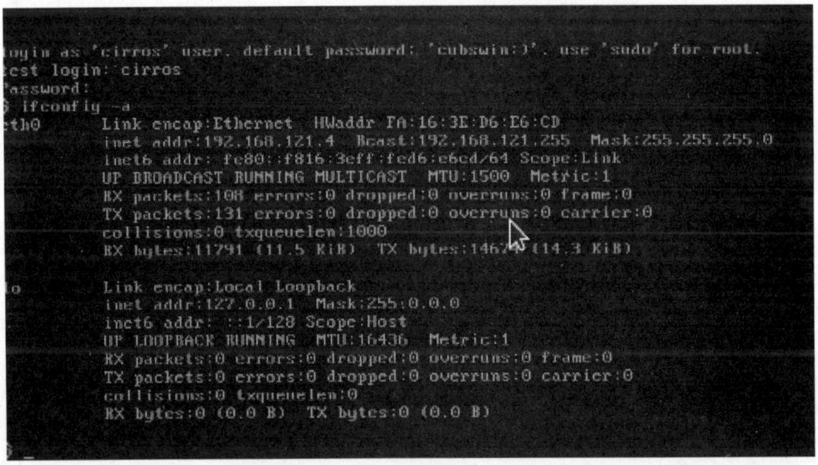

（a）

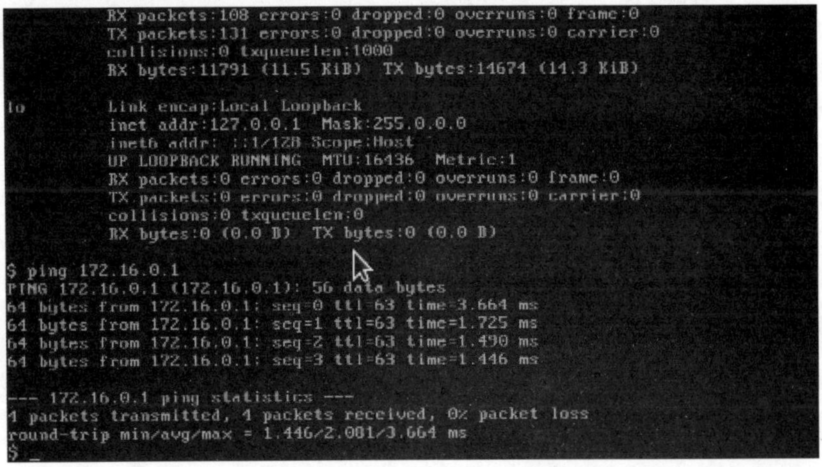

（b）

图 2-28 云主机的网络配置结果

（a）查看结果；（b）连接结果

（8）外部访问浮动 IP 为 172.16.0.143。SSH 登录云主机的结果界面，如图 2-29 所示。

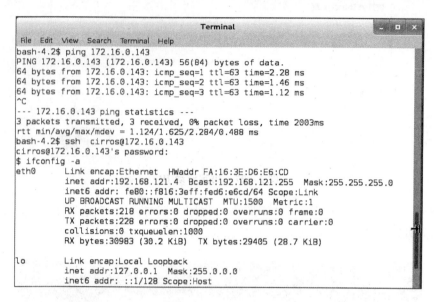

图 2-29 外部访问浮动 IP，SSH 登录云主机的结果界面

（9）网络拓扑如图 2-30 所示。

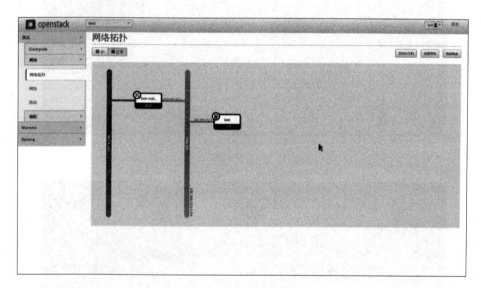

图 2-30 网络拓扑

2. 运维

运维要进行虚拟机的性能调优、网络资源的管理。

1）虚拟机性能调优

虚拟机性能调优包括 Linux 系统调优、KVM 虚拟化参数调优。如果使用 Linux 作为 host，Windows 作为 guest 进行虚拟化，那么一般会使用 KVM 进行虚拟化。以下方法可以确保 guest 耗费最少的资源而获得最佳性能：

（1）删除不必要的设备，如触控板设备等，以减少 host 上的线程数量，降低 host 的负载，减少对 guest 的影响。

（2）安装 NetKVM 驱动，并将驱动设置为 VirtIO 以获得更好的网络性能。

（3）安装 Ballon 驱动，以减少 guest 耗费的内存（非必要时不会占用内存）。

（4）安装 VirtIO 磁盘驱动，以获得最佳的磁盘性能。

（5）虽然使用 raw 格式的磁盘可以获得比 qcow2 格式的磁盘更好的性能，但差距不大，而且 qcow2 支持快照等特性因此一般仍然使用 qcow2。

（6）使用 spice 来进行图形虚拟化，这样可以获得比较好的 2D 性能，当然，3D 没有，另外，比 vmware 的还是差。

（7）Windows 中关闭搜索索引，禁用无必要的开机启动项等。

2）网络资源的管理

网络资源的管理包括 VLAN（虚拟局域网）、IP 资源的管理，服务质量（Quality of Service，QoS）的管理。

运维还要考虑容错预案，包括停电预案、硬件或系统崩溃，以及虚拟机迁移、自动化部署和自动化运维等问题。

3. 监控

（1）云监控：OpenStack 监控功能较差，Ceilimeter 组件功能有限，不能满足生产环境的需求，需要部署其他开源监控软件，包括 Nagios、Ganglia、Cacti、Zabbix、Munin、Zenoss 等。

（2）主机及 OpenStack 服务监控：宿主机监控包括 CPU 使用、内存使用、硬盘 I/O、硬盘读写速度、OpenStack 服务监控等。

习　题

一、单项选择题

1. Keystone 是（　　）。

A. 块存储套件　　　　B. 对象存储套件　　　　C. 仪表板套件　　　　D. 身份识别套件

2. OpenStack 的 Nova 是（　　）。

A. 对象存储套件　　　B. 网络套件　　　　　　C. 运算套件　　　　　D. 块存储套件

3. OpenStack 的 Neutron 是（　　）。

A. 对象存储套件　　　B. 网络套件　　　　　　C. 运算套件　　　　　D. 块存储套件

二、填空题

1. OpenStack 的每个主版本系列以（　　　　）顺序命名，以（　　　　）排序作为版本号。

2. 安装 OpenStack 部署架构主要有（　　　　）、（　　　　）和（　　　　）三种。

3. 京东是基于（　　　　）的开源云平台。

4. OpenStack 是由（　　　　）和（　　　　）共同开发的云计算平台，于（　　　　）年 1 月推出第一版 Austin，目的是制订一套（　　　　）软件标准，任何公司或个人都可以搭建自己的云计算环境。

三、判断题（正确打√，错误打×）

1. OpenStack 包含两个主要模块：Nova 和 Swift。（   ）

2. OpenStack 是收费的。（   ）

四、简答题

1. 简述 OpenStack 的功能及其版本演进。

2. 简述 OpenStack 的社区生态。

3. 简述 OpenStack 基金会的组成及其主要职责。

4. 简述 OpenStack 的系统架构，以及企业基于 OpenStack 云架构的构建过程。

5. 简述 OpenStack 的核心组件及其作用。

6. 简述管理员与普通用户使用界面的区别。

7. 简述在 OpenStack 云主机上安装并启动应用程序的进程及其注意事项。

五、实践题

1. 将 OpenStack 安装到电脑上。

2. 创建、修改并登录 OpenStack 账号。

3. 创建网络、子网、路由，设置安全组。

4. 实现本章的 OpenStack 运维实例。

第 3 章

云管理、云安全和云运营

云管理软件提供了故障（Fault）、配置（Configuration）、计费（Accounting）、性能（Performance）、安全性（Security）管理能力，合称为 FCAPS。许多产品解决了这些领域中一个或多个问题，而且可以通过网络架构访问所有这 5 个领域。框架产品被重新定位以对云系统起作用。管理职责取决于云部署特定的服务模型。云管理不仅包括管理云资源，还包括管理内部资源。云资源的管理要求用新的技术，而内部资源的管理允许供应商使用已被广为接受的网络管理技术。

以集群，提高云可靠性。云安全和云运营亦皆是不可或缺的"云"管理。

3.1 云 管 理

传统的网络管理系统具有管理和配置资源、实施安全保护、监控操作、优化性能、策略管理、执行维护、提供资源等功能。

常常用 FCAPS 来描述管理系统，FCAPS 代表故障、配置、计费、性能、安全性，大多数网络管理分组具有 FCAPS 中的一个或多个特征，单个分组无法提供 FCAPS 的所有功能。BMC 云计算、计算机协会云解决方案、HP 云计算、IBM 云计算、微软云服务等 5 个云管理产品供应商的网络管理线，被计算机协会定位为 IT 管理软件即服务。

IBM Tivoli 服务自动化管理器（Service Automation Manager，SAM）是一种用于管理云基础设施的框架工具，如图 3 - 1 所示。

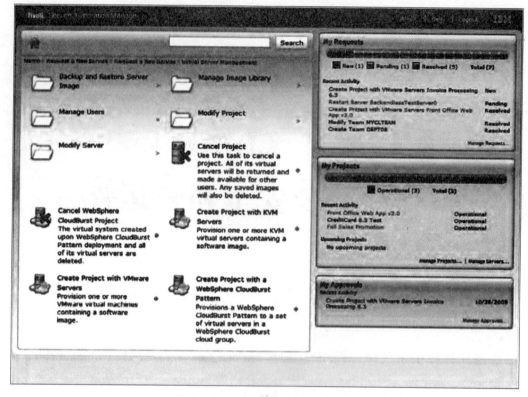

图 3-1 Tivoli 服务自动化管理器

3.1.1 云管理的功能

云管理将网络和云计算分组分离管理，需要具备即用即付为基础的计费、可扩展的管理服务、普遍存在的管理服务、云与其他系统之间的通信使用云联网标准等云特性。

为了监控整个云计算部署堆栈，云管理需要对 6 种不同的分类进行监控：

（1）终端用户服务，如 HTTP、TCP、POP3/SMTP 等；

（2）客户端的浏览器性能；

（3）云监控应用，如 Apache、MySQL 等；

（4）云服务监控基础设施，如 Amazon Web 服务、GoGrid、Rackspace 等；

（5）机器实例监控，对服务处理器利用率、存储器使用率、磁盘消耗、队列长度及其他重要参数进行测评；

（6）网络监控与探索，使用简单网络管理协议（Simple Network Management Protocol，SNMP）配置管理数据库（Configuration Management Database，CMDB）、Windows 管理规范（Windows Manage Instrumentation，WMI）等标准协议。

云管理包含：管理云资源和利用"云"来管理内部资源。

1. 管理云资源

当从客户端/服务器或三层架构等传统网络模型迁移到云计算架构时，许多进程的管理任务在"云"里变得不相关或几乎不可能进行，用来有效管理不同类型资源的工具落在了自己的范围之外。在"云"里，正在使用的特定服务模型直接影响监控类型。

Amazon Web 服务或 Rackspace 服务供应商，可以通过本身的监控工具（如 Amazon Cloud Watch 或 Rackspace 控制面板），或通过几个对这些站点的 API 作用的第三方工具来监控资源使用率。在 IaaS 中，可以在部署方面进行改变，如正在运行的机器实例的数量或所具备的存储量，但是在对许多重要操作的控制非常受限，如网络带宽受部署的实例类型的限制。技术可以提供更多带宽，却不能控制网络流量流入或流出系统的方式，是否存在分组优先级，路由选择的方式，以及其他重要特性。

如果先迁移到 PaaS（如 Windows Azure、Google App 引擎），再迁移到 SaaS（如 Salesforce.com），将受到更多的限制。当部署关于 Google 的 PaaS App 引擎云服务的应用时，管理主控台提供以下监控能力：

（1）创建新的应用，并在域中对其进行设置；

（2）邀请其他人员参与开发应用；

（3）检查数据和错误日志；

（4）分析网络流量；

（5）浏览应用库，并管理其指标；

（6）检查安排好的应用任务；

（7）测试应用程序，更换版本。

控制是不可操作的。Google App 引擎部署并监控应用，所有对设备、网络和平台其他方面的管理都由 Google 来进行。服务模型类型的管理如图 3 - 2 所示。

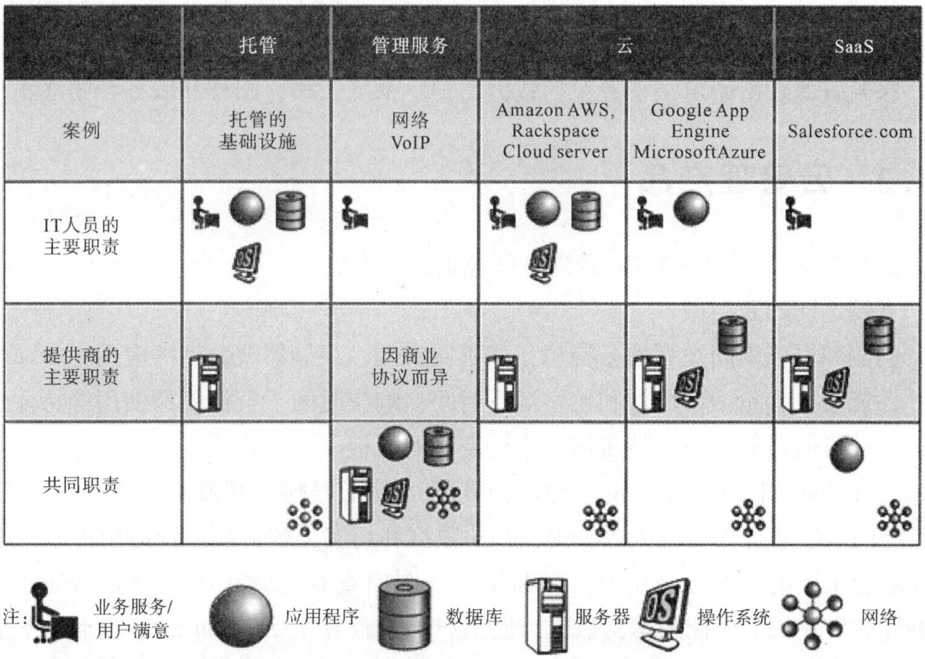

案例	托管	管理服务	云		SaaS
案例	托管的基础设施	网络 VoIP	Amazon AWS, Rackspace Cloud server	Google App Engine MicrosoftAzure	Salesforce.com
IT人员的主要职责					
提供商的主要职责		因商业协议而异			
共同职责					

注： 业务服务/用户满意　应用程序　数据库　服务器　操作系统　网络

图 3 - 2 服务模型类型的管理

2. 利用"云"管理内部资源

从客户的角度看，云服务提供商可以采用全面的网络管理能力解决移动设备、台式机和本地服务器的问题。相同的工具包可以用来测评。

例如，微软系统中心调整管理产品以适应"云"。系统中心提供用于管理 Windows 服务器和台式机的工具。管理服务包括操作管理器、Windows 服务更新服务、资产管理配置管理器、数据保护管理器和虚拟机管理器等。这些服务集中于系统中心的在线桌面管理器中。

从客户的角度出发，服务在"云"里和数据中心的一组服务器上，差别不大。对于负责管理台式机或移动设备的组织来说，云管理服务的优势比较明显。

3.1.2 云服务的生命周期管理

云服务将其生命周期分为 6 个阶段，每个阶段完成不同的任务，以便对其进行管理。

（1）将服务定义成模板，用于创建实例，执行的任务包括创建、更新和删除服务模板。

（2）客户与服务进行交互，通常通过服务等级协议（Service Level Agrement，SLA）合同执行管理客户关系、创建和管理服务合同的任务。

（3）向"云"部署实例，并在实例运行时进行管理，执行创建、更新和删除服务产品的任务。

（4）定义运行中的服务属性及服务性能的修改，执行服务优化和客户化的任务。

（5）管理实例运行并进行运行维护。在这一阶段中必须监控资源，跟踪和响应事件，并执行上报和计费功能。

（6）服务引退。生命末端任务包括数据保护、系统迁移、归档和服务合同终止。

3.1.3 云管理产品

大多数云管理产品提供的核心管理特征包括以下内容：

（1）支持不同的云类型；

（2）创建和供应不同类型的云资源，如机器实例、存储器或分期的应用；

（3）性能上报，包括可用性和正常运行时间、响应时间、资源配额使用等特性；

（4）创建可以根据客户的特定需求进行定制的面板。

例如，Amazon Cloud Watch 是一种面向开发运营工程师、开发人员、站点可靠性工程师、IT 经理的监控和可观测性服务，提供相关数据和切实见解，以监控应用程序，响应系统范围的性能变化，优化资源利用率，并在统一视图中查看运营状况。Cloud Watch 以日志、指标、事件的形式收集监控和运营数据，使用户统一查看在 Amazon 云和本地服务器上运行的资源、应用程序、服务，可以检测环境中的异常行为，设置警报，并排显示日志和指标，执行自动化操作，排查问题，发现可以确保应用程序正常运行的见解。

常见的云管理产品如表 3-1 所示。

表 3 - 1 常见的云管理产品

产品	描述
AbiCloud	虚拟机转换和管理
Amazon Cloud Watch	AWS 面板
Dell Scalent	将卷入 Dell 的高级基础设施管理器的虚拟供应系统
Elastra	联邦混合云管理软件
HP 云计算	多种管理产品和服务，均已发布或正在开发中
Hyperic	集成了 VMware 的虚拟化 Java App 的性能管理
IBM 服务管理器和云计算	各种 IBM Tivoli 管理器和监控器
Internetseer	Web 站点监控服务
Intune	基于"云"的 Windows 系统管理
Keynote	Web、移动、分流，以及客户端测试和测评产品
ManageEngine OpManager	网络和服务器监控，服务器桌面、时间和安全性管理
ManageIQ	用于提供监控、供应和云集成服务的企业虚拟化管理套件
JaxView 管理方法	SOA 管理工具
Monit	UNIX 系统监控和管理
New Relic RPM	Java 和 Ruby 应用监控器和疑难排查
OpenQRM	数据中心管理平台
Pareto Networks	云供应和部署
Scout	托管服务器管理服务
VMware Hyperic	对 VMware 部署的 Java 应用的性能管理
Webmetrics	Web 性能管理、负载测试和云服务的应用检测器
WebSitePulse	服务器、Web 站点和应用监控服务
Whatsup Gold	网络监控和软件管理
Zeus	基于 Web 的应用流量管理器

3.1.4 云管理标准

不同的云服务提供商使用不同的技术创建和管理云资源，系统之间的互操作性差，为了解决这一问题，VMware、IBM、微软、Citrix 和 HP 等大型企业合作创建了可以用来促进云互操作性的标准。

1. DMTF

分布式管理任务组（Distributed Management Tast Force，DMTF）是开发平台互操作的行业系统管理标准的行业组织，1992 年成立，负责制订了公共信息模型（City Information Modeling，CIM）。

虚拟化管理计划（VMAN）标准将 CIM 扩展到虚拟计算机系统管理，创建了开发虚拟化格式（Open Virtual Format，OVF）。OVF 描述了用于创建、封装并供应虚拟装置的标准方法，是一种容器和文件格式，这种文件格式是开放的且管理程序和处理程序架构是不可知的。OVF 在 2009 年发布，VirtualBox、AbiCloud、IBM、Red Hat 和 VMware 等供应商都推出了使用 OVF 的产品。

DMTF 致力于虚拟化，以解决云计算中的管理问题，创建了开放云标准研究组（Open Cloud Standards Incubator，OCSI）来协助开发互操作标准，用来管理公共云、私有云和混合云系统之间的交互以及系统内部的交互。这个小组的焦点在于描述资源管理和安全协议、封装方法和网络管理技术。

2. Cloud Commons 和 SMI

CA 技术公司采用自己的技术对分布式网络性能度量进行测评，并重新定位其产品。

CA Cloud 的云连接管理套件有 Insight、Compose、Optimize、Orchestrate，其中，Insight 用于云度量测评服务，Compose 用于部署服务，Optimize 用于云优化服务，Orchestrate 用于基于工作流程控制和策略的自动化服务。

1）Cloud Commons

Cloud Commons 构建了 CloudSensor 面板，实时对云服务进行性能监控，对以下性能进行测评：

（1）创建和删除 RackSpace 文件；

（2）基于 Google Gmail、Windows Live Hotmail 和 Yahoo Mail 的电子邮件可用性（系统正常运行时间）；

（3）在 4 个 AWS 站点上的 Amazon Web 服务器的创建或破坏次数；

（4）AWS Amazon、Google App 状态、RackSpace 云和 Saleforce 的面板响应次数；

（5）Windows Azure 存储基准；

（6）Windows Azure SQL 基准。

这些度量是以衍生于实际事务的实时数据为基础的。

2）SMI

服务测评指标（Service Measurement Index，SMI）以一组形成 SMI 框架的测评技术为基础，CA 向 SMI 联盟捐献了该 SMI 框架。该指标对基于"云"的服务进行灵活性、性能、成本、质量、风险和安全性的测评，从而形成一组关键性能指标（Key Performance Indicator，KPI），用来在服务之间进行对比。

3.2　集群及其云可靠性

集群是云可靠性的重要解决方案。对于客户端而言，一个集群是一个服务节点，集群系统的管理员可以任意增加、删除或修改集群系统的节点。集群系统具有以下优点。

（1）可扩展性：可任意增加、删除或修改集群系统的节点。

（2）高可靠性：集群中的一个节点失效时，其任务可以传递给其他节点，有效地防止单点失效。

（3）高性能：负载平衡集群允许系统同时接入更多的用户。

（4）高性价比：可以采用符合工业标准的低价硬件构造高性能的系统。

集群以负载均衡与失败转移实现可扩展性和高可用性。

3.2.1　集群的分类

集群主要分为高可用集群（High Availability Cluster，HA 集群）、负载均衡集群（Load Balance Cluster，LB 集群）和高性能科学计算集群（High Performance Computing Cluster，HP 集群）。

1. HA 集群

HA 集群提供高度可靠的服务，利用集群系统的容错性对外提供 7×24 h 不间断的服务，如高可用的文件服务器、数据库服务等关键应用。两个节点形成的 HA 集群是常见的 HA 集群。

HA 集群保障用户的应用程序持续对外提供服务的能力，能够将软件、硬件、人为因素造成的故障对业务的影响降低到最小。

HA 集群有 3 种工作方式：主从方式、双机双工方式和集群工作方式。

1）主从方式

主从方式是非对称方式。主机工作时，从机（也称为备机）处于监控准备状态；主机宕机时，从机接管主机的工作，待主机恢复正常后，按使用者的设定以自动或手动方式将服务切换到主机上运行。在主从方式中，数据的一致性通过共享存储系统解决。

2）双机双工方式

双机双工方式的主机是互备互援的。两台主机同时运行各自的服务工作且相互监控情况，当一台主机宕机时，另一台主机立即接管它的一切工作，保证工作实施。在双机双工方式中，应用服务系统的关键数据存放在共享存储系统中。

3）集群工作方式

集群工作方式是多服务器互备方式。多台主机一起工作，各自运行一个或几个服务，分别为服务定义一个或多个备用主机，当某个主机故障时，运行在该主机上的服务可以被其他主机接管。

2. LB 集群

LB 集群中的所有节点处于活动状态，使任务可以在集群中尽可能平均地分摊到不同的计算节点进行处理，充分利用集群的处理能力，提高对任务的处理效率。LB 集群一般用于响应网络请求的网页服务器、数据库服务器，可以在接到请求时，检查接收请求较少、不繁忙的服务器，并把请求转到这些服务器上。

3. HP 集群

在 HP 集群上运行的是专门开发的并行应用程序，它可以把一个问题的数据分布到多台计算机上，利用这些计算机的共同资源来完成计算任务，提供单台计算机无法提供的强大的

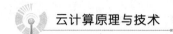

计算能力，解决单台计算机无法胜任的工作，如天气预报、石油勘探与油藏模拟、分子模拟、生物计算等。

在实际应用中，3种集群类型可能混合使用，以提供更加高效稳定的服务。

3.2.2 集群的技术实现

集群的技术实现分为Web层集群技术和其他集群的技术实现。

1. Web层集群技术

负载均衡器有软件集群和硬件四层交换机两类，在此重点讨论在会话信息的回应实现，可分为多服务器全冗余备份、三三两两互为冗余备份、中央备份服务器3种模式。

1）多服务器全冗余备份

Tomcat和Sun公司的Replicate采用该模式，扩展性差。

2）三三两两互为冗余备份

WebLogic、JBoss和WebSphere采用该模式。例如，服务器 A 有服务器 B 的数据，服务器 B 有服务器 C 的数据，服务器 C 有服务器 B 的数据，如果服务器 A 出错，则由服务器 C 接管服务器 A 的工作。这种做法的弊端如下。

（1）要控制故障转移到备份服务器，均衡器的实现复杂度高。

（2）如果服务器 A 出错，服务器 C 要瞬时承载服务器 A、服务器 C 的操作，可能将它压垮，针对这点，WebLogic针对Session（会话）选择备份服务器，把主备服务器 A、服务器 B 的名字写在用户Cookie里，如果服务器 A 失效，则Balancer将用户转到服务器 C，服务器 C 根据用户的Cookie记录，从服务器 B 获取会话信息。

（3）相对没有集群的方案，需要花费额外的时间和内存。

3）中央备份服务器

中央备份服务器采用 $N+1$ 模式，一个中央服务器存放所有的会话，如果一台服务器出现故障，接管的服务器从中央服务器恢复相关数据。可以用数据库，也可以采用内存。这种方式的优点是集群服务器不需要冗余内存，可以Failover到任意服务器，即使集群服务器全部出现故障，中央服务器也可以正常工作。缺点是，如果中央服务器出现故障或内存不够，则所有的服务不可用，且多了恢复的步骤。

2. 其他集群

1）JMS集群

JMS集群可以有多个broker组成集群（如果要持久化信息，就要把原来嵌入式的数据库改为共享模式），activeMQ支持多个消费者组成集群，但每个消费者负责同一类的任务，如订单队列的处理。服务器 A 只处理图书类的订单，或只处理某本图书的订单。

2）数据库集群

数据库集群有Oracle的RAC，但JDBC的Failover能力很低，一旦连接中断，resultset等对象都会失效，WebLogic的连接池会尝试重新连接。DB2数据库也有相应的集群功能，但具体实现机制和 Oracle 的 RAC 有本质差别。DB2 数据库的集群技术将同一个数据库处理事务拆分到各个节点上进行并行处理。

3）ESB 企业服务总线集群

主流 ESB 产品基本都支持集群部署，如 IBM MB、JBoss SOA、开源的 Mule、ServiceMix 等。

3.3 云 安 全

在互联网信息传播如此发达和透明的时代，任何安全疏漏都有可能使得刚刚踏入云端的脚步直接坠向地面。

另外，日渐成熟且专业化的地下黑客产业链正快速形成，使得 SaaS 系统在安全方面敲响了警钟。从开发病毒程序、传播病毒到销售病毒，形成了分工明确的整条操作流程，这条黑色产业链每年的整体利润预计高达数亿元。

在 SaaS 系统安全问题中，80% 是传统安全问题，20% 是云安全问题。云安全的有很多问题是对传统安全问题的放大，如身份验证、访问控制、数据对视、泄露防范、信息分类、审计、数据隔离、逻辑隔离、物理边界控制等。

SaaS 系统安全相对于传统系统安全的新问题如下：

（1）受法律约束的安全承诺和运维协议 SLA、法律法规，以及非强制约束的商业诚信、道德，建立互信。

（2）在技术层面，Multi - Tenant 多租户架构下的各个方面的安全考虑，如实现多租户各自的身份验证和访问控制、多租户间的数据隔离控制等问题。

（3）基于 Internet 提供服务的 SaaS 系统需要处理复杂的网络环境，面临更多的安全威胁，需要防范各种黑客攻击。

3.3.1 云安全体系

1. 传统的信息安全体系

传统的信息安全体系通过制订一套适当的管理制度、部署必要的技术措施，来实现信息安全目标要求，形成组织制度、人员、技术三维的防护体系，如图 3 - 3（a）所示。

在组织制度层面强化安全管理，如为防止数据损坏，建立定期数据备份和检查制度，进行第三方安全审计。

在人员安全方面，对能够接触系统的相关人员采取一定的安全保障措施，如与外聘人员签署保密协议。

从技术层面保障系统安全，如病毒导致数据丢失，要安装病毒查杀软件；设备故障会导致系统宕机，要考虑业务连续性问题。

技术层面的信息安全防护模型包括数据、软件、硬件、网络和环境等 5 个方面，如图 3 - 3（b）

所示。数据是系统的核心，硬件通过软件存取数据，外层是网络通道，这一切会受到外界环境的影响，机房环境会影响硬件的运行性能和稳定性，网络环境则决定通道的安全性。

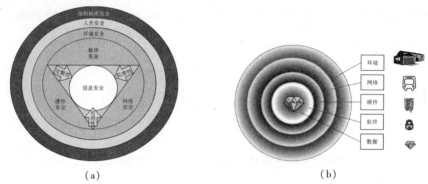

（a）　　　　　　　　　　　　　　　（b）

图 3-3　传统的信息安全体系

（a）信息安全三维防护体系；（b）技术层面的信息安全防护模型

2. SaaS 系统"5+5"安全体系

SaaS 系统安全体系从技术和非技术方面进行规划。与传统信息安全模型相比，在非技术方面，SaaS 系统增加了商业信誉和诚信、安全法律和相关规范、安全体系认证、ITIL 运维 SLA 等安全问题。

SaaS 系统采用"5+5"安全体系，包括 5 个非技术方面的安全与技术方面 5 个层次的安全，如图 3-4 所示，利用该模型可以全面地构建 SaaS 系统的安全策略。

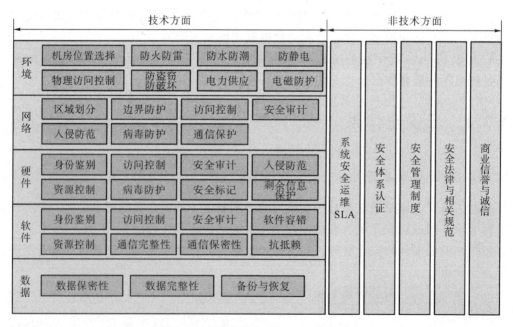

图 3-4　SaaS 的"5+5"安全体系

安全领域的技术是手段，非技术是约束，二者相辅相成。

1）技术安全

SaaS 系统安全的技术与传统系统相比，在数据、软件、硬件、网络、环境等方面需要更为强化的安全措施。

2）非技术安全

对于 SaaS 系统安全的非技术方面，服务商提供需要对 Multi-Tenant 做安全方面的服务承诺，如对用户数据的保留期限、出现故障的恢复时间、对用户数据的保密性要求等，具体将落实在系统运维管理的 SLA 协议当中。

SaaS 系统还要遵循一些安全方面的法律和规范，加强组织内部的安全管理制度建设和人员管理，约束商业信誉和诚信。

（1）安全法律法规。

SaaS 系统安全体系涉及的国家安全相关法律法规和标准规范如下：

① 2008 年 6 月 28 日，财政部、证监会、审计署、银保监会联合发布了《企业内部控制基本规范》，被称为中国版的塞班斯法案。该规范第 41 条规定，企业应当加强网络安全等方面的控制，保证信息系统安全稳定运行。

② 个人信息保护法依据《刑法修正案》，对非法获取公民个人信息犯罪嫌疑人有了明确的判罚，打击比较严重的公民信息泄露、买卖的行为，而《个人信息保护法》是一部专门针对个人信息进行保护的法律，从民事的角度出发，能更好、更全面地保护个人信息，目前尚在制订中。

③《中华人民共和国电子签名法》于 2004 年 8 月 28 日由全国人民代表大会常务委员会通过并颁发，规定了电子认证服务须经许可，内容包括电子签名人及其依赖方各自的责任、过错赔偿等。

④ 等级保护系列如图 3-5 所示。

⑤《商用密码管理条例》规定了国家专控商用密码的科研、生产、销售和使用，科研、生产须指定且获得定点证书等。

⑥ 国家保密局（简称国密局）相关法规《电子认证服务密码管理办法》。

（2）安全标准规范。

安全标准规范包括等级保护相关规范、ISO 27001、国密局相关规范。

① 等级保护相关规范：信息安全等级保护对国家秘密信息、法人和其他组织及公民的专有信息以及公开信息和存储、传输、处理这些信息的信息系统分等级实行安全保护，对信息系统中使用的信息安全产品按等级实行管理，对信息系统中发生的信息安全事件分等级响应、处置。

安全规范有《计算机信息系统安全保护等级划分准则》《信息安全等级保护实施指南》《信息安全等级保护定级指南》《信息安全等级保护基本要求》《信息安全等级保护测评准则》。

根据信息系统的重要性，以及信息系统遭到破坏后对国家安全、社会稳定、人民群众合法权益的危害程度为依据，可以将信息系统的安全等级分为 5 级，如表 3-2 所示。

图 3-5 等级保护系列

表 3-2 信息系统的安全等级

等级	描　　述
第 1 级	信息系统受到破坏后，会对公民、法人和其他组织的合法权益造成损害，但不损害国家安全、社会秩序和公共利益
第 2 级	信息系统受到破坏后，会对公民、法人和其他组织的合法权益产生严重损害，或者对社会秩序和公共利益造成损害，但不损害国家安全
第 3 级	信息系统受到破坏后，会对社会秩序和公共利益造成严重损害，或者对国家安全造成损害
第 4 级	信息系统受到破坏后，会对社会秩序和公共利益造成特别严重损害，或者对国家安全造成严重损害
第 5 级	信息系统受到破坏后，会对国家安全造成特别严重的损害

不同等级的信息系统的安全保护能力如表 3-3 所示。

表 3 - 3　不同等级的信息系统的安全保护能力

等级	描　述
第 1 级安全保护能力	能够保护系统免受来自个人的、拥有很少资源的威胁源发起的恶意攻击、一般的自然灾难以及其他相当危害程度的威胁所造成的关键资源损害，在系统遭到损害后，能够恢复部分功能
第 2 级安全保护能力	能够防护系统免受来自外部小型组织的、拥有少量资源的威胁源发起的恶意攻击、一般的自然灾难以及其他相当危害程度的威胁所造成的重要资源损害，能够发现重要的安全漏洞和安全事件，在系统遭到损害后，能够在一段时间内恢复部分功能
第 3 级安全保护能力	能够在统一安全策略下防护系统免受来自外部有组织的团体、拥有较为丰富资源的威胁源发起的恶意攻击、较为严重的自然灾难以及其他相当危害程度的威胁所造成的主要资源损害，能够发现安全漏洞和安全事件，在系统遭到损害后，能够较快恢复绝大部分功能
第 4 级安全保护能力	能够在统一安全策略下防护系统免受来自国家级别的，敌对组织的、拥有丰富资源的威胁源发起的恶意攻击、严重的自然灾害以及其他相当危害程度的威胁所造成的资源损害，能够发现安全漏洞和安全事件，在系统遭到损害后，能够迅速恢复所有功能
第 5 级安全保护能力	—

信息系统的安全保护等级由两个要素决定：等级保护对象受到破坏时所侵害的客体以及对客体造成侵害的程度。等级保护对象受到破坏时所侵害的客体包括以下 3 个方面：公民、法人和其他组织的合法权益；社会秩序、公共利益；国家安全。

② BS 7799 标准。ISO/IEC 17799：2005 通过层次结构化形式，提供以下安全管理要素：

a. 安全方针为信息安全提供管理指导；

b. 安全组织建立管理组织，明确职权；

c. 资产分类与控制核查信息资产，以便分类保护；

d. 人员安全明确职责，做好培训，掌握安全事故的响应流程；

e. 物理与环境定义安全区域，避免对场所内的影响；

f. 通信与运营；

g. 访问控制；

h. 开发与维护；

i. 信息安全事故管理；

j. 业务持续性；

k. 法律符合性。

③ 国密局相关规范：《数字证书认证系统密码协议规范》《数字证书认证系统检测规范》《证书认证密钥管理系统检测规范》《证书认证系统密码及其相关安全技术规范》《智能 IC 卡及智能密码钥匙密码应用接口规范》《IPSec VPN 技术规范》《SSL VPN 技术规范》《可信计算密码支撑平台功能与接口规范》。

3.3.2 SaaS 的安全问题

SaaS 模式下，企业用户无须维护系统，只需登录就可以享受系统功能带来的便利。但是 SaaS 服务和数据部署在云端而不是本地机房，可能存在不可控问题。

企业用户最关注的是自己的数据能不能得到有效的保护。

SaaS 的安全问题包括基础安全、应用安全、安全合规、数据安全、安全责任划分等。

1. SaaS 软件的部署方式

（1）确定 SaaS 软件是否支持私有化（本地）部署。本地化的安全系数比 SaaS 高，如果是企业核心数据的系统，安全性要求较高，不希望这些核心数据由第三方来负责时，可以选择 SaaS 私有化部署。

（2）确定 SaaS 平台部署在私有云还是公有云。选择 SaaS 平台，需考虑托管平台的基础保障能力和安全防护能力甚至包括云平台服务商的安全资质。公有云平台具有高可用性、安全性和弹性，如 AWS、阿里云、腾讯云和华为云等主流云平台。

2. SaaS 平台资质

第三方资质认证作为一个参考指标，应包含云平台服务商和云租户 SaaS 厂商，云平台的安全能力并不等同于 SaaS 应用的安全能力，平台提供的是基础能力，系统自身需具备保障安全的能力。

例如，平台通过了 ISO 27001 的认证，表示企业的信息安全管理已建立了一套科学有效的管理体系作为保障；通过了等级保护备案测评，意味着系统已具备相应等级的基本安全保护能力。

3. SaaS 平台现有的安全防护措施

SaaS 平台应具备一定的安全防护能力，需配备相应的安全产品/服务，如运维审计（堡垒机）、应用防护、访问控制（防火墙）、入侵防御。

4. SaaS 平台是否会定期地进行渗透测试

SaaS 平台应定期进行渗透测试，并出具相关安全厂商/服务商的安全检测报告，如专业的安全公司的渗透检测报告或可靠的众测服务平台的安全众测报告。

5. 数据在存储和传输时的加密、数据变现和数据销毁

（1）传输加密：SSL 加密。数据类型：数据库、文件附件。相关方式，如数据加解密/文件加密解密服务、图片转成二进制流加密存储、OSS 服务端加密、RDS 透明数据加密 TDE、云盘加密、DLP、硬件加密机等。

（2）确认数据变现和数据销毁问题。虽然 SaaS 用户的数据存放在 SaaS 厂商的数据中心，但数据的所有权是归用户所有。SaaS 厂商未经用户同意，不得使用数据，更不得售卖数据。SaaS 厂商有责任确保用户的数据安全，并对数据泄露、数据丢失造成的用户损失进行经济赔

偿。需要确认的两点：不针对客户数据变现、将没有必要保存的历史数据进行销毁。

6. SaaS 多租户数据的隔离

SaaS 基于多租户架构，多个租户共用一套实例，可能存在数据安全问题；

SaaS 多租户在数据存储上存在两种主要的形式，分别是独立数据库和共享数据库（逻辑数据隔离、共享数据）。

7. SaaS 平台如何实现系统容灾和高可用性

高可用技术架构、数据备份策略、容灾切换方案。企业数据至关重要，所以在挑选 SaaS 厂商时，要务必确认对方有相应的备份机制，这一点很关键。最起码，除了每一周的异地备份外，它还需要每晚进行一次备份。

用户需要关注服务供应商隔多长时间测试数据库恢复？遇到紧急情况这家厂商能不能从容地恢复大量数据？

8. SaaS 应用可能涉及的安全合规问题

重点关注个人隐私保护、GDPR，以及爬虫、AI 等技术的应用，可能带来一定的风险。

9. SaaS 平台在身份验证、权限管理、日志审计方面的原理

（1）身份验证机制。验证是否支持双因子认证、密码复杂度、登录失败处理、验证码、强制修改初始密码等。

（2）权限管理。基于角色的用户权限系统，对用户和角色进行授权。

（3）日志审计。判断日志是否可以预警，处理敏感的业务操作日志，解决管理员无法删除/修改日志等问题。

10. 数据泄露后的责任划分

目前，安全责任共担模式在业界已经达成共识，Amazon AWS、微软 Azure、阿里云、腾讯云均采用了与用户共担风险的安全策略。

用简单例子来看责任的划分：

（1）应用系统的漏洞（应用安全）带来的安全事件。如租户使用 SaaS 服务，责任方为腾讯云平台（SaaS 业务由平台方提供并负责管理）。

（2）用户若密码、身份被盗用（数据安全）造成安全事件，IaaS、PaaS 和 SaaS 服务出现的用户身份和数据安全由租户方管理负责。

3.4 云 运 营

1. SaaS 业务生态系统

由于专业分工和市场的地理划分，SaaS 服务由众多角色组成的生态系统来提供。理解

SaaS 生态系统的角色及其发挥的功能，有助于找到从 SaaS 服务的提供方到客户方整个价值供应链上的问题，对服务进行更好的打包和模块化。

SaaS 业务生态系统由基础设施服务提供商、软件平台服务提供商、SaaS 独立软件服务提供商、行业 SaaS 软件服务提供商、销售渠道合作伙伴、咨询服务提供商、SaaS 服务集成商和用户组成，如图 3 -6 所示。

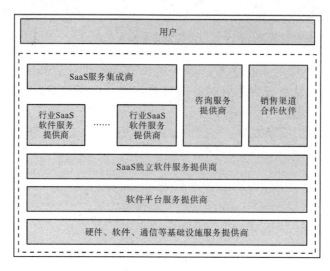

图 3 -6　SaaS 业务生态系统

（1）基础设施服务提供商：基础设施即服务提供商，为用户提供服务器、存储等基础设施资源，该市场参与者主要是电信云计算中心。

（2）软件平台服务提供商：平台即服务提供商，提供技术平台和应用平台。

（3）SaaS 独立软件服务提供商：提供能够解决客户的问题或满足客户需求的应用。

（4）行业 SaaS 软件服务提供商：中小型企业所处的细分行业需求和本地化需求，只能由垂直行业软件开发商来支持，垂直行业软件开发商需要 SaaS 独立软件提供商的技术支持和市场支持。

（5）销售渠道合作伙伴：把 SaaS 独立软件提供商的解决方案介绍到二级、三级，甚至更小的城市。

（6）咨询服务提供商：SaaS 独立软件提供商的增值业务销售代理。

（7）SaaS 服务集成商：由某些经济联合体在政府支持下和当地的电信运营商合作设立，往往提供了很多种类的 SaaS 服务。

（8）用户：整个 SaaS 生态系统中购买服务的主体。

2. SaaS 应用的特点

SaaS 应用软件与传统的预制型和永久授权模式的软件相比有着自身的特点。SaaS 应用具有标准性、灵活性和开放性。

1）标准性

SaaS 的标准性体现在其技术架构、服务管理和系统设计的标准化。

（1）技术架构标准化：在 SaaS 软件的开发方面，ISO 组织制订了 SOA 架构标准，如

图 3 - 7 所示，绝大多数管理应用型 SaaS 软件开发商都遵照标准。研发采用标准有利于实现互连、互通和互操作。

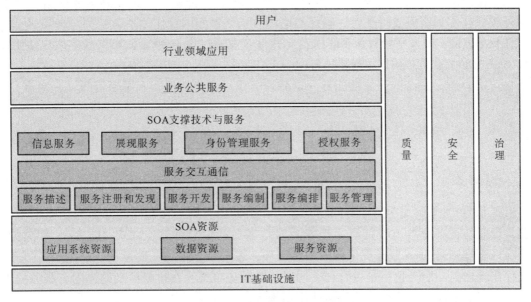

图 3 - 7 SOA 架构

（2）服务管理标准化：在 SaaS 运营的面向客户的专业服务提供上，只有为咨询、培训、客户售后支持等服务建立标准体系，才能解决 SaaS 运营中存在的问题，从而降低服务成本，提高服务质量，扩大服务提供能力。

（3）系统设计标准化：外部标准让 SaaS 生态系统能够相互服务，赢得客户的信任。SaaS 服务的运营商需要在企业内部建立完善的标准体系。例如，当客户服务专员接到第 1 个客户的咨询电话时，能够热情全面地提供回答。只有建立完善的培训和管理考核标准体系，客户服务专员才能在接到第 100 个客户咨询电话、询问几乎完全相同的问题时，仍然能够热情全面地提供标准的回答。

2）SaaS 的灵活性

SaaS 灵活性是指 SaaS 应用解决方案能够进行配置、扩展和个性化设置，来适应客户的（包括客户公司的每个最终用户）特殊需求。

尽管 SaaS 运营商试图把标准的解决方案提供给客户，但复杂的管理型 SaaS 软件按照客户的使用习惯、行业特点、个人风格、已经使用的其他外部系统等，要求 SaaS 应用解决方案服务提供个性化方案。中型企业愿意为此支付溢价，SaaS 运营商可以获得更高的业务利润率。小型企业客户购买能力的限制，会限制其个性化的需求，接受 SaaS 运营商和咨询服务商提供的标准解决方案，或改变既有的习惯来适应 SaaS 运营商和咨询服务商提供的解决方案。

SaaS 的标准性能够降低客户服务的成本，灵活性则能够让 SaaS 运营商收获溢价的利润空间。当然，要注意客户的选择。对于有购买瓶颈的小型企业，SaaS 服务商可以强调标准化服务。对于愿意支付溢价的中型企业，SaaS 服务商要 SaaS 产品能力和服务能力的灵活性。

3）SaaS 的开放性

SaaS 软件提供商能够让更多的第三方加入其生态系统中。SaaS 开放的产品服务模式，使许多厂商提供专业的免费版或试用服务，以真实的产品体验来巩固用户对于 SaaS 产品的信赖，最大限度地增加产品的透明度；同时，开放性的竞争市场，不仅有助于用户在低成本的情况下做出最优的服务选择，也有助于促进 SaaS 服务提供商不断提升服务质量，提供充足的开放性技术和服务支持平台，确保与第三方长久稳固的合作关系。

在技术方面，开发平台有众多使用者（软件企业通过 SaaS 平台发布供众多用户使用并付费），SaaS 软件提供商提供许多封装的 Service、API（方便用户调用和集成），充分支持第三方。

在营销方面，SaaS 的开放性能够分享品牌资源（合作伙伴）和渠道资源（一对多）。

3.4.1 SaaS 客户管理

1. 获得客户

SaaS 依靠 IT 来解决客户业务问题。客户和服务提供商存在双向的知识和信息的不对称问题：行业特征、业务流程特点、管理需求是客户的信息强项，IT 知识、SaaS 解决方案、实施项目管理则是 SaaS 服务提供商的信息强项，客户对于采纳一套新的 SaaS 业务管理系统往往存在顾虑，如服务价格是否合理、同质化的解决方案存在价格区别的原因、服务提供商是否明白客户的需求、客户应该如何使用系统等。

由于 SaaS 服务提供商和客户的信息不对称性，并且双方在最初的业务接触中常常存在的问题，因此当客户的需求未被理解、顾虑未被打消时，双方的合作进展是缓慢的，会导致服务购买方和提供方的成本上升。

SaaS 业务面向大批量客户管理，导致松弛的客户管理。

发布在 Internet 上的 SaaS 服务提供商的产品介绍、服务目录、申请系统体验等消息，可能被成千上万的个人、中小企业等潜在客户试用。采集客户信息、分辨真实客户，是 SaaS 服务提供商面向大批量客户管理的基本要求。由于面向大批量潜在的 SaaS 客户，而 SaaS 服务提供商的销售和销售支持团队资源是有限的，客户和客户代表之间的沟通初期甚至中期都是远程的、非密切的。有效的客户管理能够利用专业的内部管理系统和管理工具让客户的体验仍然是紧密的、及时的。

2. 管理潜在客户

在 SaaS 业务中，要建立全方位的客户服务模式、客户关系管理系统、多个知识库和内外部协同平台，高效管理客户。

1）建立全方位的客户服务模式

在 SaaS 服务运营中建立全方位的客户服务模式，就是让技术团队、咨询服务团队融入客户的销售支持中。当客户讲述业务问题时可以从专业的咨询服务团队中得到解决方案，才能在采集客户信息、分辨真实客户，即 SaaS 服务提供商在面向大批量的潜在客户时，进行有效客户的甄别和管理。客户代表在与客户的接触过程中是主导者，但是完全靠客户代表来完成客户的沟通，并不能有效管理客户。

SaaS 业务的客户管理与销售活动不是单纯的销售活动，而是全方位的客户服务模式的替代，SaaS 业务的销售只是客户体验中的一个环节和体验结果。

销售部门和售前支持部门作为客户管理的前端部门，关注的是购买意向已经比较成熟的、值得客户代表给予直接的、密切的支持的客户。而另一个前端部门——电话销售中心关注的是还没有明显购买意向的潜在客户。前端部门能够解答客户在商务、合同、产品基本介绍方面的问题，而服务、产品技术问题则需要后端部门的支持。

合同管理部门、技术服务部门、咨询服务部门等客户后端管理部门，可以关注客户在网上提交的问题，也可以根据前端部门的需求到客户现场解答相关问题。

2）建立客户关系管理系统

客户关系管理（Customer Relationship Management，CRM）系统是 SaaS 服务提供商的内部管理系统。客户资料、销售过程跟踪、客户接触过程中关键问题的采集等信息，都可以在这个系统中进行管理。例如，客户在销售过程中已经开始自助地申请测试系统，那么 SaaS 服务提供商的后端销售支持部门，就可以通过主动呼出询问客户是否需要额外的支持。

CRM 系统能记录客户与服务提供商的活动，从而识别客户是早期客户还是需要被关注的中期客户，并且提供给客户代表相应的销售建议活动列表，如做主动呼出、产品介绍和演示、报价、合同准备等。

工具类的 SaaS 业务运营一般只需要提供标准的服务目录、服务报价、合同条款、支付等，CRM 系统可以通过客户自助服务来采集数据。

对于管理型的 SaaS 业务运营，CRM 系统要配合客户代表的业务记录、服务代表的支持记录等完成数据集。客户递交测试系统的使用申请内容如图 3－8 所示。到后台 CRM 系统中，SAP 的后台 CRM 系统采集客户递交的信息，从而有效地安排前端销售部门和后端服务部门对客户进行后续的销售机会跟踪和服务管理。

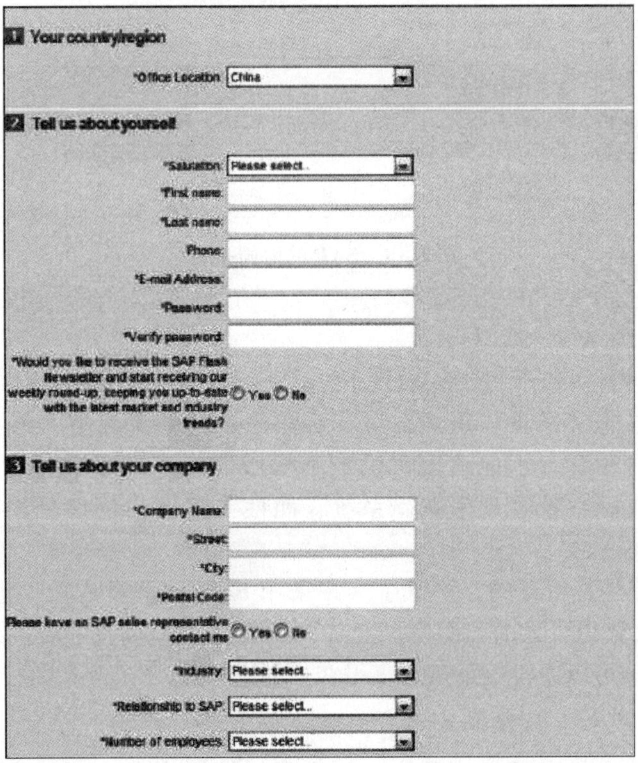

图 3－8　客户递交测试系统的使用申请内容

3) 建立多个知识库和内外部协同平台

知识库和内外部协同平台能够让客户自助地获得标准化的解决方案介绍、客户使用支持、学习培训课程、服务目录、合同条款等服务。当客户对 SaaS 服务提供商的产品和服务感兴趣时，可以自主浏览相应的内容及问题解答，有利于降低 SaaS 服务提供商的成本，提高客户的服务体验。SAP 面向潜在客户介绍其 SaaS 解决方案、企业管理业务知识的协同平台如图 3 - 9 所示。

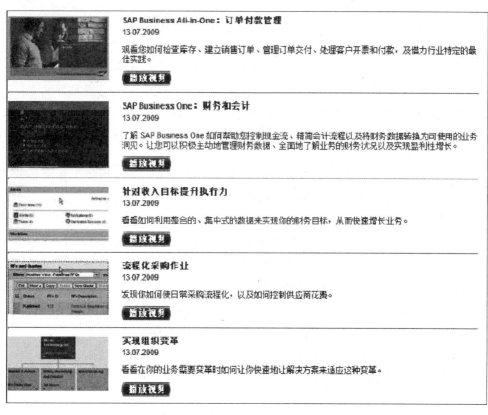

图 3 - 9　SAP 的协同平台

3. 留住客户

在传统的软件预制型和永久授权模式下，客户支出的初始购买成本不菲，加上实施过程中的费用，总成本非常昂贵。虽然，对于客户来说这些都是客户在系统上线之后的沉没成本，但纯粹理性的客户不应该以沉没成本来影响未来的采购行为。但是，实际上这种沉没成本在影响或抑制着客户采购新系统，而使许多客户继续使用原来的软件供应商提供的产品或服务。

SaaS 业务的收费是月租式的，降低了客户采用 SaaS 的沉没成本，理论上为 0，客户选择新的服务供应商上获得更大的自由度。这对 SaaS 服务供应商是一种挑战，但也是机会。

在 SaaS 运营中，可以通过以下策略赢得客户的忠诚度。

1) 与客户共同成长、持续满足客户新的业务需求

成长的客户对于业务管理支持系统总是需要新的解决方案。变化的商业环境也给予

SaaS 服务提供商创新空间，不断推陈出新，提供许多新的解决问题的工具。如果 SaaS 服务提供商能够让客户将更多的管理数据迁移到其 SaaS 平台上，让更多的客户流程运行在其 SaaS 平台上，并且基于这些数据和流程提供增值业务，那么，客户对 SaaS 的依赖性更高。

对中小型企业而言，SaaS 服务提供商可以推出更多的标准管理应用解决方案，并发布在其服务目录中，让客户选择；对于大中型企业客户，SaaS 服务提供商可以根据其软件开发平台的灵活性进行客户化开发，如把客户采购的 SaaS 应用与第三方支付平台集成和审批的开发。

2）建立分享型社区

服务提供商在提供解决方案的同时，应建立分享型的网上社区，使客户获得超越使用 SaaS 服务的产品功能型满足。

分享型的社区可以是网上的，如某些管理专题的动态社区讨论，提供人力资源 SaaS 解决方案的服务提供商可以建立讨论社保法规和操作、个人所得税的政策解读和操作等专题论坛。

分享型的社区也可以是网下的，如定期举办新解决方案的培训和使用讨论会、企业管理知识培训、成功客户的参观和交流等。

3）提供具有特色的内容

提供对客户有价值的内容，也是增加客户忠诚度的有效方法。面向个人的 SaaS 应用的内容可以是新闻、娱乐等；工具类的 SaaS 应用的内容文档管理，内容可以是文档模板、制作素材等；管理类的 SaaS 应用内容可以是最佳业务实践，如企业管理软件预配置的企业对外报表集合，符合行业特点的预配置业务流程等。

3.4.2　SaaS 运营的营销

体验是人们响应某些刺激的过程，如由企业营销活动为消费者在其购买时与购买后所提供的一些刺激，体验的产生是一个人在遭遇、经历或生活过一些特定处境的结果。企业应注重与顾客之间的沟通，发掘他们内心的渴望，站在顾客体验的角度审视自己的产品和服务。

体验式经济已经来临，其区分经济价值演进的 4 个阶段为货物、商品、服务与体验。体验经济是指企业以服务为中心，以商品为素材，为消费者创造值得回忆的感受。传统经济主要注重产品的功能、外形、价格，现在的趋势则是从生活与情境出发，塑造感官体验及思维认同，以此抓住消费者的注意力，改变消费行为，并为产品找到新的生存价值与空间。

SAP 是商务软件解决方案提供商，提供商务软件解决方案和咨询服务。SAP Business ByDesign 是 SAP 推出的涵盖整个企业端到端流程的 SaaS 产品，利用三步式体验营销，为客户提供软件租用服务。

SAP 的三步式体验营销包括探究、评估、体验，如图 3-10 所示。SAP 在满足企业系统需要的同时，引导用户"主动"了解 ByDtsign，营造自主性选择与购买的、全新的、企业信息系统的营销模式。

体验式营销在营造优质可靠的产品"体验"的同时，让用户使用真实的产品，初步感

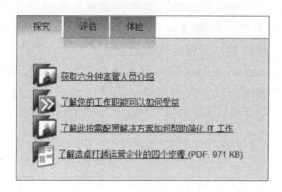

(a)

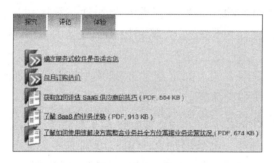

(b)

(c)

图 3 – 10　SAP 的三步式体验营销

(a) 探究；(b) 评估；(c) 体验

受"产品 + 专家服务"的全方位用户服务。SaaS 提供给用户"先享用，再付费"的销售模式，增加了产品透明度，保证了产品质量。该销售模式的巨大优势体现在沟通和情感两个方面。

SaaS 模式的出现，将软件的设计权利，特别是业务逻辑的设计及管理软件的选择，更多地交由熟悉业务的客户完成，并从旁给予标准化业务流程和操作使用上的协助。软件制造商在建立完善的客户管理系统、提供优质的技术支持的同时，可以直接接触用户，增加有效的沟通，积累用户在软件咨询中传递的知识，弥补传统信息系统设计和实施期间信息不对称的缺陷。

SaaS 的体验式营销，在用户确定购买该系统之前便可试用，并且可以获得软件制造商提供的专业的技术服务支持，在客户和供应商之间建立长久的、稳定的合作关系。用户经过广泛的产品筛选，选出产品质量、价格定位均适合自己的优质产品，这个过程加强了用户对于产品的信任，试用策略更避免了客户预期和产品之间的差异给合作带来的负面影响。

SaaS 运营商可以通过如下方法建立体验式营销。

（1）提供全面的客户服务；

（2）从寻找解决方案到完成购买全程支持客户；

（3）建立简易、完善的客户引导；

（4）建立强大的呼叫中心；

（5）内部具有完善的 CRM 软件。

3.4.3 SaaS 运营组织的构建

与传统软件相比，SaaS 具有网络性、服务性、标准性和多重租赁性，在运营思维上有较大不同。下面将介绍团队建设中各个部门结合 SaaS 特点的相关职责。

典型的 SaaS 运营组织采取四层管理模式，组织架构为总部领导研发、市场、财务和法律四大部门，如图 3-11 所示。

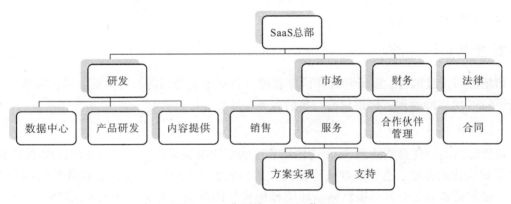

图 3-11 典型的 SaaS 运营组织

1. 研发部门

研发部门直属总部领导，下设数据中心、产品研发和内容提供 3 个部门。

1）数据中心

SaaS 作为租赁级产品，数据中心是很重要的一个部门，为了保障客户更快捷、更安全地访问数据，需要额外的硬件和安全投入。

数据中心的主要职责如下。

（1）硬件设备的规划和维护，包括电力供应的管理、大型服务器的定期维护、基于功能实现的硬件配置规划等。

（2）安全制度的制订和执行。

（3）负责 SAS70 认证。美国注册会计师协会在"审计准则公报"下建立了 SAS70 认证，帮助客户了解数据中心提供商是否拥有有效的内部控制机制，以及数据中心提供商是否能满足问责制和透明度的要求，包括管理设计和实施、执行其客户信息。数据中心供应商应具有 SAS70 Ⅰ型和Ⅱ型认证，便于客户进行资质审查，并且吸引更多对数据中心所提供服务透明度敏感的客户群。

2）产品研发

SaaS 运营组织的产品研发部门的主要职责和传统软件的研发部门一致，但 SaaS 产品的设计人员需要花更多的精力设计符合 SaaS 构架特性的产品，使产品具有如下特性：

（1）高抗负载性，能够支持上万个企业应用的集群设计，有足够的负载弹性，能够应付突发的访问峰值；

（2）高安全性，主要指软件上的安全措施，在最大程度上保护数据在客户端和网络传输过程中的安全；

（3）高易用性，简洁友好的软件界面、较低的客户端维护量和维护难度。

3）内容提供

用户与 SaaS 应用交互时，会持续地提出需求，如希望持续的稳定性、可定制的直观界面和自动升级。SaaS 可以单击鼠标，即跟踪和分析所有用户的行为方式，而不再需要发放调查问卷或电话访问等形式来收集信息。这部分内容被直接收集到需求数据库中，而内容提供部门的主要职责是基于由此形成的需求数据库，不断提供新的和改进的功能，提供行业最佳解决方案的预定义内容。

2. 市场部门

市场部门设置销售、服务和合作伙伴管理，负责整个公司的销售方案、销售定价、销售执行、SaaS 生态圈管理，提供售前、售后服务。

1）销售部门

销售部门的构建必须注意 SaaS 销售环节区别于传统点对点、一对一的项目式销售模式。SaaS 是规模化的营销，主要职责从传统的大客户发掘和维护，转变为制订并执行网络营销方案，通常营销方案会包括提供演示环境和免费使用部分。免费不是 SaaS 成功的原因，所以在打出免费牌营销方案时，收入更多地依赖回头客的购买。要使免费用户转换为付费用户。SaaS 公司必须不断创造和利用一切机会留住客户，了解客户的反馈、消费计划。时常保持沟通。基于以上特点，SaaS 销售团队的核心应该是网络式营销方案制订人员而不是传统的 ERP 销售人员。除了传统销售部门的职责外，销售部门需要配合内容提供部门建立互动平台，收集潜在用户的反馈。

2）服务部门

SaaS 不仅是软件，也是服务，SaaS 模式让客户"沉迷"于团队提供的服务，因此把服务部门划分到市场部门之下，而不是作为独立的利润核算中心，避免了传统软件销售部门和咨询部门之间的竞争关系。

SaaS 服务商除了出售软件产品，还要提供一套含有产品交付、技术支持、日常维护的服务内容。服务理念将直接影响销售团队售前、售中、售后与客户的合作交流，对项目价格、执行和客户忠诚度提出特殊的挑战。服务部门下设方案实现部门和支持部门。

3) 合作伙伴管理部门

合作伙伴管理部门的主要职责包括两个方面。

（1）建立和发展渠道、支持渠道。建立和发展渠道主要是构建扁平化单层的或多层等级式的渠道代理体系。需要注意的是：这里的 SaaS 服务提供商的渠道和传统 ERP 软件的渠道在合作伙伴的构成上可能是重叠的。支持渠道主要是保障渠道合作伙伴的业务运转。SaaS 服务提供商需要为渠道合作伙伴开拓市场助力，进行市场推广，树立品牌形象。此外，还包括对渠道合作伙伴进行销售技巧培训，培养渠道合作伙伴的售前方案咨询能力。

（2）负责产品培训，定期向渠道合作伙伴开展技术讲解、操作实施培训。SaaS 服务提供商要对渠道合作伙伴进行认证，只有通过认证的渠道合作伙伴，才能为客户提供专业的实施指导。

3. 财务部门

在 SaaS 模式下，除去传统财务的工作内容外，每位用户每月只提供几千块的收入，收入的确认、收入和服务成本的匹配、与合作伙伴基于合同的财务结算，是财务部门负责的问题。

4. 法律部门

SaaS 模式突破了传统软件的买卖模式，以计算机软件出租权为基础的租赁模式对现有法律提出新的要求。和客户签订合同、知识产权维护、SaaS 数据保护等都离不开法律部门的支持。

习　题

1. FCAPS 中的 A 代表（　　　）。

A. 故障　　　　　　　B. 性能　　　　　　　C. 计费　　　　　　　D. 安全性

2. 留住客户的建议，不包括（　　　）。

A. 持续满足客户新的业务需求　　　　　B. 建立分享型社区

C. 增加机器　　　　　　　　　　　　　D. 提供具有特色的内容

3. HA 集群的 3 种工作方式不包括（　　　）。

A. 双机双工方式　　　B. 点对点方式　　　C. 集群工作方式　　　D. 主从方式

4. SaaS 业务中高效管理客户的建议不包括（　　　）。

A. 建立全方位的客户关系管理系统　　　B. 建立客户关系管理系统

C. 建立 PaaS 编程系统　　　　　　　　D. 建立多个知识库和内外部协同平台

二、填空题

1. SaaS 的安全体系采用"5+5"模型，即（　　　）、（　　　）、（　　　）、（　　　）和（　　　）5 个方面的安全加上（　　　）、（　　　）、（　　　）、（　　　）和（　　　）5 个层次的安全。

2. SAP 的三步式体验营销包括（　　　）、（　　　）和（　　　）。

3. SMI（　　　　）是以一组形成 SMI 框架的测评技术为基础的，其中 CA 向 SMI 联盟捐献了该 SMI 框架。

三、判断题（正确打√，错误打×）

1. SaaS 提供给用户"先享用，再付费"的销售模式，增加了产品透明度，保证了产品质量。　　　　　　　　　　　　　　　　　　　　　　　　　　　　　　（　　）

2. 云管理软件提供了故障、配置、计费、性能、安全性管理能力，合称为 FCAPS。
　　　　　　　　　　　　　　　　　　　　　　　　　　　　　　　　　（　　）

四、简答题

1. 简述云计算性能的五大基本要素。

2. 简述 FCAPS 代表的特征。

3. 简述云服务的生命周期管理。

4. 简述系统中心在线桌面管理器的作用。

5. 简述云管理服务产品提供的核心管理特征。

6. 简述云和 Web 监控解决方案。

7. 简述 CloudSensor 的面板的功能。

8. 简述服务测评指标的测评内容。

9. 简述集群的技术实现。

10. 简述云安全的特点。

11. 简述 SaaS 系统"5 + 5"安全体系。

12. 简述中国的信息安全法律法规。

13. 简述信息安全等级保护系列。

14. 简述信息安全标准规范。

15. 简述不同等级的安全保护能力。

16. 简述 SaaS 应用的根本特点。

17. 简述 SaaS 用户需要关注的安全问题。

18. 简述 SaaS 业务生态系统及各个角色的作用。

19. 简述 SaaS 运营历史过程中碰到的问题。

20. 简述 SaaS 获得客户和管理潜在客户的方法。

21. 简述留住 SaaS 客户的主要 3 个建议。

22. 简述体验式营销中的体验。

23. 简述体验式经济。

24. 简述 SAP 的 SaaS 体验式营销过程。

25. 简述建立 SaaS 体验式营销的方法。

云计算原理及技术流派篇

第4章

Google 云计算原理与应用

Google 采用 Google 文件系统（Google File System，GFS）、分布式处理技术 MapReduce 和分布式数据库 BigTable，基于此云计算原理促成了 Yahoo 系列 Hadoop 对应的 HDFS、MapReduce、HBase 等开源技术产品的诞生。

本章讲述了美国 Google 公司具体的云计算有关的知识，包括 Google 应用程序概述、Google 应用组合、Google 工具包、Google APP Engine 的应用等，让读者了解 Google 基于云的服务的范围、理解 Google 的搜索模型，能够在应用程序中使用 Google 的服务，探索 Google App Engine PaaS 云服务。

4.1 Google 文件系统 GFS

GFS 是一个大型的分布式存储系统，为 Google 云计算提供海量存储，与 Chubby、MapReduce、BigTable 等技术结合紧密，处于所有核心技术的底层。

4.1.1 GFS 的系统架构

GFS 的节点分为客户端（Client）、主服务器（Master）和数据块服务器（Chunk Server）。客户端是 GFS 提供给应用程序的访问接口，是一组专用接口，不遵守可移植操作系统接口（Portable Operating System Interface of UNIX，POSIX）规范，以库文件的形式提供。应用程序直接调用库函数，并与该库链接在一起。主服务器是 GFS 的管理节点，在逻辑上只有一个，它保存系统的元数据，负责整个文件系统的管理，是 GFS 的"大脑"。数据块服务器负责具体的存储工作。数据以文件的形式存储在数据块服务器上，数据块服务器可以有多个，其数量直接决定了 GFS 的规模。

GFS 将文件按照固定大小进行分块，默认是 64 MB，每一块称为一个数据块，每个数据块有一个对应的索引号。

GFS 的工作过程如图 4-1 所示，客户端应用程序在访问 GFS 时，首先访问 GFS 主服务器节点，获取将要与之进行交互的数据块服务器信息，然后直接访问 GFS 数据块服务器完成数据存取。GFS 的这种设计方法实现了控制流和数据流的分离。客户端与主服务器之间只有控制流，而无数据流，极大地降低了 Master 的负载，避免成为系统性能的瓶颈。客户端与数据块服务器之间直接传输数据流，由于文件被分成多个数据块进行分布式存储，客户端可以同时访问多个数据块服务器，使得整个系统的 I/O 高度并行，提高系统的整体性能。GFS 数据块服务器通过 Linux 文件系统与外部存储阵列进行数据存取。

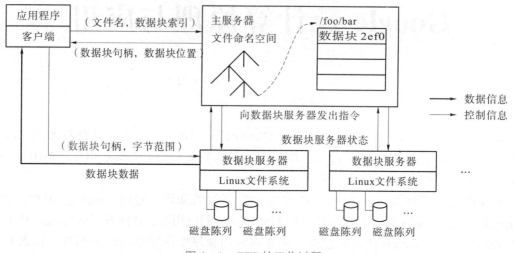

图 4-1　GFS 的工作过程

相对于传统的分布式文件系统，GFS 针对 Google 应用的特点从多个方面进行了简化，在一定规模下达到成本、可靠性和性能的平衡。具体来说，它具有以下几个特点：

1. 采用中心服务器模式

GFS 采用中心服务器模式管理整个文件系统，可以大大地简化设计，降低实现难度。主服务器管理分布式文件系统中的所有元数据。文件被划分为数据块进行存储，对于主服务器来说，每个数据块服务器只是一个存储空间。客户端发起的操作需要通过主服务器执行。这样做有许多好处，增加新的数据块服务器是一件容易的事情，数据块服务器只需要注册到主服务器上即可，数据块服务器之间无任何关系。如果采用完全对等的、无中心的模式，将数据块服务器的更新信息通知到每个数据块服务器，则会成为设计的一个难点，而这也将在一定程度上影响系统的扩展性。主服务器维护一个统一的命名空间，掌握整个系统内数据块服务器的情况，从而实现整个系统范围内数据存储的负载均衡。GFS 只有一个中心服务器，解决了元数据的一致性问题。

中心服务器模式容易成为系统的瓶颈。GFS 采用多种机制避免主服务器成为系统性能和可靠性的瓶颈，如控制元数据的规模、对主服务器进行远程备份、控制信息和数据分流等。

2. 不缓存数据

缓存（Cache）机制是提升文件系统性能的重要手段。为了提高性能，通用文件系统一般需要实现复杂的缓存机制。GFS不缓存数据的原因如下。

（1）必要性。大部分客户端采用流式顺序读写，不存在大量的重复读写，缓存数据对系统整体性能的提高作用不大；GFS的数据在数据块服务器上以文件的形式存储，如果频繁地对某块数据读取，本地的文件系统会进行缓存。

（2）可行性。维护缓存与实际数据之间的一致性是一个极其复杂的问题，GFS无法保证各个数据块服务器的稳定性，网络等不确定因素增加了一致性问题的复杂性。此外由于读取的数据量巨大，当前的内存容量无法完全缓存。

GFS对存储在主服务器中的元数据采取了缓存策略，GFS中客户端发起的所有操作都需要经过主服务器。主服务器需要对其元数据进行频繁操作，为了提高操作的效率，主服务器的元数据直接保存在内存中，同时采用相应的压缩机制减小元数据占用的空间，提高内存的利用率。

3. 在用户态下实现

GFS选择在用户态下实现主要基于以下考虑。

（1）可以直接利用操作系统提供的POSIX编程接口存取数据，无须了解操作系统的内部实现机制和接口，从而降低实现的难度，提高通用性。

（2）POSIX接口提供的功能更丰富，在实现过程中可以利用更多的特性。

（3）用户态有多种调试工具。

（4）在用户态下，主服务器和数据块服务器以进程的方式运行，单个进程不会影响整个操作系统，可以对其充分优化。

（5）在用户态下，GFS和操作系统运行在不同的空间，两者耦合性降低，方便GFS和内核单独升级。

4. 提供专用接口

分布式文件系统一般会提供一组与POSIX规范兼容的接口。其优点是应用程序可以通过操作系统的统一接口来透明地访问文件系统，而不需要重新编译程序。GFS在设计之初完全面向Google的应用，采用了专用的文件系统访问接口。接口以库文件的形式提供，应用程序与库文件一起编译，Google应用程序在代码中通过调用库文件的API访问GFS。

采用专用接口有以下好处。

（1）降低了实现的难度，与POSIX兼容的接口通常需要在操作系统内核实现，而GFS在应用层实现。

（2）根据应用的特点提供一些特殊支持，如支持多个文件并发追加的接口等。

（3）专用接口直接与Client、Master、Chunk Server交互，减少了操作系统之间的切换，降低了复杂度，提高了效率。

4.1.2　GFS 的容错机制

GFS 使用商用机器构建分布式文件系统，将容错的任务交给文件系统完成，利用软件方法解决系统的可靠性问题，降低存储的成本。由于 GFS 中服务器数量众多，服务器死机是经常发生的事情，以致不应当将其视为异常现象，因此在频繁的故障中保证数据存储的安全并提供不间断的数据存储服务是 GFS 最核心的问题。GFS 使用 Master 容错和 Chunk Server 容错来确保系统的可靠性。

1．Master 容错

Master 上保存了 GFS 的 3 种元数据：
（1）命名空间，即整个文件系统的目录结构；
（2）Chunk 与文件名的映射表；
（3）Chunk 副本的位置信息，每个 Chunk 默认有 3 个副本。

GFS 通过操作日志为命名空间与映射表提供容错功能；Chunk 副本的位置信息则直接保存在各个数据块服务器上，当主服务器启动或数据块服务器向主服务器注册时自动生成。当主服务器发生故障时，在磁盘数据保存完好的情况下，可以迅速恢复以上元数据。为了防止主服务器彻底死机，GFS 提供了主服务器远程的实时备份，在当前的 GFS 主服务器出现故障无法工作的时候，另外一台 GFS 主服务器可以迅速接替其工作。

2．Chunk Server 容错

GFS 采用副本的方式实现数据块服务器的容错。每个数据块有多个存储副本（默认为 3 个），分别存储在不同的数据块服务器上。副本的分布策略需要考虑多种因素，如网络的拓扑、机架的分布、磁盘的利用率等。每个数据块必须将副本全部写入成功，才被视为成功写入。在其后的过程中，如果相关的副本出现丢失或不可恢复等状况，主服务器会自动将该副本复制到其他数据块服务器，从而确保副本保持一定的数量。尽管一份数据需要存储 3 份，磁盘空间的利用率不高，但综合比较多种因素，且磁盘的成本不断下降，采用副本是实现容错最简单、最可靠、最有效、实现难度最小的方法。

GFS 中的每一个文件被划分成多个数据块，数据块的默认大小是 64 MB，数据块服务器存储的是数据块的副本，副本以文件的形式进行存储。每个数据块以 Block 为单位进行划分，大小为 64 KB，每个数据块对应一个 32 bit 的校验和。当读取一个数据块副本时，数据块服务器会将读取的数据与校验和进行比较，如果不匹配，就会返回错误，从而使客户端选择其他数据块服务器上的副本。

4.2　分布式处理技术 MapReduce

MapReduce 是 Google 提出的一个软件架构，是一种处理海量数据的并行编程模式，用于大规模数据集（通常大于 1 TB）的并行运算。映射（Map）、化简（Reduce）的概念和主要

思想是从函数式编程语言和矢量编程语言借鉴来的。MapReduce 具有函数式和矢量编程语言的共性，适用于海量数据的搜索、挖掘、分析与机器智能学习等。

4.2.1　MapReduce 的产生背景

与传统的分布式程序设计相比，MapReduce 封装了并行处理、容错处理、本地化计算、负载均衡等细节，提供了一个简单而强大的接口。通过接口，大尺度的计算可以自动地并发和分布执行，从而使编程变得非常容易。普通 PC 可以构成巨大的集群来达到极高的性能。MapReduce 具有较好的通用性，大量不同的问题可以简单地通过 MapReduce 来解决。

MapReduce 把对数据集的大规模操作分发给一个主节点管理下的各分节点共同完成，通过这种方式实现任务的可靠执行与容错机制。在每个时间周期，主节点会对分节点的工作状态进行标记，当分节点状态被标记为"死亡"状态时，这个节点的所有任务都将分配给其他分节点重新执行。

每使用一次 Google 搜索引擎，Google 的后台服务器要进行上千次运算。庞大的运算量需要良好的负载均衡机制。MapReduce 编程模式可以保持服务器之间的均衡，提高整体效率。

4.2.2　MapReduce 的运行模型及主要编程函数

MapReduce 的运行模型如图 4 - 2 所示。图中有 m 个 Map 操作和 r 个 Reduce 操作。

一个 Map 函数对一部分原始数据进行指定的操作。Map 与 Map 之间是互相独立的，每个 Map 操作针对不同的原始数据，可以充分并行化。一个 Reduce 操作对 Map 产生的一部分中间结果进行合并，每个 Reduce 所处理的 Map 中间结果互不交叉，所有 Reduce 产生的最终结果经过简单的连接形成完整的结果集。

在编程的时候，开发者需要编写 Map 函数和 Reduce 函数代码如下：

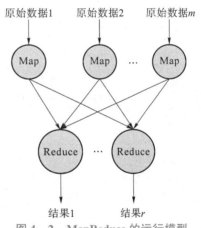

图 4 - 2　**MapReduce 的运行模型**

```
Map:(in_key,in_value)à{(key_j,value_j)|j =1…k}
Reduce:(key,[value_1,…,value_m])à(key,final_value)
```

Map 函数和 Reduce 函数的输入参数和输出结果根据应用的不同而有所不同。Map 函数的输入参数 in_key 和 in_value 指明需要处理的原始数据，输出结果是一组 < key，value > 对，是 Map 函数产生的中间结果。在进行 Reduce 操作之前，系统将 Map 函数产生的中间结果进行归类处理，将相同 key 对应的 value 提供给一个 Reduce 函数进行归并处理，产生结果（key，final_value）。一个 Reduce 函数处理一个 key，所有 Reduce 函数的结果并在一起就是最终结果。

【例 4 - 1】用 MapReduce 计算一个大型文本文件中各个单词出现的次数。

解：Map 函数的输入参数指明需要处理的数据，以 < 在文本中的起始位置，需要处理的数据长度 > 表示，经过 Map 函数处理，形成中间结果 < 单词，出现次数 >。Reduce 函数处理中间结果，累加相同单词出现的次数，得到每个单词总的出现次数。

4.2.3 MapReduce 的实现机制

1. MapReduce 操作的执行流程

用户程序调用 MapReduce 函数会引起分割、指派任务、读取、本地写入、远程读取和写入操作，如图 4 – 3 所示。

（1）分割。用户程序中的 MapReduce 函数库将输入文件分成 m 块，每块大小为 16 ~ 64 MB（可以通过参数决定），并在集群的机器上执行处理程序。

（2）指派任务。分派的执行程序中有一个主控程序 Master，剩下的执行程序由 Master 分派给空闲的工作机。总共有 m 个 Map 任务和 r 个 Reduce 任务需要分派分配给空闲的工作机。

（3）读取。一个分配了 Map 任务的工作机读取并处理相关的输入块，将分析出的 < key，value > 对传递给用户定义的 Map 函数。Map 函数产生的中间结果对 < key，value > 暂时缓冲到内存。

（4）本地写入。缓冲到内存的中间结果被定时写入本地硬盘，并通过分区函数分成 r 个区。中间结果在本地硬盘的位置信息通过 Master 发送到 Reduce Worker。

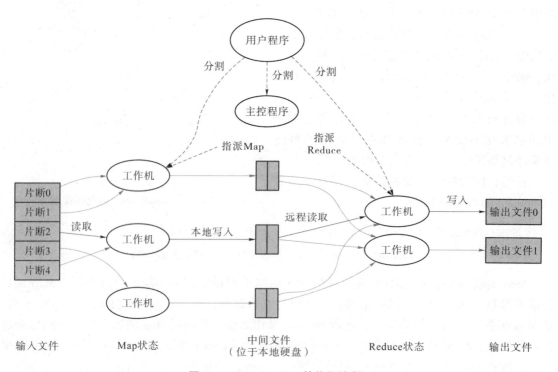

图 4 – 3 MapReduce 的执行流程

（5）远程读取。Reduce Worker 调用远程过程来从 Map Worker 的本地硬盘上读取缓冲的中间数据。使得相同 key 的值在一起。由于不同 key 的 Map 可能对应相同的 Reduce 任务，完成读取后需要使用中间 key 进行排序。如果中间结果集过于庞大，则需要使用外排序。

（6）写入。Reduce Worker 根据每一个中间 key 遍历排序后的中间数据，将 key 和相关的中间结果值集合传递给用户定义的 Reduce 函数并输出一个最终的文件。

所有的 Map 任务和 Reduce 任务完成后，Master 激活用户程序，MapReduce 返回用户程序的调用点。

2. MapReduce 容错

MapReduce 通过重新执行失效的地方来实现容错。

1）Master 失效

在 Master 中，会周期性地设置检查点，并导出 Master 的数据。一旦某个任务失效，则从最近的检查点恢复并重新执行。由于只有一个 Master 运行，如果 Master 失效了，则终止整个 MapReduce 程序的运行并重新开始。

2）Worker 失效

Worker 失效是一种常见的状态。Master 会周期性地给 Worker 发送 ping 命令，如果没有收到 Worker 的应答，则认为 Worker 失效，终止对这个 Worker 的任务调度，把失效 Worker 的任务调度到其他 Worker 上重新执行。

4.3 分布式数据库表 BigTable

Google 的很多项目使用 BigTable 存储数据，包括 Web 索引、Google Earth、Google Finance。这些应用在数据量和响应速度上（从后端的批量处理到实时数据服务）对 BigTable 提出的要求差异非常大。BigTable 能够提供灵活的、高性能的解决方案。

BigTable 提供了简单的数据模型，利用这个模型，用户可以动态地控制数据的分布和格式。

4.3.1 BigTable 概述

BigTable 是非关系型数据库，是一个稀疏的、分布式的、持久化存储的多维度排序 Map，可以快速且可靠地处理 PB 级别的数据，并且能够部署到上千台机器上。

BigTable 已经在超过 60 个 Google 的产品和项目上得到了应用，包括 Google Analytics、Google Finance、Orkut、Personalized Search、Writely 和 Google Earth，这些产品对 BigTable 提出了不同的需求，有的需要高吞吐量的批处理，有的需要及时提供响应数据给最终用户。它们使用的 BigTable 集群的配置也有很大的差异，有的集群只有几台服务器，有的则需要上千台服务器、存储几百 TB 的数据。

并行数据库和内存数据库具备可扩展性和高性能，BigTable 提供了一个和这些系统完全不同的接口。

BigTable 不支持完整的关系数据模型，而为客户提供简单的数据模型。BigTable 而言，数据是没有格式的，用户可以利用 BigTable 提供的模型，动态控制数据的分布和格式，也可以推测底层存储数据的位置相关性①。数据的下标是行和列的名称，名称可以是任意的字符串。

BigTable 将存储的数据作为字符串，但不解析字符串，用户程序通常会把各种结构化或半结构化的数据串行化到这些字符串里。用户可以通过仔细选择数据的模式控制数据的位置相关性，也可以通过 BigTable 的模式参数来控制数据的存放位置。

BigTable 的特点如下：

（1）适合大规模海量数据，如 PB 级数据；

（2）分布式、并发数据处理，效率极高；

（3）易于扩展，支持动态伸缩；

（4）适用于廉价设备；

（5）适合进行读操作，不适合进行写操作；

（6）不适用于传统的关系型数据库。

4.3.2 BigTable 的数据模型

BigTable 是非关系型数据库，是一个稀疏的、分布式的、持久化存储的多维度排序 Map。Map 的索引是行关键字、列关键字和时间戳，每个 value 是一个未经解析的 Byte 数组。其格式如下：

```
(row:string,column:string,time:int64)->string
```

例如，存储海量的网页及相关信息用于不同的项目，这个特殊的表为 WebTable。在 WebTable 里，使用 URL 作为行关键字，使用网页的某些属性作为列关键字，网页的内容存在 "contents:" 列中，并用获取该网页的时间戳作为标识（即按照获取时间不同，存储多个版本的网页数据），如图 4-4 所示。

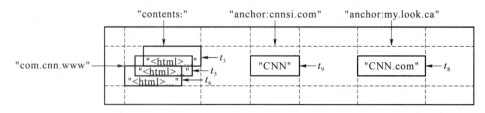

图 4-4 一个存储 Web 网页的例子的表的片段

行名是一个反向 URL。contents 列族存放网页的内容，anchor 列族存放引用该网页的锚链接文本。CNN 的主页被 Sports Illustrater 和 MY-look 的主页引用，因此该行包含了名为 "anchor：cnnsi.com" 和 "anchor：my.look.ca" 的列。每个锚链接只有一个版本（注意时间

---

① 位置相关性：如树状结构，具有相同前缀的数据的存放位置接近，在读取的时候，可以把这些数据一次读取出来。

戳标识了列的版本，t_9 和 t_8 分别标识了两个锚链接的版本），而 contents 列有 3 个版本，分别由时间戳 t_3、t_5、和 t_6 标识。

1. 行

表中的行关键字可以是任意的字符串（目前支持最大 64 KB 的字符串，对大多数用户而言，10～100 个字节就足够了）。对同一个行关键字的读写操作是原子级的，这个设计决策能够使用户很容易地理解程序在同一个行进行并发更新操作时的行为。

BigTable 通过行关键字的字典顺序来组织数据。表中的每个行可以动态地分区。每个分区是一个 Tablet。Tablet 是数据分布和负载均衡调整的最小单位。当操作只读取行中很少几列的数据时效率很高，通常只需要很少几次机器间的通信即可完成。用户可以通过选择合适的行关键字，在数据访问时有效地利用数据的位置相关性，更好地利用这个特性。例如，在 WebTable 里，通过反转 URL 中主机名的方式，可以把同一个域名下的网页聚集起来组织成连续的行。具体来说，可以把 maps. google. com/index. html 的数据存放在关键字 com. google. maps/index. html 下。把相同的域中的网页存储在连续的区域，让基于主机和域名的分析更加有效。

2. 列族

列关键字组成的集合被称为列族，列族是访问控制的基本单位。存放在同一列族下的数据通常属于同一个类型（可以把同一个列族下的数据压缩在一起）。列族必须创建后才能在列关键字下存放数据，此时任何一个列关键字下都可以存放数据。一般地，一张表中的列族不能太多（最多几百个），并且列族在运行期间很少改变。与之相对应的，一张表可以有无限多个列。

列关键字的命名语法如下：

列族:限定词。

列族的名字必须是可打印的字符串，而限定词的名字可以是任意的字符串。例如，表 WebTable 的 language 列族用来存放撰写网页的语言。在 language 列族中只使用一个列关键字，用来存放每个网页的语言标识 ID。WebTable 中另一个有用的列族是 anchor，这个列族的每一个列关键字代表一个锚链接，anchor 列族的限定词是引用该网页的站点名。anchor 列族每列的数据项存放链接文本。

访问控制、磁盘和内存的使用统计是在列族进行的。在 WebTable 的例子中，上述的控制权限能帮助管理不同类型的应用，允许一些应用添加新的基本数据，一些应用读取基本数据并创建继承的列族，一些应用则只能浏览数据（可能因为隐私不能浏览所有数据）。

3. 时间戳

在 BigTable 中，表的每一个数据项都可以包含同一份数据的不同版本，不同版本的数据通过时间戳来索引。BigTable 的时间戳是 64 位整型数。BigTable 可以为时间戳赋值，用来表示精确到 ms 的"实时"时间。用户程序也可以给时间戳赋值。如果应用程序需要避免数据版本冲突，必须自己生成具有唯一性的时间戳。数据项中不同版本的数据按照时间戳倒序排序，即最新的数据排在最前面。

为了减轻多个版本数据的管理负担，每一个列族有两个设置参数，BigTable 通过这两个参数对废弃版本的数据自动进行垃圾收集。用户可以指定只保存最后 n 个版本的数据，或者只保存新的版本数据，如最近 7 天写入的数据。

在 WebTable 中，contents 列存储的时间戳信息是网络爬虫抓取一个页面的时间。垃圾收集机制保留最近 3 个版本的网页数据。

4.3.3 BigTable 的系统架构

BigTable 建立在其他 Google 基础构件上，使用 GFS 存储日志文件和数据文件。BigTable 集群通常运行在一个共享的机器池中，池中的机器会运行其他分布式应用程序，BigTable 的进程经常要和其他应用的进程共享机器。BigTable 依赖集群管理系统来调度任务，管理共享机器上的资源，处理机器的故障，监视机器的状态。

BigTable 内部存储数据的文件是 Google SSTable 格式的。SSTable 是一个持久化的、排序的、不可更改的 Map 结构，而 Map 是一个 <key，value> 映射的数据结构，key 和 value 的值是任意的 Byte 串。SSTable 可以进行如下的操作：查询与一个 key 值相关的 value，或者遍历某个 key 值范围内的所有 <key，value> 对。从内部看，SSTable 是一系列的数据块（通常每个块的大小是 64 KB，这个大小是可以配置的）。SSTable 使用块索引（通常存储在 SSTable 的最后）来定位数据块，在打开 SSTable 的时候，索引被加载到内存。每次查找可以通过一次磁盘搜索完成：使用二分查找法在内存中的索引里找到数据块的位置后，从硬盘读取相应的数据块，也可以把整个 SSTable 放在内存中，这样就不必访问硬盘了。

BigTable 依赖一个高可用的、序列化的分布式锁服务组件 Chubby。一个 Chubby 服务包含 5 个活动的副本，其中的一个副本被选为 Master，并且处理请求。只有在大多数副本正常运行且彼此之间能够互相通信的情况下，Chubby 服务才是可用的。当有副本失效的时候，Chubby 使用 Paxos 算法来保证副本的一致性。Chubby 提供了一个名字空间，里面包括了目录和小文件。每个目录和小文件可以当成一个锁，读写文件的操作是原子级的。Chubby 用户程序库提供对 Chubby 文件的一致性缓存。每个 Chubby 用户程序维护一个与 Chubby 服务的会话。如果用户程序不能在租约到期的时间内重新签订会话的租约，则这个会话就会因为过期而失效。当一个会话失效时，它拥有的锁和打开的文件句柄也会失效。Chubby 用户程序可以在文件和目录上注册回调函数，当文件、目录改变或会话过期时，回调函数会通知客户程序。

BigTable 使用 Chubby 完成以下任务：

（1）确保在任何给定的时间内最多只有一个活动的 Master 副本；

（2）存储 BigTable 数据自引导指令的位置；

（3）查找 Tablet 服务器，并在 Tablet 服务器失效时善后；

（4）存储 BigTable 的模式信息（每张表的列族信息）和访问控制列表。

如果 Chubby 长时间无法访问，BigTable 将失效。

1. BigTable 的组件

BigTable 包括 3 个主要的组件：链接到客户程序的库、一个 Master 服务器和多个 Tablet

服务器。针对系统工作负载的变化情况，BigTable 可以动态地向集群中添加或删除 Tablet 服务器。

Master 服务器主要负责以下工作：

（1）为 Tablet 服务器分配 Tablets；

（2）检测新加入的或者由于过期而失效的 Tablet 服务器；

（3）对 Tablet 服务器进行负载均衡；

（4）对保存在 GFS 上的文件进行垃圾收集；

（5）处理对模式的相关修改操作，如建立表和列族。

每个 Tablet 服务管理一个 Tablet 的集合（每个服务器有数十个至上千个 Tablet），处理它所加载的 Tablet 的读写操作，并在 Tablets 过大时，对其进行分割。

Single – Master 类型的分布式存储系统客户端读取的数据不经过 Master 服务器，用户程序直接和 Tablet 服务器通信并进行读写操作。由于 BigTable 的用户程序不必通过 Master 服务器来获取 Tablet 的位置信息，因此，大多数用户程序完全不需要和 Master 服务器通信。在实际应用中，Master 服务器的负载是很轻的。

一个 BigTable 集群存储了很多表，每个表包含一个 Tablet 的集合，而每个 Tablet 包含某个范围内的行的所有相关数据。在初始状态下，一个表只有一个 Tablet，随着表中数据的增长被自动分割成多个 Tablet。在默认情况下，每个 Tablet 的尺寸范围为 100 ~ 200 MB。

2. Tablet 的位置层次

Tablet 使用类似 B + 树的 3 层结构存储信息，如图 4 – 5 所示。

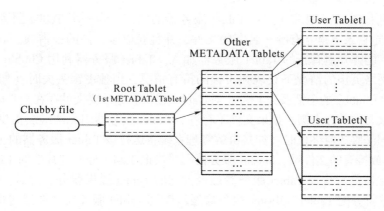

图 4 – 5　Tablet 的位置层次

1）Root Tablet

第一层是存储在 Chubby 中的文件，包含 Root Tablet 的位置信息。Root Tablet 包含一个特殊的 METADATA 表里所有的 Tablet 的位置信息。METADATA 表的每个 Tablet 包含一个用户 Tablet 的集合。Root Tablet 是 METADATA 表的第一个 Tablet，永远不会被分割，从而保证 Tablet 的位置信息存储结构不会超过 3 层。

2）METADATA Tablets

在 METADATA Tablets 里，每个 Tablet 的位置信息存放在一个行关键字下。行关键字由

Tablet所在的表的标识符和 Tablet 的最后一行编码而成。METADATA 的每一行存储了大约 1KB 的数据。一个大小适中的、容量限制为 128 MB 的 METADATA Tablet，采用 3 层结构的存储模式，可以标识 2~34 个 Tablet 的地址，如果每个 Tablet 存储 128 MB 数据，则可以存储 2~61 个字节。

3）User Tablet

用户程序使用的库会缓存 Tablet 的位置信息。用户程序如果没有缓存某个 Tablet 的地址信息或发现缓存的地址信息不正确，则在树状存储结构中递归地查询 Tablet 位置信息；如果缓存是空的，寻址算法则需要通过 3 次网络来回通信寻址，其中包括一次 Chubby 读操作；如果缓存的地址信息过期，则只有在缓存中无法查到数据的时候才能发现数据过期寻址算法最多需要 6 次网络来回通信才能更新数据，在 METADATA 由 Tablet 没有被频繁地移动时，3 次通信发现缓存过期，另外 3 次更新缓存数据。

Tablet 的地址信息存放在内存里，对它的操作不必访问 GFS，但是，通常会通过预取 Tablet 地址减少访问的开销，每次从 METADATA 表中读取一个 Tablet 元数据，会多读取几个元数据。

在 METADATA 表中存储了次级信息，包括每个 Tablet 的事件日志，如一个服务器开始为该 Tablet 提供服务的时间，这些信息有助于排查错误和分析性能。

3. Tablet 分配

在任何一个时刻，一个 Tablet 只能分配给一个 Tablet 服务器。Master 服务器记录了当前活动的 Tablet 服务器和 Tablet 的分配情况。当一个 Tablet 没有被分配并且有一个 Tablet 服务器有足够的空闲空间装载该 Tablet 时，Master 服务器会向该 Tablet 服务器发送一个装载请求，将 Tablet 分配给这个服务器。

BigTable 使用 Chubby 跟踪并记录 Tablet 服务器的状态。当一个 Tablet 服务器启动时，它在 Chubby 的指定目录下建立有唯一名字的文件，并且获取该文件的独占锁。Master 服务器实时监控该目录，能够知道有新的 Tablet 服务器加入。Tablet 服务器利用 Chubby 提供的高效机制，在不增加网络页担的情况下获取独占锁的持有情况，当独占锁丢失时（如网络断开导致 Tablet 服务器和 Chubby 的会话丢失）停止对 Tablet 提供服务只要文件存在，Tablet 服务器就会试图重新获得该文件的独占锁；如果文件不存在，Tablet 服务器则无法继续提供服务，而会自行退出。当 Tablet 服务器终止时（如集群的管理系统将运行该 Tablet 服务器的主机从集群中移除），会尝试释放持有的文件锁，Master 服务器则尽快把 Tablet 分配到其他的 Tablet 服务器。

Master 服务器负责检查 Tablet 服务器是否为它的 Tablet 提供服务，并且为未提供服务的 Tablet 服务器重新分配 Tablet。Master 服务器通过轮询 Tablet 服务器文件锁的状态检测 Tablet 服务器是否为 Tablet 提供服务。如果一个 Tablet 服务器报告丢失了文件锁，或者 Master 服务器最近几次尝试和某个 Tablet 服务器通信没有得到响应，Master 服务器会尝试获取该 Tablet 服务器文件的独占锁；如果 Master 服务器成功获取了独占锁，说明 Chubby 运行正常，Tablet 服务器出现宕机或者不能与 Chubby 通信，Master 服务器删除该 Tablet 服务器在 Chubby 上的服务器文件以确保它不再为 Tablet 提供服务。Tablet 服务器在 Chubby 上的服务器文件被删除后，Master 服务器把分配给 Tablet 服务器的所有 Tablet 放入未分配的 Tablet 集合中。为了确保 BigTable 集群在 Master 服务器和 Chubby 之间网络出现故障时仍然可以使用，Master 服务器在它的 Chubby 会话过期后主动退出。Master 服务器的故障不改变现有 Tablet 在 Tablet 服务器上的分配状态。

集群管理系统启动一个 Master 服务器后，Master 服务器要了解当前 Tablet 的分配状态，才能够修改分配状态。Master 服务器在启动的时候执行以下步骤：

（1）Master 服务器从 Chubby 获取唯一的 Master 锁，用来阻止创建其他的 Master 服务器实例；

（2）Master 服务器扫描 Chubby 的服务器文件锁存储目录，获取当前正在运行的服务器列表；

（3）Master 服务器和所有正在运行的 Tablet 服务器通信，获取每个 Tablet 服务器上的 Tablet 分配信息；

（4）Master 服务器扫描 METADATA Tablet，获取所有的 Tablet 集合，如果发现一个没有被分配的 Tablet，则这个 Tablet 加入未分配的 Tablet 集合，等待合适的时机进行分配。

METADATA 表的 Tablet 在分配之前是不能够被扫描的。在开始扫描之前，如果 Root Tablet 还没有分配，则 Master 服务器把 Root Tablet 加入未分配的 Tablet 集合，确保 Root Tablet 会被分配。Root Tablet 包括所有 METADATA Tablet 的 Tablet 名字，在 Master 服务器扫描完 Root Tablet 后，可以得到所有 METADATA Tablet 的 Tablet 名字。

以下事件会改变 Tablet 的集合：

（1）建立一个新表或删除一个旧表；

（2）两个 Tablet 被合并；

（3）一个 Tablet 被分割成两个小的 Tablet。

Master 服务器可以跟踪并记录上述事件，事件（1）和事件（2）由 Master 服务器启动，Tablet 分割事件由 Tablet 服务器启动，需要特殊处理。在分割操作完成后，Tablet 服务器通过在 METADATA 表中记录新的 Tablet 信息来提交这个操作；当分割操作提交之后，Tablet 服务器会通知 Master 服务器。如果分割操作已提交的信息没有通知 Master 服务器，Master 服务器在要求 Tablet 服务器装载已经被分割的子表时会发现一个新的 Tablet。通过对比 META-DATA Tablet 中 Tablet 的信息，Tablet 服务器会发现 Master 服务器要求其装载的 Tablet 并不完整，重新向 Master 服务器发送通知信息。

4. Tablet 服务

Tablet 的持久化状态信息保存在 GFS 上，其服务示意如图 4－6 所示。更新操作提交到日志中，最近提交的更新操作存放在一个排序的缓存中，这个缓存被称为 memtable；较早的更新存放在 SSTable 中。为了恢复一个 Tablet，Tablet 服务器从 METADATA Tablet 中读取它的元数据。Tablet 的元数据包含组成该 Tablet 的 SSTable 列表，以及一系列 Redo Point，这些 Redo Point 指向可能含有该 Tablet 数据已提交的日志记录。Tablet 服务器把 SSTable 的索引读进内存后，通过重复 Redo Point 提交的更新来重建 memtable。

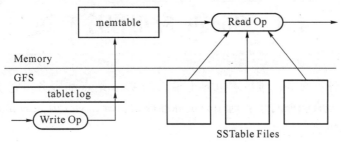

图 4－6　Tablet 服务示意

1）写操作

在对 Tablet 服务器进行写操作时，Tablet 服务器检查操作格式的正确性，并从一个 Chubby 文件里读取具有写权限的操作者列表验证操作发起者的权限。成功的修改操作会记录在提交日志里。批量提交方式可以提高包含大量小的修改操作的应用程序的吞吐量。当一个写操作提交后，写的内容插入 memtable。

2）读操作

在对 Tablet 服务器进行读操作时，Tablet 服务器进行完整性和权限检查。一个有效的读操作在一个由一系列 SSTable 和 memtable 合并的视图里执行。SSTable 和 memtable 是按字典排序的数据结构，可以高效地生成合并视图。

在进行 Tablet 的合并和分割时，正在进行的读写操作能够继续进行。

5. Compaction

随着写操作的执行，memtable 的大小不断增加。当 memtable 的尺寸到达一个阈值时，这个 memtable 会被冻结，然后创建一个新的 memtable。被冻结的 memtable 被转换成 SSTable，并写入 GFS，这种 Compaction 行为为 Minor Compaction。Minor Compaction 过程的目的是，shrink（shrink 是数据库用语，表示空间收缩）Tablet 服务器使用的内存，以及在服务器灾难恢复过程中，减少必须从提交日志里读取的数据量。在 Minor Compaction 过程中，正在进行的读写操作仍能继续。

每次 Minor Compaction 会创建一个新的 SSTable。如果 Minor Compaction 过程持续进行，读操作可能需要合并来自多个 SSTable 的更新，否则，通过定期在后台执行 Merging Compaction 过程合并文件来限制文件的数量。Merging Compaction 过程读取一些 SSTable 和 memtable 的内容，合并成一个新的 SSTable。Merging Compaction 过程完成后，输入的 SSTable 和 memtable 就可以删除了。

合并所有的 SSTable 并生成一个新的 SSTable 的 Merging Compaction 过程被称为 Major Compaction。由非 Major Compaction 产生的 SSTable 可能含有特殊的删除条目，这些被删除的条目能够隐藏在旧的、但是依然有效的 SSTable 中已经删除的数据。而 Major Compaction 过程生成的 SSTable 不包含已经删除的信息或数据。

BigTable 循环扫描所有的 Tablet，并且定期执行 Major Compaction。Major Compaction 机制允许 BigTable 回收已经删除的数据占有的资源，并且确保 BigTable 及时清除已经删除的数据[①]，这对存放敏感数据的服务非常重要。

4.4　Google 应用程序概述

Google 提供云计算服务，维护着世界上最大的 Web 站点和服务。它使用自动化技术索引 Web。Google 的搜索服务对于普通用户是标准搜索引擎，对于开发者是某些内容领域的一个特别的搜索工具包。

---

① 回收资源。数据删除后，它占有的空间并不能马上重复利用，只有空间回收后才能重复使用

1. Google 的应用程序

Google 应用程序是基于云的应用程序。Google 提供的应用程序包括生产力应用程序、移动应用程序、媒体放送、社会交往等。Google 把一些应用商业化，将其作为基于云的企业应用套件，而被广泛采纳。

Google 为开发人员准备了庞大的项目，横跨应用和服务。其中，AJAX API 和 Google Web 工具包，特别是相对较新的 Google 程序引擎托管服务。Google 应用程序引擎可以使用 Java 语言或 Python 语言创建 Web 应用程序，将其部署在 Google 的基础设施上并发展到很大的规模。

Google 创建了大型的基础设施，投放了许多基于云的免费应用和服务。这些应用程序大都以免费的方式提供，代表着 Google 的"软件即服务（SaaS）"组合。

2. Google 的云计算服务

Google 的云计算服务包括应用程序和 PaaS 开发工具。

（1）Google 云计算服务的应用程序包括 Google 文档、Google Health、Google Earth 等。

（2）Google 的 PaaS 开发工具。2008 年 4 月，Google 推出使用 Google 基础设施的开发平台（Google App Engine，GAE），用于宿主 Web 应用程序。GAE 使用多种高级编程语言（主要是 Java 和 Python）和 GAE 框架进行开发，开发人员可以设计和部署 Web 应用程序，而不必通过管理基础设施运行应用程序。

GAE 应用程序必须适应 Google 的基础设施，这降低了 GAE 应用程序的通用性，使其他应用很难迁移到 GAE 上。为此，GAE 为开发人员提供了创建能够运行在世界级云基础设施上的应用程序。

4.5　Google 应用组合

Google 的云计算服务依赖遍布全球的近 30 个数据中心中 100 万以上的服务器。48 个列出的服务中约有 17 个以特殊的方式对 Google 搜索引擎起到调节作用。一些与搜索相关的站点通过选择的内容搜索博客、金融、新闻等网站，把搜索结果和格式作为聚合页。

4.5.1　索引搜索

Google 搜索技术基于自动化页面索引和信息检索，利用网络爬虫（也称网页蜘蛛或网络机器人）进行搜索，页面上一定数量的单词被扫描并放进一个索引。Google 缓存某些网页的副本，将发现的 DOC 或 PDF 等文档保存在缓存中。

Google 利用专利算法，基于从其他网站到该页面的有效链接的数量及其他因素，如使用的关键词、网站可访问的时间、站点或页面的访问量来确定特有页面的重要性，该因素被称为网页排名，决定网页排名的算法是商业秘密。Google 总是调整算法，并防止搜索引擎优化

（SEO）策略对系统进行欺骗。在该算法的基础上，Googlc 返回搜索引擎结果页（SERP），作为对其关键字进行解析查询的反馈。

Google 并不搜索所有网站。如果网站不向搜索引擎注册，或者不是其他网站上的显著链接目标，则可能会保持未被发现状态。任何网站可以在它们的机器人中旋转自己的指标。TXT 文件显示该站点是否可以被搜索到，如果可以被搜到，则显示什么样的页面可以被查到。Google 开发了网站地图（Sitemaps）协议，将 Google 机器人如何与该站点一起工作的信息列在一个 XML 文件中。网站地图对于搜索不可浏览的内容很有用，还会在搜索通常不被考虑的媒体信息时起作用，如 AJAX、Flash 或 Silverlight 媒体。网站地图协议在整个产业已被广泛使用。

在 AJAX 中的动态内容通常不会被索引，但是 Google 现在有一个程序可能帮助它引擎搜索出这类信息。

4.5.2　面向企业的应用

Google 建立了应用组合，为企业应用发布特殊版本的产品。面向企业市场的 Google 产品有商业搜索、站点搜索、搜索装置和 Google Mini 等。

（1）Google 商业搜索是为网络零售商提供的搜索服务，使其在网站上通过搜索导航信息、过滤信息、推广和分析功能销售产品。

（2）Google 站点搜索在"Google 站点搜索服务"的横幅上销售为企业定制的搜索引擎。用户在站点的搜索栏中输入搜索字符串，Google 从该站点将结果返回。

（3）Google 搜索装置可以部署在组织内部用以加速本地和互联网的搜索速度。3 个版本的 Google 搜索装置分别可以存储 30 万、100 万和 3 000 万文档的索引。除了索引，这些装置还能够进行文档管理、执行定制搜索、缓存内容，并为 Google Analytics 系统和 Google 站点地图提供本地支持。

（4）Google Mini 是 GSA 的小型版本，能够存储 30 万索引文档。

对于商业企业和政府部门等组织，公司拥有 Google Apps Premier Edition，这是一个付费服务，提供 Gmail、Docs 和日历作为核心应用程序。Premier Edition 增加了 25 GB Gmail 存储空间、邮件服务器同步、组功能、站点功能、Google Talk、视频、高级安全性、目录服务、认证和授权服务、客户自支持的域等托管在云端的服务，还增加了使用 Google API 的许可，以及每天 24 h 的支持服务和 99.9% 不停机工作时间保证的服务水平协议。

为支持 Google 的 Premier 和教育版本的 Gmail 服务，Google 购买了 Postini 存档及探索服务。Google Postini 服务提供安全服务，如威胁评估、主动链接锁定和强制 Web 策略、电子邮件加密、消息归档和探索服务等有偿服务。Postini 允许电子邮件被保留 10 年以上，可以用来证明合规。

Google 的生产力应用程序功能强大，但是没有可在本地安装中找到的先进的办公套件客户端软件。

4.5.3　AdWords

AdWords 提供目标广告服务，为用户和他们的搜索档案匹配广告商和关键字。广告被显示为文本、横幅或媒体，可以基于地理位置、频率、IP 地址和其他因素进行剪裁。AdWords 广告不仅会出现在 Google. com，还会在 AOL 搜索、Ask. com、Netscape 以及其他合作伙伴的网站上出现。其他属性 Google Display Network 的合作伙伴也能够显示 AdSense 广告。在这些情况下，AdWords 系统决定匹配用户搜索的广告。

系统是这样工作的：广告商在关键字上投标，这些关键字用于将用户的搜索和他们的产品或服务相匹配。如果一个用户进行类似 "develop abdominal muscles" 的条件搜索，则 Google 依据条件返回产品结果，用户可能会看到一个 Chuck Norris 出售其他健身器材的广告，即使不让你买一大箱啤酒，至少也会让你有所破费。每个搜索将返回多达 12 个广告。

当用户点击一个广告时，Google 将对这个广告收费。该系统被称为 "点击付费" 广告，点击率（Click Through Rate，CTR）是衡量广告成功与否的标准。Google 基于 CTR、广告和关键字的联系程序以及广告商与 Google 的合作历史，为广告计算一个品质分数。品质分数是 Google 的商业秘密，用来标价关键字的最低价格。

2007 年，Google 购买了一家网络广告服务公司——DoubleClick。DoubleClick 帮助客户创建广告、提供托管服务，并跟踪结果进行分析。DoubleClick 广告会将浏览器 cookies 安放于系统内，来收集能够确定用户被带到一个特定广告面前的次数的信息，以及多种系统特性。一些间谍软件追踪系统将 DoubleClick 的 cookies 标定为间谍软件。AdWords 和 Double-Click 都被打包卖给广大客户。

4.5.4　Google Analytics

谷歌分析（Google Analytics，GA）是一种统计工具，用来测量网站访问者的数量和类型，以及该网站是如何被使用的。它作为一项免费服务已经被许多网站采用。GA 构建于 Google 在 2006 年购买的 "Urchin5 分析包" 之上。

根据 Builtwith. com 的数据，GA 已经被 54% 的顶级 10 000 和 100 000 站点，以及 35% 的顶级一百万网站采用。Builtwith. com 推测 GA 的 JavaScript 标签是目前应用最广泛的 URL。Back-endBattles. com 服务将 GA 在顶级 10 000 网站中的市场份额设置为 57%。

GA 使用其跟踪代码（gatc）的一小段 JavaScript 代码，在独立页面放置一个页面标签。当页面加载时，JavaScript 运行，创建第一组浏览器 cookies，用来管理回访用户、执行跟踪、测试浏览器特性，并请求跟踪代码来标识访问者的位置。gatc 从用户的账户请求和储存信息。储存在用户的系统的代码收集访客数据并把它们发送回 GA 服务器来处理。

能够被追踪到的访问者，是那些从搜索引擎、包含引用链接的电子邮件、文件及网页、展示广告、点击付费广告（Pay Per Click，PPC）和一些其他来源登录的访问者。GA 聚合数据，并以虚拟表单的形式显示信息。GA 连接到 AdWords 系统，可以追踪不同的环境中特定的广告的表现，查看引用位置信息和每页停留的时间，筛选访问者站点。如果站点的页面访问率少于 500 万，GA 就允许存储 50 个独立网站资料。这一限制对于 AdWords 订阅有所放宽。

GA 的 cookies 被许多技术封锁，如 Firefox Adblock 和 NoScript，或通过在其他浏览器上关闭 JavaScript 执行而封锁。用户可以手动删除 GA 的 cookies，或锁定它们，使该系统失效。

4.5.5　Google 翻译

当前版本的 Google 翻译作为云服务，可以在 35 种语言中任意选出的两种语言之间完成机器翻译。

Google 翻译是在 2007 年发布的，取代了许多其他电脑服务运用的 SYSTRAN 系统。翻译方法使用的是由 Franz – Joseph Och 在 2003 年首次开发的统计学方法。

Google 翻译使用称为语料库语言学的方法来翻译。刚开始的时候，需要用收集词汇的方法为一对语言建立一种翻译系统，然后将数据库匹配到双语文本主体。一个文本语料库是一种词汇和短语的用法的数据库。这些词汇和短语是从该语言的日常使用中，采取将专业人员翻译的测试文档导入软件分析的方法获得的。被分析的文件是联合国和欧洲会议文件等的译本。

Google 翻译可以做到以下 4 点。

（1）在文本框中直接输入文本，单击"翻译"按钮进行翻译。如果选择了"检测语言"选项，Google 翻译将试着自动检测语言并将它翻译成英文。

（2）输入一个 Web 页面的 URL 地址，Google 会显示一个翻译好的 Web 页面。

（3）对于脚本语言，可以输入音标。

（4）上传一个文件到页面，使它被翻译。

Google 翻译将文档分解为单词和短语，并运用其统计算法完成翻译。随着服务的积累，翻译也越来越准确，翻译引擎被加到了浏览器中，如 Google 的 Chrome 浏览器，并通过扩展添加到了 Mozilla Firefox 中。Google 工具条将页面翻译作为一个选项提供，工具设置中可供选择。

Google 翻译工具包提供了一种利用 Google 翻译进行可编辑翻译的方法，以及对编辑翻译帮助工具的访问。

翻译服务已经发展多年。IBM 在这个领域投入巨大，微软的 Bing 搜索引擎也有翻译引擎。还有很多其他的翻译引擎，有些甚至像 Google 翻译一样是基于云的。Google 的成果的独特之处是公司在语言转录方面的工作——将语音转换为文本。作为 Google 声音及其与 Android 手机合作的一部分，Google 抽样并转换了成百万的对话。将这两个 Web 服务集成在一起可以创造一个基于云服务的翻译设备，会发挥巨大的效用。

4.6　Google 工具包（Google API）

Google 有一个广泛的方案，支持那些希望利用基于 Google 云的应用和服务的开发人员。这些 API 延伸到 Google 的每一个业务角落。Google 针对开发人员的代码主页地址为：http：//code. google. com，这个站点可以访问开发工具、如何在工作中使用各种 API（包括 Google 服务）的信息，以及技术资源。

1. Google 提供的开发服务

Google 提供的开发服务有 AJAX API、Android、Google App Engine（GAE）、Google App

Marketplace（GAM）、Google Gears、Google Web Toolkit（GWT）、Project Hosting。

（1）AJAX API 被用于构建小组件和其他小程序，一般存在于类似 iGoogle 的地方。AJAX 提供对 JavaScript 和 HTML 创建的动态信息的访问能力。

（2）Android 是一个手机操作系统。

（3）GAE 是 Google 的平台即服务（PaaS）云计算应用程序的开发和部署系统。

（4）GAM 为基于云的应用程序提供应用程序开发工具和分销渠道。

（5）Google Gears 是一种提供离线访问在线数据的服务，包括一个安装在客户端的数据库引擎，用来缓存和同步数据。Gear 允许基于云的应用程序为客户服务，甚至在互联网连接不可用时。例如，利用 Dear，可以离线使用 Gmail。

（6）GWT 是为开发基于浏览器的应用程序准备的开发工具包。GWT 是一个开源平台，被用于创建 Google Wave 和 AdWords。GWT 允许开发者使用 Java 或者使用 JavaScript 在 GWT 的编译器中创建 AJAX 应用程序。

（7）Project Hosting 是一个管理代码的项目管理工具。

2. Google API 的分类

大多数 Google 服务是被某一个 API 展现出来的，这就是为什么会看到一个版本的 Google 搜索引擎、Google 地图、YouTube 视频、Google 地球、AdWords、AdSense，甚至许多 Google Apps 元素在其他的网站上呈现。在"Google code"页面上"更多产品"的链接获得一个 Google API 的列表。

可以分为以下 7 类。

（1）Ads and AdSense：这些 API 允许 Google 的广告服务整合进 Web 应用程序。属于这一类的最常见的服务有 AdWords、AdSense 和 Google Analytics。

（2）AJAX：Google AJAX API 提供将 JavaScript 代码段写进代码中的方式来增加内容，如 RSS 信息源、地图、搜索对话框等信息来源。

（3）Browser：Google 有一些与创建基于浏览器的应用程序相关的 API，包括 4 个 Chrome 浏览器专用的，即 Google 云打印 API、用于创建安装包的可安装型 Web App API、使用 Java 创建 AJAX 应用程序的 Google Web 工具包和高性能 JavaScript 引擎 V8。

（4）Data：Data API 是用于与各种各样的 Google 服务交换数据的。Google Data API 列表中包括 Google Apps、Google Analytics、Base、Book、日历、代码搜索、Google 地球、Google 列表、Google 记事簿和 Picasa Web 相册。

（5）Geo：是一组为了将特定位置信息和地图以及特定经纬数据库挂钩的 API。这类比较常用的是 Google 地球、方向（Directions）、JavaScript 地图、Flash 地图和静态地图（Static Map）。

（6）Search：搜索 API 触及其核心竞争力和服务，如 AJAX 搜索、书搜索、代码搜索、客户搜索等 API，以及 Web 管理员工具 Data API 允许开发者在他们的应用程序和 Web 网站中包括 Google 搜索。

（7）Social：许多 Google API 用于信息交换和沟通工具。它们支持 Gmail、日历和其他的一些应用程序，并且提供一套基础服务。最常见的社会化媒体 API 是博客数据（Blogger Data）、日历、联系（Contacts）、开发社区（OpenSocial）、Picasa 和 YouTube。

具体的 Google API 可以点开某类 API 查看。

4.7 Google 应用引擎（GAE）

Google 推出了 PaaS 帮助用户快速搭建 Web 应用，并将其部署在 Google 的基础设施之上，使用户无须在运维方面花时间和精力，即谷歌应用引擎（Google App Engine，GAE）。

4.7.1 GAE 概述

GAE 的发展如表 4-1 所示，它提供以下功能：

（1）支持 Web 应用，并提供对常用网络技术的支持，如 SSL；

（2）提供持久的存储空间，并支持简单的查询和本地事务；

（3）能够对应用进行自动扩展和负载平衡；

（4）一套功能完整的本地开发环境，可以让用户在本机上对基于 App Engine 的应用进行调试；

（5）支持 E-mail、用户认证和分布式的高速缓存系统（Memcache）等服务；

（6）提供能在指定时间触发事件的任务和能实现后台处理的任务队列。

表 4-1 GAE 的发展

时间	内　容
2008 年 4 月	Python 版的 App Engine 正式发布
2008 年 5 月	加入 Image 和 Mcmcache 服务
2009 年 4 月	Java 版的 App Engine 正式发布
2009 年 9 月	加入任务队列和 XMPP 服务
2009 年 12 月	Blobstore 服务被引入 App Engine
2010 年 4 月	Google 在 I/O 大会发布了新的企业级 App Engine 服务，该服务支持高规格的 SLA、SQL 数据库和 Google Apps 集成等功能

GAE 的使用流程如下：

（1）下载 SDK 和 IDE，并在本地搭建开发环境；

（2）在本地对应用进行开发和调试；

（3）使用 App Engine 自带的上传工具将应用部署到平台上；

（4）在管理界面启动应用；

（5）利用管理界面监控应用的运行状态和资费。

4.7.2　GAE 的组成

GAE 主要包括 5 个模块，即应用服务器、Datastore、服务、管理界面和本地开发环境。

1. 应用服务器

GAE 应用服务器会依据其支持语言的不同而有不同的实现。

1）Python 版的实现

Python 版应用服务器的基础是 Python 2.7 版的 Runtime，并考虑在高级版本中添加对 Python 3 的支持。由于 Python 3 对 Python 而言，跨度非常大，引入 Python 3 的难度很大。在 Web 技术方面，支持 Diango、Cherry、PhPylons 和 Web2py 等 Python Web 框架，并自带名为 WSGI 的 CGI 框架。虽然 Python 版的应用服务器是基于标准的 Python Runtime，但是为了安全并更好地适应 App Engine 的整体构架，对运行在应用服务器内的代码设置了很多方面的限制，如不能加载用 C 语言编写的 Python 模块、无法创建 Socket（端口）等。

2）Java 版的实现

Java 版应用服务器的实现和 Python 版基本一致，基于标准的 Java Web 容器，而且选用了轻量级的 Jetty 技术，并在 Java 6 上运行。Web 容器不仅运行 Servlet、JSP、JSTL 和 GWT 等常见的 Java Web 技术，还运行常用的 Java API（App Engine 的 The JRE Class White List 用来定义能在 App Engine 的环境中被使用的 Java API）和一些基于 JVM 的脚本语言，如 JavaScript、Ruby 或 Scala 等。

Java 版应用服务器无法创建 Socket 和线程，不支持读写文件，也不支持一些比较高级的 API 和框架，如 JDBC、JSF、Struts2、RMI、JAX－RPC 和 Hibernate 等。

2. Datastore

Datastore 基于 BigTable 技术，对信息进行持久化，提供了一整套强大的分布式数据存储和查询服务，并通过水平扩展来支撑海量数据。Datastore 不是传统的关系型数据库，它主要以 Entity 的形式存储数据。一个 Entity 包括一个 Kind（概念上和数据库的表格类似）和一系列属性。

Datastore 提供强一致性和乐观同步控制，在事务方面支持本地事务，也就是只能在同一个实体组（Entity Group）内执行事务。在接口方面，Python 版提供了非常丰富的接口，包括 GQL 查询语言；Java 版则提供了标准的 JDO 和 JPA 的两套 API。

3. 服务

为了更好地支撑应用的运行，App Engine 提供了以下服务：

（1）Memcache：大中型网站必备的服务，主要用来在内存中存储常用的数据。

（2）URL 抓取（Fetch）：用来抓取网上的资源，并与其他主机进行通信，避免应用在 Python 和 Java 环境中无法使用 Socket。

（3）E－mail：利用 Gmail 的基础设置发送邮件。

（4）计划任务（Cron）：允许应用在指定时间或按指定间隔执行其设定的任务，这些任务通常称为 Cron Job。

（5）图像（Image）：App Engine 提供了专用的图像服务来操作图像数据，可以调整图像大小，旋转、翻转和剪裁图像，还可以使用预先定义的算法提升图片质量。

（6）用户认证：App Engine 的应用可以利用 Google 账户系统来验证用户，还可以支持 OAuth。

（7）XMPP：在 App Engine 上运行的程序能利用 XMPP 服务和其他兼容 XMPP 的 IM 服务（如 Google Talk）进行通信。

（8）任务队列：App Engine 应用可以通过在一个队列插入任务（以 Web Hook 的形式）来实现后台处理，也可以根据调度设置安排队列中的任务执行。

（9）Blobstore：因为 Datastore 最多支持存储 1 MB 的数据对象，所以 App Engine 推出了 Blobstore（二进制存储）服务来存储和调用大于 1 MB 但小于 2 GB 的二进制数据对象。

（10）Mapper：Mapper 可以认为是 MapReduce 中的 Map，通过 Mapper API 可以对大规模数据进行并行处理，这些数据可以存储在 DataStore 或 Blobstore 中。这个功能还处于内部开发阶段。

（11）Channel：Channel 是常说的 Comet 技术。通过 Channel API 能让应用将内容直接推送至用户的浏览器，而不需要轮询。

除了 Java 版的 Memcache、E - mail 和 URL 抓取采用标准的 API 之外，其他服务的 API 都是私有的，但提供丰富而详细的文档帮助用户。

4. 管理界面

为了让用户更好地管理应用，Google 提供了一套完整的管理界面用来管理应用并监控应用的运行状态，如资源的消耗情况、邮件的发送情况、应用运行的日志等，GAE 的管理界面如图 4 - 7 所示。用户用 Google 账户即可登录和使用。

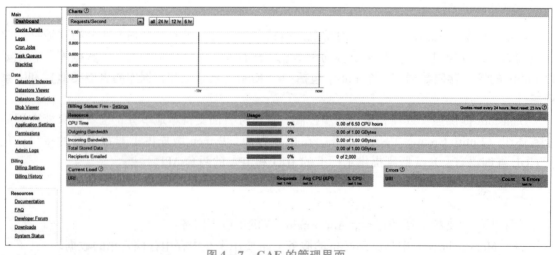

图 4 - 7　GAE 的管理界面

管理界面可以执行许多操作，包括创建新的应用程序，为应用设置域名，查看与访问数据及与错误相关的日志，查询数据库中的数据，观察主要资源的使用状况，设置用于网络安全的黑名单等。

5. 本地开发环境

本地开发环境主要帮助用户在本地开发和调试 App Engine 的应用，包括用于安全调试的沙盒、SDK 和 IDE 插件等工具。

为了安全起见，本地开发环境采用沙盒模式，其限制基本上和应用服务器差不多，如无法创建 Socket 和线程，无法对文件进行读写。

和应用服务器相同时，SDK 会依据其支持语言的不同而有不同的实现。Python 版的 App Engine SDK 是以普通的应用程序的形式发布的，本地需要安装相应的 Python 运行时（Runtime），可以通过命令行方式启动 Python 版的沙盒，也可以在安装 PyDev 插件的 Eclipse 上启动。Java 版的 App Engine SDK 是以 Eclipse 插件形式发布的，用户只要在 Eclipse 上安装这个插件，即可启动本地 Java 沙盒来开发和调试应用。

6. 编程模型

App Engine 主要为了支撑 Web 应用而存在，Web 层编程模型对于 App Engine 是最关键的。App Engine 主要使用的 Web 模型是通用网关接口（Common Gateway Interface，CGI）。当收到一个请求时，启动一个进程或线程来处理这个请求，处理结束后这个进程或线程将自动关闭，之后会不断地重复这个流程。CGI 编程模型在每次处理的时候都要重新启动一个新的进程或线程，资源消耗大，但是由于其架构简单，支持无状态模式，在伸缩性方面且有优势，成为 App Engine 首选的编程模型。

App Engine 的两个语言版本都自带一个 CGI 框架：在 Python 平台为 WSGI，在 Java 平台为经典的 Servlet。App Engine 引入了计划任务和任务队列两个特性，支持计划任务和后台进程两种编程模型。

App Engine 的使用限制如表 4 – 2 所示。

表 4 – 2　App Engine 的使用限制

类　　别	限　　制
每个开发者所拥有的项目	10 个
每个项目的文件数	1 000 个
每个项目代码的大小	150 MB
每个请求最多执行时间	30 s
Blobstore 的大小	1 GB
HTTP 响应的大小	10 MB
Datastore 中每个对象的大小	1 MB

App Engine 的使用限制对开发者是一种障碍，但对 App Engine 的多租户环境却是非常重要的。因为如果一个租户的应用消耗过多资源的话，将会影响临近应用的正常使用，而 App Engine 的使用限制是为了能安全地运行在其平台上面的应用，避免了吞噬资源或恶性的应用影响临近应用的情况。除了安全方面的考虑之外，还有伸缩的原因。也就是说，当一个

应用所占的空间处于比较低的状态时，如文件数量不足 1 000 个和大小低于 150 MB 等，能够非常方便地通过复制应用来实现伸缩。

App Engine 的免费额度高，现有免费的额度能支撑一个中型网站的运行，且不需要支付任何费用，资费项目非常细粒度，如普通 IaaS 服务资费主要是 CPU、内存、硬盘和网络带宽。App Engine 除了常见的 CPU 和网络带宽之外，还包括很多应用界别的项目，如 Datastore API 和邮件 API 的调用次数等。

4.7.3　GAE 的操作

1. 搭建环境

GAE 环境搭建的步骤如下。

（1）安装最新稳定版的 Python Runtime。有 3 个注意点：

① Linux 系统应该自带Python；

② 在 Windows 上安装好 Python 之后，需要在系统路径上加入 Python 目录；

③ App Engine 上的应用服务器版本为 2. 6. 5，不需要在项目中加入 Python 2. 6. 5 之后引入的特性。

（2）安装 App Engine 的 SDK。有两点需要注意：

① 在 Windows 上安装好 App Engine 的 SDK 之后，需要在系统路径上加入 SDK 所在的目录；

② 在 Linux 上无须安装 App Engine 的 SDK，只需将其解压缩，并放置在合适的目录即可。

（3）安装 Eclipse 及其 Pydev 插件。该步骤为可选的，但是由于 Eclipse 自身成熟的开发环境，辅以 Pydev 自带的代码加色、自动提示和调试等功能，再加上 Pydev 在其 1.4.6 版上加入了对 Google App Engine 的完整支持，使用 Eclipse 及其 Pydev 插件有助于 App Engine 开发。

Linux 自带很多开发工具和完善的命令行，适合作为 App Engine 的开发平台。

2. 初始化项目

App Engine SDK 自带一个名为 new_project_template 的项目模板，该项目模板有 app. yaml、main. py 和 idex. yaml。

（1）app. yaml 文件是整个项目的核心配置文件，与 Java Web 项目中的 web. xml 文件类似。

（2）main. py 的 Python 脚本是 App Engine 的 "Hello World" 文件，主要演示基本的 Web 请求处理。

（3）idex. yaml 文件是项目创建的数据模型索引，一般由 App Engine 系统自动维护。当 App Engine 调试或部署应用的时候，它会分析应用所包含的数据模型，从而确定是否需要给数据添加新的索引。

可以通过复制项目模板来初始化项目，文件编辑和创建步骤如下。

1）编辑 app. yaml

app. yaml 是整个项目的核心配置文件，其后缀 "yaml" 表示这个文件是基于 YAML 语言的。YAML 语言是可读性非常强的数据序列化语言，而且支持丰富的数据类型。

app. yaml 的代码如下：

```
application:idenext
version:1
runtime:python
api_version: 1
handlers:
-  url: /. *
   script: main.py
```

在 app. yaml 中，主要可以配置以下参数。

（1）应用名。对应的位置是 application 行，用来设置整个项目的名字。在本地调试时，项目名可以是任意的字符串，但当部署这个项目到云端 App Engine 平台时，需求确保应用名和在 App Engine 管理界面上新建的应用名一致，是全 App Engine 唯一的，不能与其他人创建的项目名称冲突。

（2）项目版本号。对应的位置是 version 行，用来配置应用的版本号，可以通过它来对应用进行版本管理。由于本例是新创建的，所以其版本号是 1。

（3）运行时。对应的位置是 runtime 行，用来设定项目的开发语言。本例使用 Python 语言。

（4）API 版本号。对应的位置是 api_version 行，指的是使用的 App Engine API 的版本号，目前为 1。

（5）处理 Web 请求的类。对应的位置是 handlers 部分，这部分配置了 URL 与 Python 脚本之间的对应关系。当 App Engine 收到一个 Web 请求时，会根据其 URL 来调用相应的脚本。在上面这个例子中，URL 为"/. *"时会调用 main. py 来处理。

2）创建 HTML 文件

index. html 的代码如下：

```
<html >
<head >
<meta content = "text /html;charset = utf - 8"http - equiv = "Content
- Type"/>
<title >App Engine Demo </title >
</head >
<body >
<form method = "POST" action = "/" >
文章名: <input type = "text" name = "title" size =30 /><br >
关键字: <input type = "text" name = "tags" size =30 /><br >
内容:    <textarea name = "content"cols = "30" row = "5" >
</textarea >
<br >
<br >
<input type = "submit" name = "submit" value = "提交" >
```

```
</form >
</body >
</html >
```

HTML 页面主要由两个文本框和一个 Textarea 组成，用来让用户输入 Blog 的文章名、关键字和内容。用户完成输入后，单击"提交"按钮，将输入的数据提交给后台的服务器，并由与 URL "/"对应的 Python 脚本来进行处理，即 main. py。

3. 编写数据库代码

App Engine 主要的数据模型为实体模型，其中一个实体由一个主键和一组属性组成，每个属性可以在多个数据类型中进行选择。实体模型是通过继承 Model 类来实现的。

App Engine 基本的数据类型有字符串（String）、基于字节的字符串（ByteString）、布尔（Boolean）、整数（Integer）、浮点数（Float）、日期时间（DateTime）、列表（List）、字符串列表（StrigList）、文本（Text）、二进制块（Blob）和用于表示实体之间关系的参考类型（Reference）。除了基本的数据类型之外，用户还可以通过继承 Expando 类来自定义新的数据类型。

本案例的 Blog 表共有 3 个字段，分别是字符串类型的 title 属性、字符串列表类型的 tags 属性和文本类型的 content 属性。创建 Blog 表的 blogdb. py 脚本的代码如下：

```python
from google.appengine.ext import db
class Blog(db.Model):
    title = db.StringProperty( )
    tags = db.StringListProperty( )
    content = db.TextProperty( )

    def save (self,_title, _tags, _content):
        blog = Blog ( )
        blog.title = _title
        blog.cintent = _content

        if _tags:
            blog.tags = _tags.split ( " ")
        else:
            blog.tags = [ ]

        blog.put ( )
```

这个脚本主要由两部分构成：

（1）通过继承类 db. Model 来创建实体模型 Blog，并声明 title、tags 和 content 这 3 个属性；

（2）定义一个名为 save 的方法，在这个方法内首先创建新的 Blog 实体，将输入的_title、

_tags 和_content 这 3 个参数插入新创建的 Blog 实体，并使用这个实体的 put 方法在数据库中保存实体。

其他类可以通过调用 Blog 类中的 save 方法存储和 Blog 相关的数据。将_tags 插入 Blog 实体前，通过分割方法将其从字符串形式转化为字符串列表形式。

4. 添加 Web 处理方法

在本案例中，需要添加用于处理两个 Web 请求的代码：

① 用于显示 index. html 的代码，也就是用于处理访问 URL "/" 的 get 请求；

② 保存用户在 index. html 上输入的 Blog 数据，用于处理访问 URL "/" 的 post 请求。

添加 get 和 post 请求的代码如下：

```
from google.appengine.ext import webapp
from google.appengine.ext.webapp.util import run_wsgi_app
from google.appengine.ext.webapp import template
import os
import cgi
from blogdb import Blog
from google.appengine.ext import db


class Main (webapp.RequestHandler):

    def get (self):
        path =os.path.join (os.path.dirname (_file_), 'index.html')
        self.response.out.write (template.render (path, [ ]))

    def post (self):
        _title =cgi.escape (self.request.get ('title'))
        _tags =cgi.escape (self.request.get ('tags'))
        _content =cgi.escape (self.request.get ('content'))
        blog =Blog ( )
        blog.save (_title, _tags, _content)
       self.response.out.write ('Save Successfully')


application =webapp.WSGIApplication ([('/', Main)], debut =True)

def main ( )
    run_wsgi_app (application)

if_name_ = =" _main_":
    main ( )
```

main. py 的代码可分为 3 个部分。

（1）get 方法通过 Python os 模块的方法来读取 index. html，并将读取的 index. html 文件内容通过 HTTP 响应流发送给浏览器端，在客户的浏览器上显示 index. html。

（2）post 方法从输入的 HTTP 请求流中获取 title、tags 和 content 的输入数据，并调用 Blog 实体模型中的 save 方法来保存，返回 Save Successfully 的消息给客户端。

（3）注册 Main 类。在代码中通过初始化 webapp. WSGIApplication 类将 Main 类和 URL "/" 对应。例如，客户端发送 Get 请求给 URL "/"，系统调用 Main 类的 Get 方法处理这个请求。需要注意的是，这里设定 URL 和类的对应关系是在 app. yaml 中设定后的进一步设置。

5. 测试和部署

测试和部署的步骤如下。

1）本地测试

调用 SDK 中的 dev_appserver. py 脚本，启动本地的开发环境，具体的命令格式为 dev_appserver. py sample，这里 sample 是项目的名称。如果有 Pydev 插件，则可以在 Eclipse 上启动本地开发环境的调试模式。在成功启动环境之后，可以通过 http：//locahost：8080 这个 URL 来测试项目的基本功能。

2）创建应用

App Engine 管理界面的 My Applications 界面如图 4 - 8 所示。

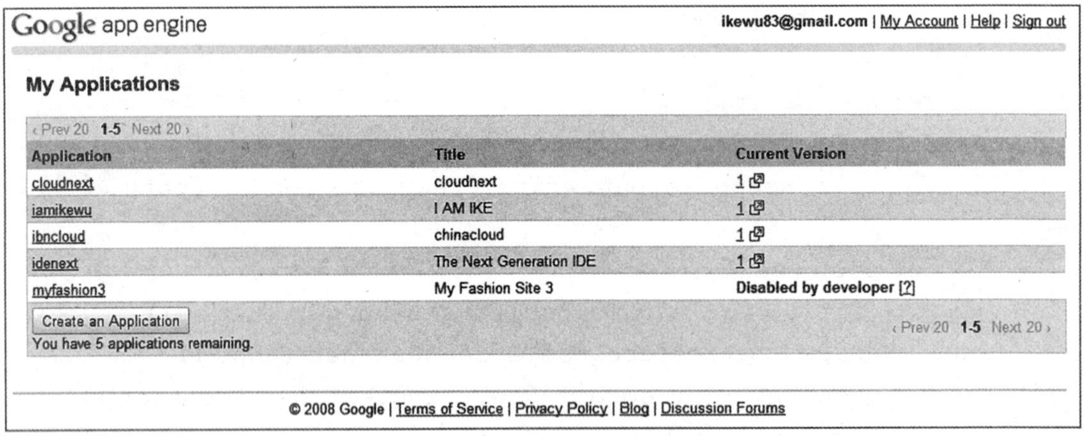

Google app engine		ikewu83@gmail.com | My Account | Help | Sign out
My Applications		
‹ Prev 20 **1-5** Next 20 ›		
Application	Title	Current Version
cloudnext	cloudnext	1
iamikewu	I AM IKE	1
ibncloud	chinacloud	1
idenext	The Next Generation IDE	1
myfashion3	My Fashion Site 3	Disabled by developer [?]
Create an Application		‹ Prev 20 **1-5** Next 20 ›
You have 5 applications remaining.		
© 2008 Google | Terms of Service | Privacy Policy | Blog | Discussion Forums		

图 4 - 8　My Applicatons 界面

在这个页面上单击 "Create an Application" 按钮，进入 "Create an Application"（创建应用）界面，如图 4 - 9 所示。

在 "Application Identifier" 文本框中输入应用的名称或 ID（必须是全 App Engine 唯一的），在 "Application Title" 文本框中输入应用的完整名称，单击 "Create Application" 按钮，创建应用。

3）发布应用

使用 SDK 中的 appcfg. py 脚本将应用部署到 App Engine 平台上，命令格式为 appcfg. py update sample，sample 代表项目所在的目录。部署之后，可以通过 App Engine 的管理界面来访问和管理应用。

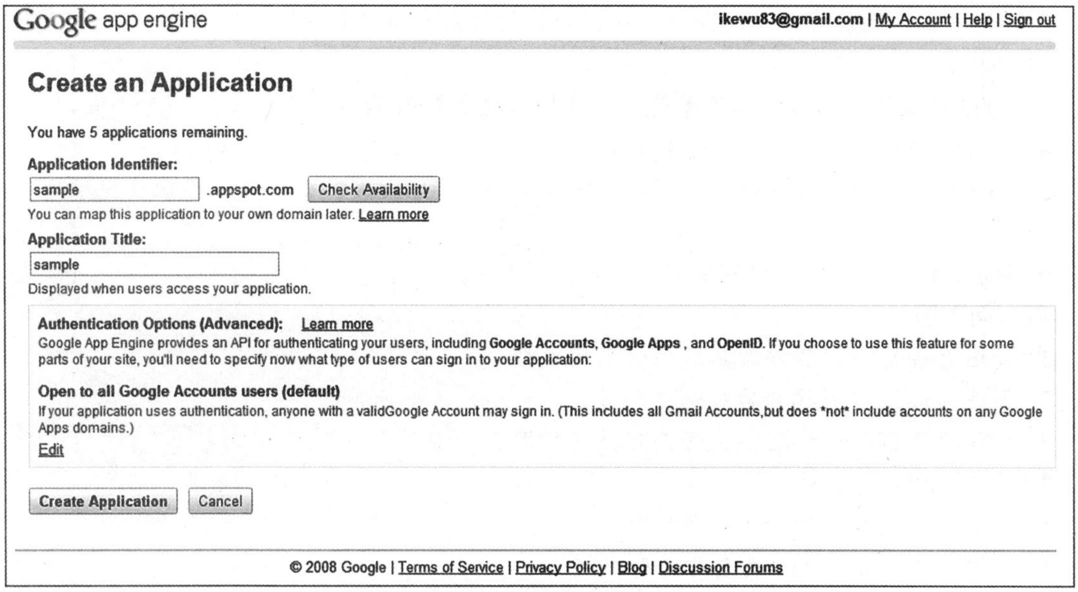

图 4-9 "Create an Application" 界面

习 题

一、单项选择题

1. YAML 语言和 XML 相比的优点不包括（   ）。

A. 数据序列化语言强   B. 可读性更好

C. 支持丰富的数据类型   D. 更快

2. GAE 是（   ）。

A. SaaS   B. PaaS   C. IaaS   D. NaaS

二、填空题

1. Google GAE 的 Python 编程应注意的两个特点是（   ）和（   ）。

2. Google GAE 主要由（   ）、（   ）、（   ）、（   ）、（   ）组成。

3. APP Engine 的使用限制中，每个请求最多执行时间是（   ）。

4. Google 云计算包括分布式存储系统（   ）、分布式处理技术（   ）和分布式数据库（   ）。

5. BigTable 包括 3 个主要的组件：（   ）、（   ）和（   ）。

6. MapReduce 的 Map（   ）、Reduce（   ）的概念和主要思想，是从函数式编程语言和矢量编程语言借鉴来的。

7. GFS 的节点分为（   ）、（   ）和（   ）。

三、判断题（正确打√，错误打×）

1. GAE 是使用多种高级编程语言（主要是 Java 和 Python）和 GAE 框架开发的，降低了

使应用程序运行所要付出的开发努力。 （　　）

2. Google 翻译可能有明显的即时影响，计算机技术的硬件和软件已经非常接近"万能翻译"的梦想。 （　　）

3. 2003 年微软发表第一篇关于其云计算核心技术 GFS 的论文。 （　　）

4. Google 的分布式数据库表是 HBase。 （　　）

5. GFS 采用中心服务器模式来管理数据库系统，可以大大简化设计，降低实现难度。 （　　）

6. BigTable 使用 Tablet 跟踪并记录 Chubby 服务器的状态。 （　　）

四、问答题

1. 简述 Google 应用程序及其提供的应用类型。

2. 简述 Google 索引搜索的概念。

3. 列举你所熟知的 5 款 Google 产品并进行描述。

4. 简述 AdWords 的概念。

5. 简述 Google 提供的开发服务的特点。

6. 列举 5 个 Google API 类型并进行描述。

7. 简述 Google GAE 的功能。

8. 简述 GAE 使用的主要步骤。

9. 简述 YAML 语言及其与 XML 的区别。

10. 搭建 Google APP Engine 的环境，实现本章的小案例。

11. 简述 Google 文件系统 GFS 的架构及容错机制。

12. 简述并行数据处理 MapReduce 的编程模型。

13. 简述分布式数据库 BigTable 的数据模型和系统架构。

第 5 章

Amazon 云计算及其弹性云技术

本章讲述 Amazon 领导 IaaS 潜能的具体云计算有关知识，包括理解 Amazon Web 服务（Amazon Web Service，AWS）、Amazon Web 组件与服务、使用弹性计算云（Elastic Compute Cloud，EC2）、弹性块存储（Elastic Block Store，EBS）、Amazon 简单 DB 和关系数据库服务（Relational Database Service，RDS）等，使读者能够在 EC2 上建立账号及其实例，配置其存储、数据库和其他服务，了解 Amazon 机器镜像示例，以便应用 AWS 出售的服务。

5.1 AWS 概述

美国 Amazon 公司的 Amazon. com 是访问量较大的网站。它通过基于 Web 服务的基础架构，提供了广阔的产品选择。伴随 Amazon. com 的成长壮大，Amazon 大力发展其基础设施以适应流量高峰时段。公司已经将其网络资源提供给合作伙伴和分销商，这些合作伙伴和分销商扩展了 Amazon 的产品领域。

从 2006 年开始，Amazon. com 以使用模式对开发人员开放了 Web 服务平台。本章中所描述的技术代表了通过组件的面向服务体系结构实现网络服务的最好例子。通过对 Xen 管理程序上的硬件进行虚拟化，Amazon. com 使人们有可能创造运行在世界范围内的私有虚拟服务器。这类服务器可以提供几乎任何一种应用软件。它们进军一系列支持服务，不仅使分布式云计算应用成为可能，而且使它们变得健壮。一些非常大的网站运行在 Amazon. com 的基础设施上，但用户并不了解这个情况。

AWS 是 Amazon 构建的一个云平台的总称，提供了一系列的云服务，它基于面向服务架构（Service Orierrted Architecture，SOA）标准，包括 HTTP、REST 和 SOAP 传输协议、开源和商业操作系统、应用程序服务器以及基于浏览器的访问。虚拟私有服务器提供通过虚拟专用网络的私有云连接、合理的安全性和系统管理员控制。

使用 AWS 的企业级 Web 应用程序能以很低的门槛建立站点或应用程序，并快速地、稳健地运行。

  Amazon. com 通过庞大的合作伙伴生态系统提供数量最多的零售产品单品项管理（Stock Keeping Unit，SKU）。为支持该业务，Amazon. com 建造了一个 IT 系统的巨大网络，不仅支持平均水平的用户请求，而且能满足峰值客户请求。AWS 利用 Amazon 网络上未被使用的网络基础设施的计算能力。

  Amazon Web 服务的主页如图 5 – 1 所示。

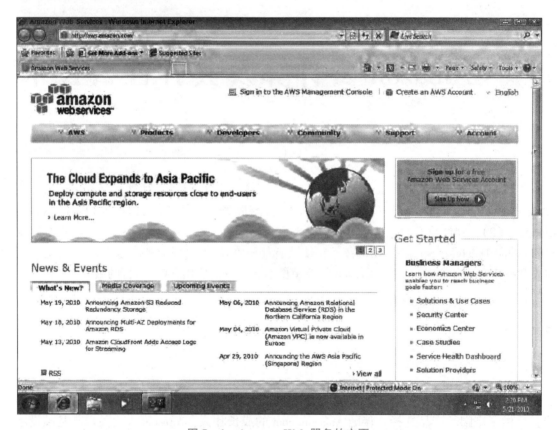

图 5 – 1　Amazon Web 服务的主页

  AWS 正在对云计算施加巨大的影响。Amazon. com 的 IaaS 合理使用 SOA。AWS 在帮助理解云计算对传统的企业独有型 IT 部署方式具有颠覆性，虚拟化使灵活的系统规模优化方式成为可能，分散性系统带给关键任务系统可靠性等。

  IaaS 的特点：按用户或工具使用的虚拟存储、虚拟数据中心、网络，以及运行操作系统和网络应用程序的实例数量出售虚拟私有服务器。

  Amazon 提供的最大组件是弹性计算云，据统计，在世界范围内，EC2 运行在分散于 6 个有效区域中的 40 000 多台服务器上。

5.1.1　AWS 常用组件

  AWS 由下列组件组成，按照重要性将其罗列如下。

1）EC2

弹性计算云（EC2）是 AWS 组合中的中心应用程序。它可以创建、使用和管理在 Xen 管理器上运行的 Linux 或 Windows 的虚拟私有服务器。机器实例（Machine Instance，AMI）被分成不同级别的大小，并按"计算/时"出租。EC2 应用程序依托遍布全球的数据中心被创建出来，具有高度可扩展性、冗余性和容错性。工具为 EC2 服务提供支持。

（1）简单队伍服务（Simple Queue Service，SQS）是一个消息队列或服务于分布式互联网应用程序的事务系统。在一个松散结合的 SOA 系统中需要一个事务管理器，用来保证某个组件不可达时，消息不被丢弃。

（2）简单通知服务（Simple Notification Service，SNS）是一个 Web 服务，可以从一个应用程序发布消息并传递到另一个应用程序或订阅者。SNS 提供一种触发行为的方法，允许客户及应用程序订阅信息，查询新的或变动的信息，也可以执行更新。

（3）云眼（Cloud Watch）可以监视 EC2，提供控制台或命令行视图，用来显示资源占用率、站点关键性能索引（Key Performance Indexes）（性能计数器）和一些动态指示器，用来指示处理器请求、磁盘利用率和网络 I/O 等因素的值。"云眼"获取的计数器用于启动自动扩展功能，遵循客户定义的规则自动扩展一个 EC2 站点。自动扩展是 Amazon 云眼的一部分，不收取额外的费用。

（4）弹性负载平衡（Elastic Load Balancing，ELB）是指 EC2 中的 AMI 可以使用弹性负载平衡功能达到负载平衡。负载平衡功能可以探测到实例失败的时间并重新路由流量到健康的实例，甚至是位于另外 AWS 区域的实例。Amazon 云眼度量显示在 AWS 控制台中的请求数和请求延迟，用以支持弹性负载平衡。

2）S3

简单存储系统（Simple Storage System，S3）是一个在线备份和存储系统，AWS Import/Export 高速数据传输功能可以使用 Amazon 的内部网络在 AWS 和可携带存储设备之间传输数据。

3）EBS

弹性块存储（EBS）是一个为创建虚拟磁盘（卷）或块级别存储设备的系统，这些存储设备可以被 Amazon 机器实例使用。

4）DB

简单 DB（Simple DB）是一种可以同时支持 EC2 和 S3 系统创建索引和数据查询的结构化数据存储机制。简单 DB 并不是一个完全的数据库实现，它将数据存储在"桶（buckets）"中，并且不要求建立数据库架构。这种设计使简单 DB 容易扩展。简单 DB 与 EC2 和 S3 交互操作。

5）RDS

关系型数据库服务（RDS）允许创建 MySQL 数据库的实例，用来支持 Web 站点和依赖数据驱动服务的应用程序。MySQL 是 LAMP Web 服务平台（Linux、APACHE、MySQL 和 PERL）中的"M"，这个服务的内含物允许开发人员直接将应用程序、源代码和数据库搬运到 AWS，用这个技术保留以前的投入。RDS 提供自动为软件打补丁、数据库备份以及通过 API 调用自动扩展数据等功能。

6）云峰

云峰（Cloudfront）是一个边缘存储或内容配送系统，它将数据缓存到不同的物理位置，以便用户对数据的访问请求通过更快的数据传输速度和低延迟被加强。云峰与 Akamai.com 系统类似，但是 Amazon.com 专有的，并且是为 S3 而建立的。

5.1.2 AWS 常用服务

很多服务和工具支持 Amazon 的合作伙伴或 AWS 基础设施本身。

（1）网站世界排名信息服务（Alexa Web Information Service）和世界站点排名（Alexa Top Site）是收集与公布网站结构、流量形态的服务。这个信息可以用来建立或结构化 Web 站点，并访问相关站点，为增长和分析历史数据形态，以及基于站点信息执行数据分析。世界网站排名可以根据网站的用法来分级，该服务可以被构建集成到 Web 服务的访问量统计中。

（2）Amazon 联合 Web 服务（Amazon Associates Web Services，A2S）是一种与 Amazon 众多产品数据和电子商务目录功能互操作的机制。Amazon 电子商务服务（ECS）的服务为供应商提供了将产品添加到 Amazon.com 站点并获取订单和收费的方法。

（3）Amazon DevPay 是一个记账和账户管理服务，可以被 AWS 上运行应用程序的业务使用。DevPay 提供一个开发者 API，可以消除应用程序开发人员建立订单流程的需要，Amazon 会依据用户的价格记账，用 Amazon 付款台（Amazon Payment）统一处理付费事项。

（4）Amazon 弹性映射化简（Amazon Elastic MapReduce）是一个交互数据分析工具，可以完成索引、数据挖掘、文档分析、日志文件分析、机器学习、财务分析、科学和生物信息学研究。弹性映射化简用 EC2 和 S3 建立在分布式计算框架结构之上。

（5）Amazon 机械特克（Amazon Mechanical Turk）是一种基于合同的或临时性雇佣的、帮助联系现实中的研究者或咨询师以解决问题的机制。目前被人类劳动力解决的问题包括对象识别、视频或音频录制、数据复制和数据研究，Amazon.com 称这种工作为人工智能任务（Human Intelligence Tasks）。机械特克目前在测试阶段。

（6）AWS 多重身份认证（AWS Multi-Factor Authentication，AWS MFA）是一种特殊的功能，它使用一种认证装置提供访问 AWS 账户设置的权限。当按下一个按钮开启登录进程时，硬件密钥生成一个伪随机 6 位号码，提供两个层次的保护：用户 ID 和密码以及硬件密钥产生的代码。这个多重安全特性可以扩展到"云峰"和 S3 的应用上。Gemalto 的 Enzio 动态令牌可以用在 Amazon Web 服务上。

用户可以通过密码、Kerberos 和 V.509 规范数字证书控制对 EC2 AMI 的安全访问。

（7）Amazon 灵活直付服务（Flexible Payments Service，FPS）是直付转账基础设施，为开发人员提供对 Amazon 客户的购买行为收费的通道。FPS 可以实现货物、服务、捐款、货币转账和回款操作，作为一种 API 呈现，将事务分类整理到称为"快速开始"的包中，使这项服务很容易实现。

（8）Amazon 合同履行服务（Fullfillment Web Services，FWS）允许客户通过该服务完成订单，而由 Amazon 代表客户处理物品的配送。商户的库存清单预存在 Amazon 的合同履行中心，Amazon 包装和交运所有物品。Amazon FWS 是不收费的，申请 FBA 服务（Fulfillment by Amazon）是收费的。使用 FBA 和 FWS 可以在 Amazon.com 上创建一个虚拟商店。

（9）Amazon 虚拟私有云（Virtual Private Cloud，VPC）在企业网络和 AWS 云之间建立一座桥梁，通过 VPN 连接将企业网络资源与一组 AWS 系统连接起来，延伸安全系统、防火墙和管理系统，以便将预分配的 AWS 服务器包括在内。VPC 集成在 EC2 中，Amazon 计划扩展 VPC 的功能，以便与 Amazon 云计算的其他系统集成。

（10）AWS 全天候支持（AWS Premium Support）是 Amazon 的技术支持和咨询业务。通过该业务，AWS 的使用者可以在创建或支撑使用 EC2、S3、云峰、VPC、SQS、简单 DB、RDS 等服务应用程序方面得到帮助。在不同层级的服务上，服务计划可以按事件、月度或不受限收费。

5.2 弹性计算云 EC2

EC2 是 AWS 中的一个虚拟服务器平台，允许用户在 Amazon 的服务器上创建和运行虚拟机。有了 EC2 可以启动和运行具有被称为 Amazon 机器镜像（Amazon Machine Image，AMI）的服务器实例，在 AMI 中运行不同的操作系统，如 Red Hat Linux 和 Windows，这些服务器依照不同的性能配置文件运行，根据需要弹性地添加或削减虚拟服务器、群集化、复制和建立负载平衡，在不同的数据中心或世界范围内的"区"中放置不同服务器以提供容错功能。弹性是指迅速按需扩大或缩小资源容量的能力。

实例和机器镜像的区别是：实例是运行在 Xen 虚拟层上的硬件平台（如 X86、IA64 等）的仿真；机器镜像是运行在实例上的软件和操作系统，可以被认为是一个启动设备的内容，可以使用 Ghost、Acronis 或 TrueImage 等软件创建一个包含卷的所有内容。机器镜像应该由一个拥有尽可能少特性和功能的并且被尽量锁定的硬化操作系统组成。

例如，创建一个满足以下要求的互联网平台：

（1）为 Web 应用程序提供一个高事务等级；

（2）在服务器间优化性能的系统；

（3）数据驱动信息服务；

（4）网络安全；

（5）按需扩充服务的能力。

实现这样的服务需要如下组件：

（1）一个可以访问海量内存的应用程序服务器；

（2）一个负载平衡器，通常是硬件形成的，如 F5 的 BIG – IP；

（3）一个数据库服务器；

（4）防火墙和交换机；

（5）ISP 的其他生产力。

用 AWS 获取等效服务的花费远远低于组件的物理实现，并且在可访问性和稳定性方面获得较高的保证。AWS 比企业单独运行这些服务更有效率，并摊销了硬件的投资，云计算实现的承诺以及所具有的潜力巨大，Recovery.gov 等大型站点已经迁移到 AWS。

5.2.1 Amazon 机器实例

每个虚拟专用服务器被分配有一定大小等级，被称为 EC2 计算单元，与相当于 1.0 ~ 1.2 GHz 的 2007 皓龙处理器或 2007 至强处理器挂钩。目前的实例有 3 种类型：标准实例适用于一般服务器应用程序；高内存实例适用于大数据吞吐量的应用程序，如 SQL Server 数据库、数据缓存和恢复；高 CPU 实例适用于处理器或计算密集型应用程序，包括渲染、编码、数据分析及其他类似的计算等应用程序。

Amazon 机器实例的类型如表 5 – 1 所示。

表 5 – 1 Amazon 机器实例的类型

类型		计算引擎	RAM/GB	存储/GB	平台	I/O 性能	API 名称
微型实例		多达 2 个 EC2 计算单元（一个虚拟核心），用于突发数据	0.613	仅 EBS（弹性块存储）	32 位或 64 位	低	T1. micro
标准实例	小型（默认）	1 个 EC2 计算单元（1 个虚拟核心）	1.7	160	32 位	中等	ml. small
	大型	4 个 EC2 计算单元（2 个虚拟核心 × 2 个 EC2 单元）	7.5	850	64 位	高	ml. large
	特大型	8 个 EC2 计算单元（4 个虚拟核心 × 2 个 EC2 单元）	15	1 690	64 位	高	m1 × large
高 CPU 实例	双特大实例	13 个 EC2 计算单元（4 个虚拟核心 × 3.25 个 EC2 单元）	34.2	850	64 位	高	m2.2 × large
高 CPU 实例	4 倍特大实例	26 个 EC2 计算单元（8 个虚拟核心 × 3.25 个 EC2 单元）	68.4	1 690	64 位	高	m2.4 × large
	中等实例	5 个 EC2 计算单元（2 个虚拟核心 × 2.5 个 EC2 单元）	1.7	350	32 位	中等	cl. medium
	特大实例	20 个 EC2 计算单元（8 个虚拟核心 × 2.5 个 EC2 单元）	7	1 690	64 位	高	cl. × large

注：存储是非固定的，重启时所有分配的存储将丢失。在 AWS 上存储数据，需要创建一个简单存储服务（S3）或一个弹性块存储卷。

5.2.2 收费模式

不同 AMI 类型的价格取决于使用的操作系统、AMI 所属的数据中心（用户可以选择它的位置）和 AMI 运行的时间。费率是基于小时的，并对如下项目附加收费：

（1）数据传输量；

（2）是否使用弹性 IP 地址；

（3）虚拟专用服务器使用 AmazonEBS 的情况；

（4）是否为两个或更多服务使用弹性负载平衡；

（5）其他功能。

AMI 的保存和关闭会产生一次性费用，但不会按小时计费。

3 种 EC2 AMI 的收费模式如下：

（1）按需实例：按小时收费，不需要签署长期合作的方式。

（2）保留实例：付费注册后，需要为每个实例以十分低廉的计时收费方式购买合约。

（3）点租实例：以当时的点租价格对 EC2 未使用的计算能力进行投标。提供了更为低廉的价格，但是会随时变动，没有额外的计算能力时不可用。

AMI 的价格因地区、实例和收费模式而不同。

5.2.3 系统镜像和软件

用户可以选择一个 AMI 系统镜像板与操作系统一起使用，或者创建包含自己的客户应用程序、代码库、设置和数据的自由系统镜像，通过密码、Kerberos 票据或证书提供安全性。

可用的操作系统有 Red Hat Enterprise Linux、OpenSuse Linux、Ubuntu Linux、Sun OpenSolaris、Fedora、Gentoo Linux、Oracle Enterprise Linux、Windows Server 2003/2008 32 位和 64 位数据中心版、Debian。

大多数 Amazon AWS 提供的系统镜像是基于 Red Hat Linux、Windows Server、Oracle Enterprise Linux 和 Sun OpenSolaris 的。EC2 企业软件类型如表 5 - 2 所示，它们作为其封装的模板的一部分，可以用来构建自己的 AMI 系统镜像。在 AWS 上可以发现许多 AMI。

表 5 - 2　EC2 企业软件类型

应用程序类型	软件
应用程序开发环境	IBM sMash、JBoss Enterprise Application Platform 和 Ruby on Rails
应用程序服务器	IBM WebSphere Application Server、Java Application Server 和 Oracle WebLogic Server
批处理进程	Condor、Hadoop 和 Open MPI
数据库	IBM DB2、IBM Informix Dynamic Server、Microsoft SQL Server Standard 2012、MySQL Enterprise 和 Oracle Database 11g
视频编码和流化	Windows Media Server 和 Wowza Media Server Pro
Web 虚拟主机	Apache HTTP、IIS/ASP. Net、IBM Lotus Web Content Management 和 IBM WebSphere Portal Server

当用户创建一个虚拟专用服务器时，可以使用弹性 IP 地址功能为用户的服务器创建一个固定 IPv4 地址的映射。这个地址可以被映射到任何 AMI，并与 AWS 账户建立关联。用户将一直拥有该地址，直到用户从 AWS 账户中释放它。如果实例崩溃，可以将这个地址映射给另一个 AMI。不必等待 DNS 服务器更新记录，可以使用一个表单来配置弹性 IP 地址变更的反向 DNS 记录。

目前存在 4 个不同的 EC2 服务区域或地区，即美国东部（US East）、美国西部（US West）、欧洲地区（EU）、亚太地区（Asia Pacific）。

5.2.4　在 EC2 上创建账号和实例

注册 AWS 和创建一个 AMI 并生成镜像的过程比较简单。可以通过单击 Amazon 主页上的"Sign Up Now"按钮来开始这一过程。在页面上命名账户、设置密码并选择付款方式。如果读者有一个 Amazon.com 用户账号，则可以选择使用该账号作为 AWS 的账号。创建了账号以后，登录 EC2 管理控制台，如图 5 – 2 所示。

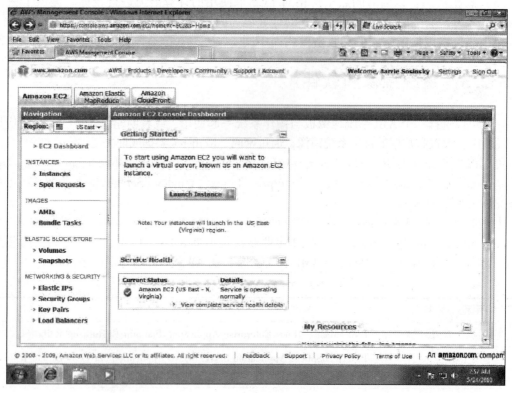

图 5 – 2　EC2 管理控制台

创建 AMI 实例的步骤如下：

（1）在 AWS Management Consele（AWS 管理控制台）"Getting Started"（开始）中单击"Launch Instance"（启动实例）按钮，进入"申请实例向导"页面，如图 5 – 3 所示。

（2）滚动列表，找到想要的系统镜像类型，单击"Select"（选择）按钮，进入"填写实例细节界面"，如图 5 – 4 所示。

图 5-3 "申请实例向导"页面

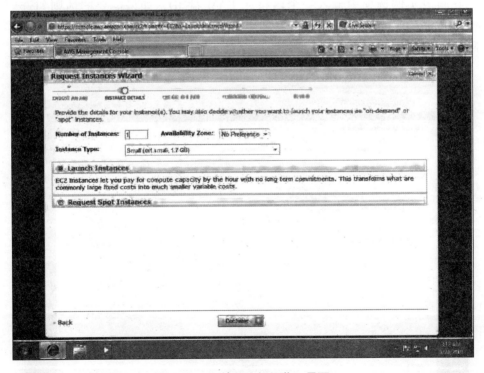

图 5-4 "填写实例细节"界面

(3) 在实例细节步骤中定制需要的实例数量，选择旋转的可用区域和实例类型，单击"Continue"（继续）按钮，进入如图 5-5 所示的界面。

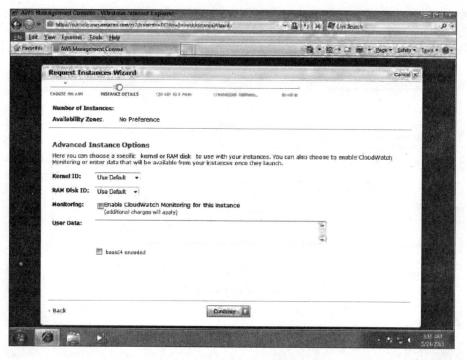

图 5-5 "实例细节"调整界面

（4）在高级实例选项中输入一个内核或 RAM 盘 ID，如果需要的话则勾选 "Enable Cloudwatch Monitoring for this instance" 复选框，开启 "云眼"，然后单击 "Continue" 按钮进入 "创建密钥" 界面，如图 5-6 所示。

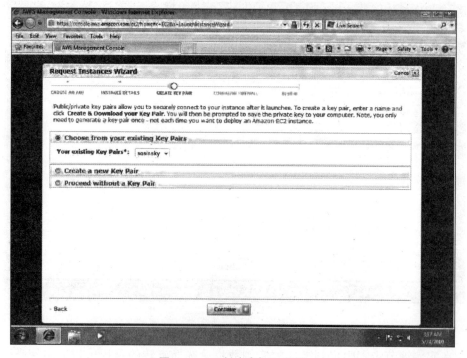

图 5-6 "创建密钥"界面

（5）在"创建密钥"界面中，选择创建一个新的或提供一个已经拥有的密钥对。创建密钥对的过程会生成一个从 AWS 下载的公钥/私钥。当用户需要某个访问安全服务器时，为其提供连接服务器所需的私钥。单击"Continue"按钮，进入"配置防火墙"界面，如图 5-7 所示。

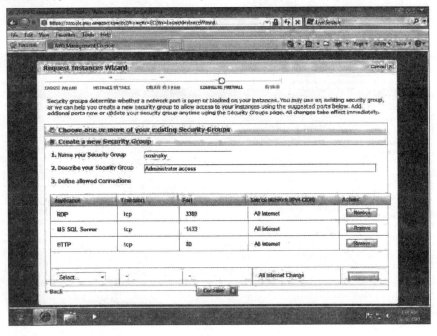

图 5-7　"配置防火墙"界面

（6）设定可以访问其服务器的应用程序、传输协议、端口以及安全组，创建一个新的安全组或指定一个已经存在的安全组，单击"Continue"按钮，进入"摘要"界面，如图 5-8 所示。

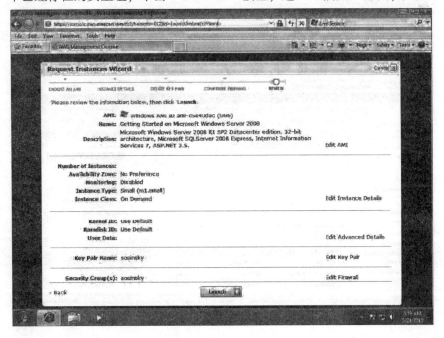

图 5-8　"摘要"界面

（7）检查页面显示的配置信息，查看 AMI 类型和其将要运行的系统镜像，单击"Launch"按钮返回 AWS 管理控制台，用户的 AMI 显示在"My Instance"面板中，如图 5－9 所示。完成实例创建，等待实例运行。

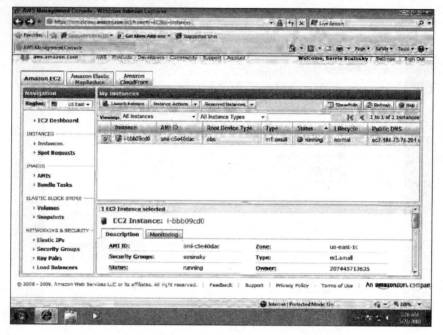

图 5－9　AWS 管理控制台中的活动 AMI

（8）实例运行后，可以使用位于"Instance Management"上下文菜单上的"Connect"命令连接实例，如图 5－10 所示。

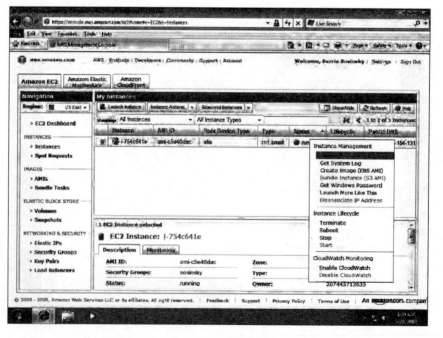

图 5－10　Windows 系统镜像的上下文菜单

该菜单还允许暂停、重启、终结（删除或杀掉）、复制、做快照、设定密码以及其他一些针对用户创建的系统镜像类型的特殊操作。

完成了 AMI 实例的创建后，找到要创建快捷方式的文件，右击后在弹出的快捷菜单中选择"发送到"→"桌面快捷方式"命令，创建一个能直接连接到该实例的快捷方式。对于 Windows Server，这个快捷方式是一个远程桌面连接或终端服务客户端，它使用远程桌面协议连接服务器。其他操作系统创建不同的 VPN 连接。

5.3　Azamon 存储系统

创建 Azamon 机器实例的同时会创建特定的存储空间。该空间仅在实例运行期间存在，当实例被暂停或终结时，存储空间中保存的数据将丢失，存储空间被重新分配给资源池以供其他 AWS 用户使用，因此用户需要用其他方式保证存储空间的持久性并进行访问。

5.3.1　S3 概述

S3 提供块存储，其使用方式在某种程度上与以往使用的存储系统不同。

S3 基于云的存储系统允许在一个扁平命名空间中存储 1 B ~ 5 GB 的数据对象。在 S3 中，存储容器被看作一个"桶"，具有目录的功能，"桶"不存在对象层级，并且"桶"里存储的是对象而不是文件，文件系统需要与 S3 关联，不用像文件系统那样挂载一个"桶"。

S3 允许为"桶"起名字，该名字在所有 AWS 用户的 S3 名称空间中必须唯一。它通过 S3 的 Web API、SOAP 或 REST 访问 S3 桶，比真实世界的磁盘存储系统慢。S3 的性能限制了它对非动态功能（如数据压缩和恢复、磁盘备份）的使用。REST API 能够更好地处理大型二进制对象，比 SOAP API 效果更佳。

通过 API 可以用 S3 桶进行如下操作：

（1）创建、编辑、删除已有的"桶"；

（2）上传新的对象到一个"桶"里和下载它们；

（3）搜索并找到对象和"桶"；

（4）发现与对象及"桶"相关的元数据；

（5）定义一个"桶"的存储位置；

（6）使"桶"和对象可以被公众访问。

通常被用来管理 S3 数据的一个工具是 S3cmd 命令行客户端。

在备份策略中，S3 服务被用作第三层备份组件，即原始数据（1）、数据备份（2）、线下备份（3）；靠后面的应该是 S3。鉴于此，S3 扮演了 Carbonite 备份系统的直接竞争者的角色。对 S3 的版本控制是一个可选项。有了版本控制，在 S3 桶中存储的对象的每一个版本都被保留。任何 HTTP 或 REST 操作，如 PUT、POST、COPY 或 DELETE，都创建一个跟从旧版本的新对象。GET 操作取回最新版本的对象，但可以恢复和撤销。版本控制用于保存数据，执行存档操作。

S3 提供大量被高度保护的稳定的存储空间，但是低带宽访问。S3 最擅长的领域是档案存储，如大型图片分享网站会使用 S3。

⚠️ **注意：**

虽然 S3 是高度稳定的，但不是高度可用的。一定能够 100% 地取回数据，但是服务并不总是可达的并且会出现服务中断。相比较而言，一个 EBS 卷的年均故障率是 0.1% ~ 0.5%，要比物理服务器上使用的磁盘驱动器强 10 倍以上。

5.3.2　Amazon 弹性块存储系统（EBS）

EBS 是用于存储持久数据的块存储系统，可以存储文件系统信息，其性能和稳定性要远远高于 S3。这些优势使得将 EBS 作为 AWS 的一种可操作数据存储方案具有很高的价值。创建 EBS 卷的费用高于创建一个同样大小的 S3 桶的费用。

EBS 卷是独立于实例的存储，可以作为一个实例动态链接到运行着的 Amazon EC2 实例上，可以被作为一个实例的启动分区。EBS 启动分区拥有一个高达 1TB 的卷，可以把启动分区和 EC2 实例分开，并且用一个启动分区将 AMI 打包为一个包。EBS 启动分区可以停止和启动，并且提供快速 AMI 启动。

EBS 在概念上很像存储区域网络或称为 SAN。可以创建大小从 1G ~ 1TB 的块存储卷，并使这些卷能被机器实例访问到。卷的性能取决于网络 I/O，并以此区别不同大小的实例的功能，同时也取决于正在推进中的磁盘 I/O 操作（随机、顺序、请求大小、读或写）的类型。

卷被创建后为原生块存储设备，必须格式化后才能使用。一个卷需要挂载到特定的实例上，并且只能被该实例访问，即卷不能在实例间共享。卷可以与其依附的 AMI 在同一个区域。当卷被附加到一个实例上时，看上去就像是一些设备（物理磁盘）。如果需要，可以在单一实例上附加多个卷，并且将它们做成带区卷（一种 RAID 形式）以获取高速性能表现。当访问卷时，挂载卷的文件系统显现出来，此时可以像操作物理磁盘一样安装应用程序或复制数据到挂载的卷上。

EBS 支持在相同区域中的卷复制，为数据集增加额外的容错等级。复制意味着镜像卷不会具有太多的容错功能。快照是提高卷稳定性的推荐方式。制作一个实例镜像或 AMI 的快照，然后这些即时点快照被复制到 S3。这些快照可以被当作系统镜像用来创建新的 AMI，或者在需要时对卷（和实例）进行即时点恢复操作。快照可以与授权用户分享，使用 AWS 管理控制台中的卷上下文菜单并选择 "Snapshot Permissions"（快照权限）命令就可以操作共享。

当 S3 快照创建一个新卷时，数据将缓慢地复制到新卷中。当 S3 开始在新卷上工作时，缺失的数据将被优先下载。

每一个快照会添加增量变化到前一个快照，也就是说虽然第一个快照任务花费了一些时间，但随后的快照通常会很快完成，仅占用适度的额外存储空间。

提示：EBS 支持 AWS 的公共数据集（Public Data Set），这是一个对 AWS 用户只需要支付操作数据集时产生的数据传输和计算费用。在用的公共数据集有人类基因图谱（Annotated Human Genome map）、美国人口普查数据库（U. S. Census Database）（1980 年、1990 年和 2000 年）、单基因簇抄本序列（UniGene Transcript sequences）及 Freebase.com 的数据转储等。

EBS 是一个按存储空间使用量、使用时间长短和对卷的 I/O 请求量标价的服务。可以使用类似 IOSTAT 的工具来量化系统的 I/O 估算事务的费用，该费用在操作系统和应用程序之间存在很大区别。Amazon 引用了一个中等规模的数据库的例子，大小为 100 GB 伴有 100/s 的 I/O 量。快照是按使用的存储块的数量标价的，而不是按照卷被占用的大小。Amazon 也对快照期间产生的数据流量收费。

5.3.3　云峰

Amazon 云峰是一个内容传输网络（Content Delivery Network，CDN），某些场合称为边缘计算。在边缘计算中，内容被按地理位置推送出去，这样数据更容易被网络客户访问到，并且在访问时保证低延迟。AWS 管理控制台中的选项可以开启云峰。

CDN 可以被想象为一个分布式缓存系统。云峰服务器遍布欧洲、亚洲和美国。就其本身而言，云峰还代表了另一个层级的 Amazon 云存储。用户向云峰站点请求数据会被导向最近的地理位置。通过执行从一个云峰位置到另一个位置的静态数据传输和流式内容，云峰支持地理缓存。

构建云峰实现的时候，会为用户的域名注册一个云峰域名，它的形成是：＜域名＞.cloudfront.net。云峰中的对象会被映射到用户自己的域中。将源文件存储在云网服务器上的 S3 桶里，然后用云峰 API 向云网发布注册 S3 桶，并在应用程序、网页和链接中引用该发布的位置。

云峰是存储和服务于对象和文件的 Amazon Web 服务的边缘。

EC2 存储类型属性如表 5 - 3 所示。

表 5 - 3　EC2 存储类型属性

属性	AMI 实例	S3	EBS	云峰
适应性	中等	低	高	中等
最佳使用	短暂数据存储	持久或档案存储	操作数据存储	数据共享和大型数据对象流
成本	低	中等	高	低
易用性	低	高	高	高
数据保护	非常低	非常高	高	低
延迟	中等	低	高	高
最小化最佳使用环境	持久存储	操作数据存储	少量 I/O 传输	操作数据存储
可靠性	高	中等	高	中等
吞吐量	可变	低	高	高

5.3.4　AWS EC2 及 S3 实战

要用 EC2，有两个概念必须先了解：

Amazon Machine Image（AMI）是存储在 Amazon S3 上的加密文件，包含启动应用软件所需要的所有信息；Instance 实例是基于 AMI 上运行的系统。

1. 申请 EC2 服务

在 Amazon Web Services 上注册一个用户，注册完成后，返回 Amazon Web Services 页面，单击左边 Browse Web Services 中的 Amazon Elastic Compute Cloud，然后在 EC2 页面中单击右边的 Sign Up For This Web Service。这时系统会显示一个收费列表（如下）并要求输入支付方式。

2. 设置工具

（1）在 C 盘下创建一个文件夹存储和 EC2 相关的东西，如 "C：EC2"，也可以不在 C 盘。

（2）创建并下载 private key 文件和 X.509 certificate，代码如下：

```
"Your Web Services Account" -> "AWS Access Identifiers"
-> 在 X.509 Certificate 里的 "Create New"，保存文件到 C：EC2，命名为
privatekey.pem 和 509certificate.pem。
```

（3）在 "C：EC2" 下创建一个 bat 文件，代码如下：

```
@ echo off
set EC2_HOME = C:\EC2
set PATH = % PATH% ;% EC2_HOME% \bin
set EC2_PRIVATE_KEY = C:\ec2 \PrivateKey.pem
set EC2_CERT = C:\ec2 \509certificate.pem
set JAVA_HOME = C:\Program Files \Java \jre1.6.0_02
"% JAVA_HOME% \bin \java" - version
```

（4）解压缩 Amazon EC2 command - line tools 工具并且将/lib 和/bin 文件夹移至 "C：EC2" 下。这样在 EC2 目录下就有两个文件夹，一个 bat 文件和两个认证文件。

（5）在运行中输入 "CMD"，切换至 "C：EC2"，运行如下代码：

```
C:\EC2 > ec2
java version "1.6.0_02"
Java(TM)SE Runtime Environment (build 1.6.0_02 -b06)
Java HotSpot(TM)Client VM (build 1.6.0_02 -b06, mixed mode, sharing)
```

3. 运行实例

（1）运行如下代码查看所有公共的镜像：

```
C:\EC2 \bin > ec2 - describe - images - o self - o amazon
```

输出结果：

```
IMAGE ami - 20b65349 ec2 - public - images/fedora - core4 - base. man-
ifest.xml
    amazon available public
    IMAGE ami - 22b6534b ec2 - public - images/fedora - core4 - mysql.
manifest.xml
    amazon available public
    IMAGE ami - 23b6534a ec2 - public - images/fedora - core4 - apache.
manifest.xml
    amazon available public
    IMAGE ami - 25b6534c ec2 - public - images/fedora - core4 - apache -
mysql.manifest.xml
    amazon available public
```

（2）运行"C：\EC2 \bin > ec2 - add - keypair kiki - keypair"，创建一个文件，命名为
"id_rsa - kiki - keypair"，复制如下代码，粘贴到文件中。

```
-----BEGIN RSA PRIVATE KEY-----
MIIEoQIBAAKCAQBuLFg5ujHrtm1jnutSuoO8Xe56LlT + HM8v/xkaa39EstM3/
aFxTHgElQiJLChp
HungXQ29VTc8rc1bW01kdi23OH5eqkMHGhvEwqa0HWASUMll4o3o/IX +0f2UcPo
KCOVUR + jx71Sg
5AU52EQfanIn3ZQ81FW7Edp5a3q4DhjGlUKToHVbicL5E + g45zfB95wIyywWZfeW/
UUF3LpGZyq/
ebIUlq1qTbHkLbCC2r7RTn8vpQWp47BGVYGtGSBMpTRP5hnbzzuqj3itkiLHjU3
9S2sJCJ0TrJx5
i8BygR4s3mHKBj8l                                                          +
ePQxG1kGbF6R4yg6sECmXn17MRQVXODNHZbAgMBAAECgg
EAY1tsiUsIwD15
91CXirkYGuVfLyLflXenxfI50mDFms/mumTqloHO7tr0oriHDR5K7wMcY/YY5Y
kcXNo7mvUVD1pM
ZNUJs7rw9gZRTrf7LylaJ58kOcyajw8TsC4e4LPbFaHwS1d6K8rXh64o6WgW4Srs
B6ICmr1kGQI7
3wcfgt5ecIu4TZf0OE9IHjn +2eRlsrjBdeORi7KiUNC/pAG23I6MdDOFEQRcC
SigCj +4/mciFUSASWS4dMbrpb9FNSIcf9dcLxVM7/6KxgJNfZc9XWzUw77Jg8x92Z
d0fVhHOux5IZC +UvSKWB4dyfcI
tE8C3p9bbU9VGyY5vLCAiIb4qQKBgQDLiO24GXrIkswF32YtBBMuVgLGCwU9h9
HlO9mKAc2m8Cm1
```

jUE5 IpzRjTedc9 I2qi IMUTwtgnw42 auSCzbUeYMURPtDqyQ7 p6AjMujp9 EPemc
SVOK9 vXYL0 Ptco

xW9 MC0 dtV6 iPkCN7 gOqiZXPRKaFbWADp16 p8 UAIvS /a5 XXk5 jwKBgQCKkpHi2 EI
Sh1uRkhxljyWC

iDCiK6 JBRsMvpLbc0 v5 dKwP5 alo1 fmdR5 PJaV2 qvZSj5 CYNpMAy1 /EDNTY5 OSI
JU +0 KFmQbyhsbm

rdLNLDL4 +TcnT7 c62 /aH01 ohYaf /VCbRhtLlBfqGoQc7 +sAc8 vmKkesnF7 Cq
CEKDyF /dhrxYdQKB

gC0 iZzzNAapayz1 +JcVTwwEid6 j9 JqNXbBc +Z2 YwMi +T0 Fv /P /hwkX /ypeO-
XnIUcw0 Ih /YtGBVAC

DQbsz7 LcY1 HqXiHKYNWNvXgwwO +oiChjxvEkSdsTTI fnK4 VSCvU9 BxDbQHjdiND
JbL6 oar92 UN7 V

rBYvChJZF7 LvUH4 YmVpHAoGAbZ2 X7 XvoeEO +uZ58 /BGKOIGHByHBDiXtzMhdJr
15 HTYjxK7 OgTZm

gK +8 zp4 L9 IbvLGDMJO8 vft32 XPEWuvI8 twCzFH +CsWLQADZMZKSsBasOZ /h1 F
whdMgCMcY +Qlzd4

JZKjTSu3 i7 vhvx6 RzdSedXEMNTZWN4 qlIx3 kR5 aHcukCgYA9 T +Zrvm1 F0 seQPbL
knn7 EqhXIjBaT

P8 TTvW /6 bdPi23 ExzxZn7 KOdrfclYRph1 LHMpAONv /x2 xALIf91 UB +v5 ohy1 oDo
asL0 gij1 houRe

2 ERKKdwz0 ZL9 SWq6 VTdhr /5 G994 CK72 fy5 WhyERbDjUIdHaK3 M849 JJuf8 cSrv
Sb4 g ==
-----END RSA PRIVATE KEY -----

（3）运行实例，实现的代码如下：

```
C:\EC2 \bin >ec2 -run -instances ami -25b6534c -k kiki -keypair
RESERVATION r -3e27c657 621657444030 default
INSTANCE i -c3f31eaa ami -25b6534c pending kiki -keypair0
```

（4）通过以下命令查看状态：

```
C:\EC2 \bin >ec2 -describe -instances i -c3f31eaa
RESERVATION r -3e27c657 621657444030 default
INSTANCE i -c3f31eaa ami -25b6534c ec2 -72 -44 -51 -222.z -1. com-
pute -1.amazonaws.com domU -12 -31 -36 -00 -30 -74.z -1.compute -
1.internal running kiki -keypair0
```

（5）授予实例进行网络访问的权限，代码如下：

```
C:\EC2 \bin >ec2 -authorize default -p 22
PERMISSION default ALLOWS tcp 22 22 FROM CIDR 0.0.0.0 /0
C:\EC2 \bin >ec2 -authorize default -p 80
```

```
PERMISSION default ALLOWS tcp 80 80 FROM CIDR 0.0.0.0/0
C:\EC2\bin>ec2-authorize default-p 21
PERMISSION default ALLOWS tcp 80 21 FROM CIDR 0.0.0.0/0
```

（6）用 PuTTY 连接实例。

（7）通过浏览器查看实例。例如，Http://ec2-72-44-51-222.z-1.compute-1.amazonaws.com

（8）如果需要，安装 VSFTPD。安装代码如下：

```
yum-y install vsftpd
passwd root
/sbin/service vsftpd start
```

（9）（为创建一个镜像）在实例中，下载 ec2-ami-tools 后安装，实现代码如下：

```
bash-3.2# wget http://s3.amazonaws.com/ec2-downloads/ec2-ami-tools.noarch.rpm.
rpm-Uvh ec2-ami-tools.noarch.rpm
```

⚠ **注意**：

在有些实例中，需要安装 Ruby。

（10）复制 private key 和 509 certificate 文件到/mnt 下。

（11）运行以下代码：

```
bash-3.2#ec2-bundle-vol-d /mnt-k /mnt/privatekey.pem-c /mnt/509certificate.pem-u <AWS account ID>
```

⚠ **注意**：

account ID 可以从 Amazon 网上的 Account Activity 地方得到。它显示在页面的左上方，格式如 9999-9999-9999。要移除中间的连接符只留下 12 位数字。

（12）运行 ls-l /mnt/image.*查看生成的文件。

（13）运行如下命令上传 AMI 到 Amazon 的 S3 上：

```
bash-3.2#ec2-upload-bundle-b <your-s3-bucket>-m /mnt/image.manifest.xml-a <aws-access-key-id>
-s <aws-secret-access-key>
```

（14）运行如下命令注册 AMI：

```
C:\EC2\bin>ec2-register <your-s3-bucket>/image.manifest.xml
```

（15）运行如下命令产生一个基于你的 AMI 的实例：

```
C:\EC2\bin>ec2-run-instances ami-5bae4b32
```

（16）运行如下命令注销 AMI：

```
C:\EC2\bin>ec2-deregister <your-s3-bucket>
```

（17）运行如下命令从 Amazon S3 上移除 AMI：

```
bash-3.2#ec2-delete-bundle-b <your-s3-bucket> -p image-a
<aws-access-key-id> -s <aws-secret-access-key>
```

（18）中止实例。实例启动后，必须为它消耗掉的资源支付费用。如果决定不再使用实例，最好将其中止或关闭。中止实例的代码如下：

```
C:\EC2 \bin >ec2-terminate-instances i-c3f31eaa
INSTANCE i-10a64379 running shutting-down
```

关闭实例的代码如下：

```
bash-3.2#shutdown-h now
```

5.4　Amazon 数据库服务

Amazon 提供两种不同类型的数据库服务：非关系型的 Amazon 简单 DB 和 Amazon 关系型数据库服务（Amazon RDS）。动态数据访问是 Web 服务的中心元素，特别是 Web2.0 服务，虽然 AMI 支持几个主要数据库，但 Amazon 创建了专属的数据库作为 AWS 面向服务的基础结构的一部分。

5.4.1　Amazon 简单 DB

Amazon 简单 DB 是一种创建高性能数据存储的尝试，它伴有很多数据库特性，但不会有额外开销，这与 S3 要达到的目标相似。该服务将数据库管理员通常关心的硬件要求、软件维护、索引及性能调优等问题进行抽象化，以达到降低门槛的目的。

创建高性能"简单"数据库而生成的数据存储是扁平的，这就是说，数据存储是非关系的，交叉连接是不被支持的。由于复制是与系统集成在一起的，存储在简单 DB 域中的数据不需要架构维护，非常容易扩展并且具有高可用性。数据作为具有属性对的项目集被存储，系统就像在一张工作表中使用数据库功能。为了支持复制，包含两个一致性检查函数的集合作为简单 DB 的一个组成部分，负责在不同副本之间检查数据。事务被作为 PUTS 和 DELETE 条件语句的集合执行，并且可以对项目属性执行插入、替换或删除值的操作。这些事务不会激活像"回滚"这样的特性，但它们允许用户创建维护开放式并发控制解决方案，并且以计数器或时间戳的值为基础执行插入操作。

通过水平扩展和创建额外的数据域可以扩展一个简单 DB 数据库。简单 DB 与 EC2 实例和 S3 存储集成在一起，存储在 S3 中的数据可以在简单 DB 中被查询，并将返回有关对象的元数据和指针信息。

简单 DB 中的数据自动建立索引，并在需要时被查询。API 相对简单，由域创建、put 属性、get 属性及 SELECT 语句组成。使用浏览器查询数据的查询性能与在 LAN 中很相近。虽然一个简单 DB 的数据库被复制到几处使其具有高可用性和容错功能，但缺少许多关系数据库系统所具有的速度增强机制。一个数据域或许被地理性地部署在任何 AWS 的地域。

简单 DB 的设计目标是尽可能减轻数据库系统的维护量。在 Web 服务结构中，许多应用程序并不要求达到关系数据库的性能水平。简单 DB 用到的功能有数据日志、在线游戏和元数据索引。简单 DB 对于一个大容量系统不是最好的选择。区域中在简单 DB 和 AWS 之间的数据传输是免费的。服务费的产生基于简单 DB 使用时机和跨区域间的数据传输。

AWS 使用简单 DB 的领域是日志、在线游戏和元数据索引。

5.4.2　Amazon 关系数据库服务（RDS）

RDS 是 MySQL 5.1 数据库系统的简化。RDS 使已经存在的数据库应用程序能够被移植到 RDS 上，并被放到一个自动化的、相对易用的环境中。RDS 自动执行备份等功能，并且使用 AWS 基础设施在 AWS 全区域部署。

通过在 AWS 管理控制台中启动一个数据库实例，并指定类别和数据存储的大小，即可使用 RDS。数据库实例被连接到 MySQL 数据库，任何可以在 MySQL 5.1 中使用的工具都可以在 RDS 中使用。用户可以使用 Amazon 云眼监控数据库的使用。RDS 的实例类型如表 5 – 4 所示。收费基准是机时，根据类、每月存储使用量和每百万请求数区分。

表 5 – 4　RDS 的实例类型

类型	计算引擎	RAM/GB	平台
小型 DB 实例（默认）	1 个 EC2 计算单元（1 个虚拟核心）	1.7	64 位
大型 DB 实例	2 个 EC2 计算单元（2 个虚拟核心×2 个 EC2 单元）	7.5	64 位
特大 DB 实例	8 个 EC2 计算单元（4 个虚拟核心×2 个 EC2 单元）	15	64 位
双特大 DB 实例	13 个 EC2 计算单元（4 个虚拟核心×3.25 个 EC2 单元）	34	64 位
4 倍特大 DB 实例	26 个 EC2 计算单元（8 个虚拟核心×3.25 个 EC2 单元）	68	64 位

RDS 中最重要的特性是自动时点备份系统，该系统同时备份数据库中的数据和 MySQL 的事务日志。备份介质可以被存放 8 天。除了备份以外，RDS 还支持数据快照。一个数据库快照是对数据库的完整备份，并会一直保存，除非把它从容器中删除。管理员可以安排快照的计划任务或手动初始化快照。

可以将 RDS 数据库散布在多个区域中以提高容错能力和数据可用性。当数据损坏被侦测到的时候，Multi – AZ Deployments 可以自动复制并在另一个可用区域维护一个复制品。从单一位置 RDS 数据库到 Multi – DB 部署的转换，可以通过一个单一 API 调用完成。其他 API 调用支持实例创建和维护、快照及还原。

5.4.3　为 AWS 选择一个数据库

在为 AWS 方案选择数据库解决方案的时候遵循如下原则：
（1）在索引和查询功能不需要使用关系数据库支持的情况下选择简单 DB。
（2）最低化管理成本选择简单 DB。
（3）如果需要一个能按需自动扩展的解决方案，选择简单 DB。
（4）如果有一个已经存在的 MySQL 数据库需要移植，并希望将基础设施数量和管理工作量最小化，则使用 RDS。

（5）数据库查询需要数据之间的关系时，使用 RDS。

（6）当需要按 API 调用来衡量并且存在即用即付收费模式时，选择 RDS。

（7）当需要访问一个企业关系数据库或已经在特定应用程序上投资时，选择 Amazon EC2/关系数据库 AMI。

（8）当要保持对数据库服务的完全管理控制时，使用 EC2/关系数据库 AMI。

习　题

一、单项选择题

1. Amazon S3 的功能不包括（　　）。

A. 可以存储 1 B～5 GB 的数据对象　　　　B. 存储容器看作一个桶

C. 存储数据对象　　　　　　　　　　　　D. 挂载文件

2. Amazon 简单 DB 的功能不包括（　　）。

A. 数据存储是扁平的　　　　　　　　　　B. 数据存储是非关系的

C. 数据不需要架构维护，非常容易扩展　　D. 支持交叉连接

3. AWS 是（　　）。

A. SaaS　　　　　　B. PaaS　　　　　　C. IaaS　　　　　　D. NaaS

二、判断题（正确打√，错误打×）

1. Amazon.com 的服务代表了当今市场上最大的 IaaS。　　　　　　　　　　（　　）

2. 2003 年 Amazon 发表了第一篇关于其云计算核心技术 GFS 的论文。　　　（　　）

三、简答题

1. 简述 AWS。

2. 简述 AWS 组件与服务及其作用。

3. 简述 EC2。

4. 简述 Amazon AMI 及其与实例的区别。

5. 简述 Amazon 云的收费模式。

6. 简述系统镜像和软件。

7. 简述 Amazon S3 及其特点。

8. 简述 EBS 及其特点。

9. 简述 S3 与 EBS 的区别。

10. 简述 Amazon 云峰。

11. 简述 Amazon 简单 DB。

12. 简述 Amazon RDS 及其与简单 DB 的区别。

13. 简述为 AWS 选择数据库。

四、实践

在 EC2 上建立账号及其实例，并进行 S3 实战。

第6章

微软云计算与软件加服务方式

本章描述了微软的云计算战略和其云操作系统——Microsoft Azure（由 Windows Azure 更名）平台的构建原理、功能特点以及使用方法，包括理解 Azure AppFabric、SQL Azure、Windows Live 服务等。

使读者更加深入地了解微软云服务、Azure 平台的价值体系和 Microsoft Azure 这个平台的众多优势，以便使用之。

6.1　微软云计算概述

微软正在积极开发云计算组合应用，将微软产品和第三方应用程序集成到"云"中，与现有微软工具添加更多的兼容性，集成基于"云"的应用程序和服务到微软现有的产品线中。

微软拥有大量云计算产品和 Web 应用程序。微软将其在线应用程序线视作扩展其桌面应用程序的一种方法，使公司可以渗透到各个领域并将其产品延伸至未来。

从长远看，微软将"为任何类型的设备提供最佳 Web 体验"视为其未来，重构其开发环境以便应用程序依据特定设备（移动设备的小屏幕等）改变其表现。微软正在从服务和应用程序两方面推行云开发。这个二元性（就像光一样，既是粒子也是波）正在以微软目前构建它的 Windows Live Web 产品的方式显示其自身。最终，公司打算创建微软应用商店向用户出售云应用程序。

微软云战略包括微软 Live 和 .NET 框架的扩展及其相关的云端开发工具两部分。为使 .NET 开发者将应用程序延伸到"云"中，或构建完全运行在"云"中的 .NET 类型的应用程序，微软创建了一组 .NET 服务，即 Microsoft Azure 平台。微软 .NET 服务创建了 BizTalk，为企业级商务应用之间进行交流提供服务。

Azure 及其相关服务允许开发者将应用程序延伸到"云"中。Azure 是一个虚拟化基础设施，包括如下服务：

（1）Azure AppFabric 虚拟化服务，用于创建应用程序托管环境，AppFabric（正式名字为.NET 服务）是一个.NET 框架的云计算版本；

（2）高容量非关系型存储设备 Storage（仓库）；

（3）虚拟机实例 Compute（计算）；

（4）SQL Server 的云计算版本 SQL Azure Database；

（5）基于 SQL Azure Database 的数据库市场 Dallas；

（6）Dynamics CRM Services（动态客户关系管理服务），即 xRM（Anything Relations Management）服务；

（7）基于 SharePoint 的文档和合作服务 SharePoint 服务；

（8）Microsoft Live（原名 Windows Live）服务，一个运行在 Microsoft Live 上的服务集，可以用于运行在 Azure 云中的应用程序。

微软服务器线将转变为基于"云"的应用程序和服务。从某种意义上说，Microsoft Azure 平台可以被看作微软的下一代操作系统，第一个云 OS。用户可以在设备上获得具有普遍意义的计算。

6.2　Microsoft Azure 平台

Azure 是微软的 IaaS 的 Web 托管服务。作为一个整体单位，Microsoft Azure 平台又是一个 PaaS 产品。因此，有些人称 Azure 为基础服务设施，而另一些人称其为平台 Azure（服务）是 AWS 的竞争者，Microsoft Azure 平台则是 Google App 引擎的竞争者。Microsoft Azure 平台的主页如图 6 – 1 所示。

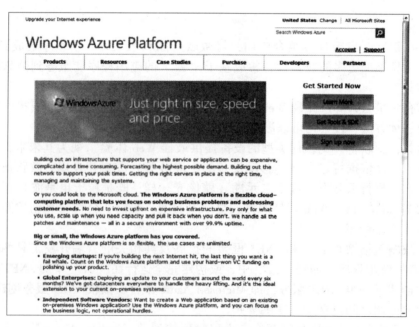

图 6 – 1　Microsoft Azure 平台的主页

要创建一个 Azure 应用程序，单击"Sign up now"按钮，提供一个 Windows Live ID 登录到 Azure 入口，然后创建一个托管账户并提供一个存储账户。创建好的应用程序可以作为一个托管的应用或服务被用户访问。

6.2.1　软件加服务的方式

1. Amazon 的 AWS

Amazon 的 AWS 是纯粹的基础设施，它出租一台（虚拟）计算机，可以在其上运行应用程序，可以为一个 Amazon 机器镜像提供一个操作系统、一个企业应用或应用堆栈，但这种提供并不是先决条件。一个 AMI 是属于用户的机器的，用户可以随心所欲地对它进行配置，而 AWS 是一个部署促成者。

2. Google 的 GAE

Google 的 GAE 提供一个基于"云"的开发平台，用户可以将自己的程序添加到上面，向应用程序提供与 GAE API 对话的环境，调用 App 引擎框架的对象和属性。Google 为其提供了各种语言用于编程，但必须采用符合 Google 基础设施的方式编写应用程序。Google App 允许创建可出售的基于云的应用，但这个应用只能在 Google 的基础设施中工作，很难迁移到其他环境。

3. 微软的软件加服务

微软应用可以到"云"端，可能运行在一台服务器上、桌面上或某种形式的 Windows 系统的移动终端上，微软称这种方式为软件加服务。

Microsoft Azure 平台允许开发者定制应用，应用可以运行在位于"云"端托管于微软数据中心的虚拟机上。Microsoft Azure 扮演云操作系统的角色，并且经过适当定制的应用可以作为实时应用宿主于 Azure 上，在此它可以利用各种 Azure 服务。除此之外，运行在一台服务器上、桌面上或移动设备上的本地应用程序可以通过 Windows 服务平台 API 访问 Microsoft Azure 服务。

由于微软拥有办公软件市场和桌面 OS 市场，因此这种方式很有意义。对于驻留本地或"云"端的混合应用，在很大程度上不仅满足了开发者的需要，也满足了那些希望对他们的数据施加更多控制和更多安全性的用户的需要。

6.2.2　Azure 平台

1. Azure 平台的体系结构

Azure 的体系结构如图 6-2 所示，一个应用程序可以在本地、云端运行，或是两者的组合。Microsoft Azure 服务是一个基于"云"的操作系统，以托管于微软数据中心虚拟机的 Fabric 基础设施为基础。

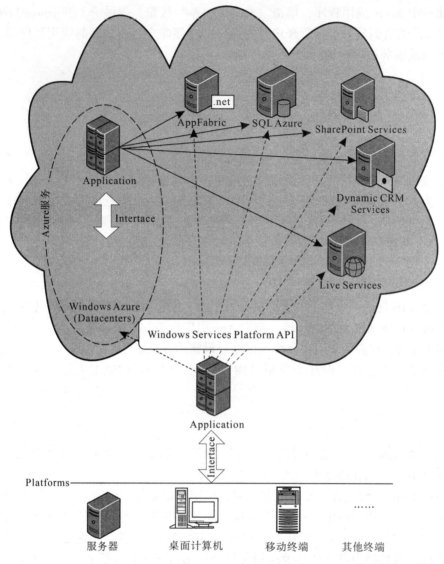

图 6 – 2 Azure 的体系结构

Azure 中的 Windows 服务平台 API（Windows Services Platform API）允许应用程序使用 REST、HTTP 和 XML 协议与 Azure 交互，这些协议是所有面向服务架构的云基础设施的一部分。开发人员可以安装一个客户端管理类库，该类库包含一些函数，可以作为应用程序的一部分来调用 Azure 中 Windows 服务平台 API。这些 API 函数已经作为微软集成开发环境（IDE）的一部分加入微软的 Visual Studio 中。

在不久的将来，计划将 IPsec 连接性加入 Azure 中。IPsec（Internet Protocol Security，互联网安全协议）使用基于会话的协商机制提供认证通信，并为开启加密通信和解密提供密钥交换机制。IPsec 是一个广泛使用的 IETE 标准，适合创建安全的互联网端到端的连接。

Azure 服务平台承载着用所有通信语言（如 Visual Basic、C++、C#、Java）编写的.NET 框架结构应用程序的实时版本，以及为.NET 的通信语言运行编译的应用程序。Azure 可以部署为 ASP. NET、Windows 通信基础和 PHP 创建的基于 Web 的应用程序，并且支持微软的自动部署技术。微软发布了针对 Java 和 Ruby 的 SDK，允许用这些语言编写的应用程序置入对 Azure 服务平台 API 的调用，以访问 AppFabric 服务。

AppFabric 提供了可以集成到 Web 应用程序和桌面应用程序的分布式缓存、云端的 SQL Azure（原称 SQL Server 数据服务或 SQL Services）、SharePoint Services（简称 WSS，是一个用户实现信息共享和文档协作的工具）、Dynamic CRM Services（动态客户关系管理服务）、Live Services（活动的应用服务集）等。

2. Microsoft Azure 服务

Microsoft Azure 是一个运行在遍布全球的微软数据中心上的虚拟化 Windows 基础设施，是整个平台的 IaaS 部分。

Microsoft Azure 由应用、计算、存储、Fabric、Config、虚拟机组成，如图 6 - 3 所示。

（1）应用（Application）是运行在云端的实施应用程序。

（2）计算（Compute）是负载均衡的 Windows 服务器计算及策略引擎，使得用户可以创建和管理作为 Web 角色或 Worker 角色的虚拟机。Web 角色是运行微软 IIS Web 服务器的虚拟机实例，可以接受和响应 HTTP 或 HTTPS 请求。Worker 角色与 Azure 存储进行通信，或者通过直接方式与客户端建立连接，可以接受和响应请求，但不在虚拟机上运行 IIS。

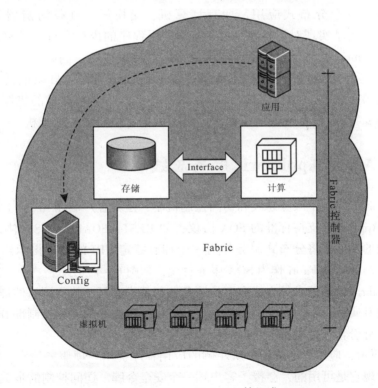

图 6 - 3　Microsoft Azure 的组成

（3）存储（Storage）：对于大型存储来说，这是一个非关系型存储系统。使用 Azure 存储服务可以创建驱动、管理队列和存储 BOLBs（二进制大对象）。在 Azure 存储中使用 REST API 操控内容，该 API 基于标准的 HTTP 请求，具有平台独特性。存储的数据可以使用

GETS 方法读取，PUTS 方法写入，POSTS 方法修改，以及 DELETE 请求删除。

Azure 存储 Azamon 的 S3 类似。关系型数据库服务会用到 SQL Azure。

（4）Fabric（虚拟化层）是 Microsoft Azure 的超级管理器，是运行在 Windows Server 2008 上的 Hyper – V 的一个版本。

（5）Config 是一个管理服务。

（6）虚拟机（VM）是一些 Windows 实例，用来运行应用程序和服务。Microsoft Azure 虚拟机实例如表 6 – 1 所示。

表 6 – 1　Microsoft Azure 虚拟机实例

虚拟机	CPU 核的数量	内存/GB	用于本地存储资源的磁盘空间/GB
小型	1	1.7	250
中型	2	3.5	500
大型	4	7	1 000
超大型	8	14	2 000

Azure 环境中用于创建和管理虚拟资源池的部分为 Fabric Controller(Fabric 控制器)。Fabric Controller 是一个分布式应用，拥有计算机、交换机、负载均衡器等资源。通过 Fabric 控制器可以自动实现对运行在 Azure 上的应用程序的内存管理、负载均衡、复制和快照进行备份。Fabric 控制器在创建虚拟机后，还监控虚拟机。例如，如果应用需要 5 个 Web Role 实例，运行的过程中有一个出故障，Fabric 控制器将会自动地创建一个新的实例。如果一个正在运行的虚拟机突然宕机，Fabric 控制器将会在另外的机器上开始一个新的 Role 实例，同时重新设置负载均衡器作为必需的指针指向新的虚拟机。

6.2.3　Azure AppFabric 服务总线

Azure AppFabric 是一个服务总线和访问控制机制，是为客户端在 Azure 上请求 Web 服务提供的。Azure AppFabric 支持标准的 SOA 协议，如 REST、SOAP 和 WS – 协议。在 SOA 体系中，服务总线的功能是将分布式服务作为一个拥有特定 URI 的端点揭示给客户端，以便用户请求服务，Azure AppFabri 作为 SOA 服务总线，如图 6 – 4 所示。

Azure AppFabric 管理请求的方式有定位服务、与请求交互、执行网络地址转换、在任何中间防火墙开放专属端口来建立必要的连接。Azure AppFabric 的访问控制部分是一个主动访问控制系统，为身份管理提供基于令牌的信任机制。

如图 6 – 5 所示，应用程序或用户从左侧的应用程序提出一项服务请求，访问控制检验该请求，如果发现它是可用的，会授予客户端一个安全令牌。访问控制的步骤如下：

（1）客户端向访问控制请求认证；

（2）访问控制依据为服务器应用程序存储的规则创建令牌；

（3）令牌被指定并反馈给客户应用程序；

（4）客户端向服务应用程序出示令牌；

（5）服务应用程序验证签名并使用令牌决定客户端应用程序能做的事情。

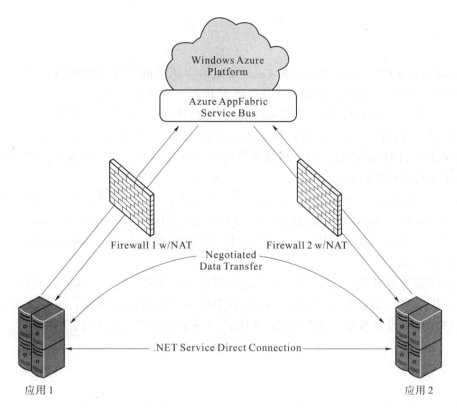

图6-4　Azure AppFabric 服务

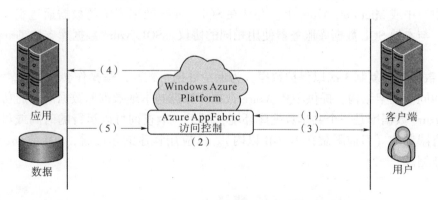

图6-5　Azure AppFabric 访问控制

访问机制使得一个应用信任另一个应用。这种机制可以与活动目录联合服务（ADFS
v2）等身份提供者集成，用于创建基于 SOA 的分布式系统。

Azure AppFabric 也称互联网服务总线，以将其与 SOA 架构中的标准企业服务总线
（ESB）区别开来。AppFabric 具有 ESB 的全部组件，如服务编排、联合身份验证、访
问控制、命名空间、服务注册和消息网，只是它将这些组件置于云端。ESB 通常位于
LAN 上。

6.2.4 Microsoft Azure 内容传送网络

Microsoft Azure CDN 是为 Microsoft Azure 团状内容服务的全球范围的内容缓存和传送系统,目前分布在亚洲、欧洲、南美洲,以及澳大利亚、美国本土的超过 18 个微软数据中心承担着这一任务,它们被称为"终点 endpoints"。CDN 是一项边缘网络服务,它降低了延迟,并且通过将内容传送给最近用户将带宽最大化。任何存储账户都可以用于 CDN。为了共享存储在 Azure 团中的信息,需要将该团状内容放置在一个公共团容器中,该容器可以被使用匿名登录的任何人访问。

Azure 入口以 http://< guid >. vo. msecnd. net/的形式列出了团容器的域名。当然也可以为一个 Microsoft Azure CDN 终点注册一个客户域名。例如,在一个名为"Box"的公共容器中的内容,存储账户名为"MyAccount",用户需要使用 Microsoft Azure 块服务或 Microsoft Azure CDN 来访问。

当使用团服务 URL 时,客户请求被重定向到离客户端最近的 CDN 终点。CDN 服务搜索该位置并提供内容;如果未找到内容,CDN 服务将从团服务处取回团,缓存内容,并将其提供给用户。可以设置参数(生存周期、TTL)以确定内容缓存的长短,默认为 72 h。

6.2.5 SQL Azure 数据库

SQL Azure 是一个基于微软 SQL 服务器的云端关系数据库服务,最初称为 SQL Server 数据服务。使用 SQL Azure 数据库的应用程序可以运行在本地服务器上、PC 或移动设备上、一个数据中心中或 Microsoft Azure 上。存储在 SQL Azure 数据库中的数据通过扁平数据流协议被访问,与本地 SQL 数据库服务器使用相同的协议。SQL Azure 数据库支持 Transact – SQL 语句。

Azure 数据会被复制 3 次以保护数据,为保持数据一致性,写操作会被检查。SQL Azure 支持微软的同步框架结构,提供 SQL Azure 数据库数据与本地数据库数据同步的功能。

SQL Azure 数据库是一个共享数据库环境,对于一个查询可以运行的时间或可以使用的资源都是有限制的(目前限制在 10 GB 以内)。从应用程序的角度看,SQL Azure 数据库是一个本地数据库。

6.2.6 Microsoft Azure 价格体系

Microsoft Azure 平台的定价是基于如下两种方式之一的:一是"消费",即"即用即付";二是通过各种合同为不同级别的月度服务付费,微软称为"承付"。当用量超出承付级别后,超出部分将按照消费模式收取费用。

Microsoft Azure 计算、存储、存储事务、数据传输(含 CDN)、CDN 数据传输、CON 事务的价格体系。

SQL Azure 的 Web 版、商业版和数据传输的收费标准。

Microsoft Azure 平台 AppFabric 的访问控制事务、服务总线连接、数据传输的费用可查询网站。

微软为 Microsoft Azure 平台提供了 TCO 计算器，帮助用户节省成本和费用。

6.3   Microsoft Azure 平台的使用

Azure 服务平台使开发者能够在原有的工具和技术（如微软的 .NET Framework、Visual Studio 等）的基础上，进一步提高应用程序开发的灵活性和有效性。开发者也可以选择其他的商业、开源的开发工具或技术，然后通过 Azure 服务平台提供的通过 Internet 标准（如 HTTP、REST、WS－＊和 Atom Pub）来进行操作。

6.3.1   Microsoft Azure 运行环境

Microsoft Azure 云计算平台是 PaaS，它提供了 3 种角色，即 Web Role、Worker Role、VM Role。

1. Web Role

Web Role 是已经安装好 IIS 7 等运行环境的 Windows Server 2008 X64 操作系统，开发人员可以利用 Web Role 部署 HTTP 的应用程序，包括 ASP.NET、PHP（Fast CGI）、JSP 或基于 HTTP 的 WCF 应用程序等的 Web 应用程序。

新版本的 Web Role 支持 Full IIS 模式，开发人员可以通过服务组在同一个 Web Role 中设置多个网站或单一网站（Site）内的多个虚拟目录（Visual Directory），扩大 Web Role 的应用弹性。

2. Worker Role

Worker Role 可以简单理解成 Windows 上的 Windows Server 服务，它是一个无用户界面的应用程序角色，在后台运行，开发人员可以利用 Worker Role 处理不需要用户界面的大量计算。Web Role 可以通过队列的方式向 Work Role 发送一串消息，让 Work Role 执行用户需要的逻辑。

3. VM Role

VM Role 是微软为了解决 IaaS 层次而新增的程序角色。Web Role 和 Worker Role 属于 PaaS，预定了 Windows Server 2008 R2 等操作系统，而 VM Role 允许用户使用 Hyper－V 安装操作系统和应用程序，上传到 Microsoft Azure 云环境，为企业转移应用程序到"云"端提供了非常大的弹性支持。用户可以使用 Hyper－V 在 VHD（虚拟磁盘）安装需要的第三方应用程序并且上传到 Microsoft Azure 进行托管。

6.3.2 安装 Microsoft Azure SDK

1. 为 Visual Studio 安装 Microsoft Azure SDK 和工具

Azure 云构造和 Azure 存储服务不支持基于"云"的开发和调试操作。Azure SDK 提供了应用程序 Development Fabric（DF）和 Development Storage（DS）用于本地开发，它们会与 Microsoft Azure SDK 一起安装。SDK 还安装了一个 Programs\Microsoft Azure SDK 菜单，以及许多的示例程序和包装类库以简化应用程序的编程。

安装 Microsoft Azure SDK 之后，需要为 Visual Studio 下载并安装 Microsoft Azure 工具为 Web 云服务、Worker 云服务、Web 和工作线程云服务，以及工作流服务项目添加模板。

2. 安装并构建 Microsoft Azure SDK 实例应用程序

在安装 Microsoft Azure SDK 时并不会安装\Program Files\Microsoft Microsoft Azure SDK\v1.0\samples.zip 文件中的实例应用程序。可以通过解压缩 samples.zip 文件到拥有写权限的文件夹来安装这些示例文件。

示例应用程序如表 6-2 所示。

表 6-2　示例应用程序

项目名称	项目描述
AspProviders Sample	使用 ASP. NET 成员资格、角色、配置文件和会话状态提供程序的实现方式与示例库
AspProviders Demo Sample	一个简单的服务，使用 ASP. NET 提供程序示例库
CloudDriveSample	一个 Windows PowerShell 提供程序，启用命令行访问 Blob 存储和队列服务资源，是通过网络驱动器访问的文件系统资源
DistributedSortSample	演示如何使用 Blob 存储和队列服务的分布式类服务
HelloFabricSample	一个简单的服务，演示 Web Role、Worker Role 和使用 Microsoft Azure 运行时 API 与运行实例中的构造进行文档
PersonalWebsiteSample	演示如何把 ASP. NET Web 应用程序移植到 Microsoft Azure 环境中
StorageClientSample	一个演示客户端库，提供用于 Blob、队列和表存储的 REST API 操作的 .NET 包装类，包括一个用于测试类库功能的控制台应用程序
ThumbnailsSample	一个服务，演示一个 Web Role 和一个 Worker Role。Worker Role 提供前端应用程序，用于用户上传照片、向队列添加工作项，在指定的文件夹中创建缩略图

6.3.3 Development Fabric 和 Development Storage

1. DF

DF 包括 DFAgent. exe、DFLoadBalancer. exe、DFMonitor. exe 和 DFService. exe，Azure SDK

安装程序默认将它们安装在开发计算\Program Files\Microsoft Microsoft Azure SDK\v1.0\bin\dev-fabric 文件夹中。启动 DF 后，在 Windows 任务管理器的进程管理列表中可以看到这 4 个进程。

启动 DF 的方法如下。

（1）在"开始"菜单中选择"Programs \ WindowsAzureSDK \ Development Fabric"命令，启动 DF 服务和 UI（DFUI. exe）。

（2）在任务栏通知区域的 DF 图标上右击，在弹出的快捷菜单中选择"Start Development Fabric Service"命令，如图 6－6 所示。

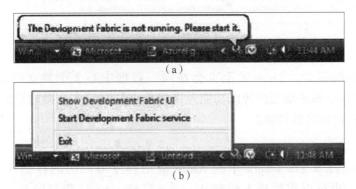

图 6－6　任务栏上的 DF 图标及其菜单命令

（a）DF 图标；（b）菜单命令

图 6－7 显示了 Visual Studio 2008 中两个并行调试 Web 应用程序（Service Deployments）的 DFUI，DF 自动给这两个应用程序做了连续的编号（616 和 617），停止调试后，DFUI 窗口中对应的应用程序项目消失。

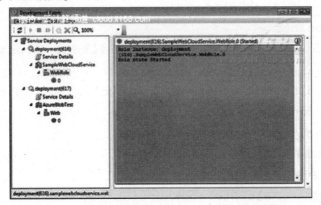

图 6－7　在 DFUI 窗口中查看 Visual Studio 2008 中调试的应用程序

2. DS

Microsoft Azure Platform 支持 3 种可扩展的持久化存储，即非结构化数据（Blob）、结构化数据（Table），以及应用程序之间、服务之间或应用程序与服务之间的消息（Queue）。

运行 rundevstore. exe 或在 Visual Studio 中运行 Azure 用户代码将同时启动这 3 个服务，并显示 DS UI 窗口，如图 6－8 所示。

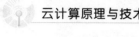

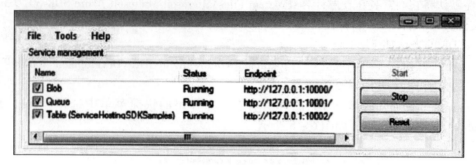

图 6-8　DS UI 窗口

为了保证数据的安全，Azure 云至少会在同一数据中心 3 个独立的容器中存储 Blob、Table 和 Queue，Azure 基于地理位置的功能允许将数据复制到多个微软数据中心，增强灾难恢复能力，提高特定地区的性能。

1）Azure 服务定义和服务配置文件

运行在 Development Framework 中的 Azure 应用程序可以访问存储在本地 Development Storage 中的数据，也可以将数据上传到 Azure 云存储。Azure 项目的 ServiceDefinition. csdef 文件定义了一套标准的输入端点，ServiceConfiguration. cscfgg 文件存储了对应的设置。

显示 ServiceDefinition. csdef 文件默认内容的代码如下：

```
xmlns = "http://schemas.microsoft.com/ServiceHosting/2008/10/
ServiceDefinition" >
   <WebRole name = "WebRole" >
   <InputEndpoints >
   <! --Must use port 8 for http and port 443 for https when running in
the cloud -->
   <InputEndpoint name = "HttpIn" protocol = "http" port = "80"/>
   <InputEndpoints >
   <ConfigurationSettings >
   <Setting name = "AccountName"/>
   <Setting name = "AccountSharedKey"/>
   <Setting name = "BlobStorageEndpoint"/>
   <Setting name = "QueueStorageEndpoint"/>
   <Setting name = "TableStorageEndpoint"/>
   <ConfigurationSettings >
   </WebRole >
   </ServiceDefinition >
```

InputEndpoint 值权应用于云存储。

Web 应用程序 SampleWebCloudService 的 Service Configuration. cscfg 文件代码如下：

```
xmlns = " http：//schemas.microsoft.com/ServiceHosting/2008/10/
ServiceConfiguration"
    <?xml version = "1.0"? >
    < ServiceDfinition name = " SampleWebCloudService" xmlns = " http://
schemas microsoft.com/Service Hosting/2008/10/ServiceConfiguration" >
    < Role name = "WebRole" >
    < Instances count = "1 " >
    <Configuration Settings >
    < Setting name = "AccountName" value = "devstoreaccountl" />
    < Setting name = "AccountSharedKey" value = Eby8vdM02xNOcqFlqUwJPL
lmEtlCDXJIOUzFT50uSRZ6IFsuFq2UVErCz46tq/KISZFPTOtr/KBHBeksoGMGw == " />
    < Setting name = "BlobStorageEndpoint" value = "http://127.0.0.1：
10000/" />
    < Setting name = "QueueStorageEndpoint" value = "http://127.0.0.1：
10000/" />
    < Setting name = "TableStorageEndpoint" value = "http://127.0.0.1：
10000/" />
    <! --
    < Setting name = "AccountName" value = "oakleaf" />
    < Setting name = "AccountSharedKey" value = "3elVlndd...Coc0AMQA == " />
    < Setting name = "BlobStorageEndpoint" value = "http://blob.core.
windows.net" />
```

Service Configuration. cscfg 文件中默认配置元素的定义如下：

（1）Instances count 是部署应用程序时，Cloud Fabric 将要创建的应用程序实例数量。

（2）AccountName 是分配给托管服务的存储账户，对于 DS 而言是 devstoreaccount1。

（3）AccountSharedKey 是 Http 请求消息中的加密元素，称为请求签名，它不会发送给"云"，对于 DS 是一个公共常量。在任何情况下，Base64 编码的值必须在元素中以单行文本的形式出现。

（4）BlobStorageEndpoint 是一个公共 URI 常量，对于 DS 是开发计算机的环回地址（localhost = 127. 0. 0. 1）和 TCP 端口 10 000。

（5）QueueStorageEndpoint 是一个公共 URI 常量，对于 DS 是环回地址和 TCP 端口 10 001。

（6）TableStorageEndpoint 是一个公共 URI 常量，对于 DS 是环回地址和 TCP 端口 10 002。

2）Azure 表服务

在 DevelopmentStorage. exe 打开的窗口中，选择"工具"→"Table 服务属性"命令，在弹出的对话框中选择 SQL Server 数据库。rundevstore. exe 默认创建的数据库 ServiceHostingSDK-Samples，选择"SampleWebCloudService"命令，如图 6 - 9 所示，该数据库是 OakLeaf 演示

系统 Azure Table 服务示例项目的数据库。

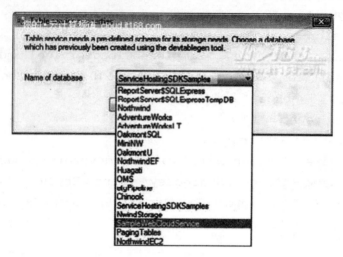

图 6 - 9　选择 Sample WebCloudService 数据库

关系数据库管理系统（RDBMS）可以通过集群实现高可靠性，提高运行 RDBMS 的服务器性能为向上扩展，通过数据复制实现更多的并发访问为向外扩展。数据复制通常存在一致性问题，也就是关系数据库必须遵循的 ACID 原则。Google BigTable 和 Amazon 的 SimpleDB 数据库，都可以通过数据复制轻松实现向外扩展，但多个分区之间的数据一致性会有一段延迟时间，在对一致性要求不严格的应用中，可以利用这种特性提高系统的并发负载能力。

3）Azure Blob 服务

Blob 存储二进制数据，如图像、XML 文档、压缩文件和其他在容器内任意排列的字节。容器是用户定义的一套只有一个属性的 Blob 集，包含一串 Blob。容器不直接存储数据。

从 ContainerName 容器中可以返回所有的 Blob，读取或下载特定的 Blob，包括元数据和用户定义的属性。

在 PUT Blob 操作中可以上传最大 64 MB 的数据创建一个 Blob，通过上传连续块可以创建大于 64 MB 的 Blob，块最大只能是 4 MB。

4）Azure Queue 队列服务

Azure Queue 是最大容量为 8 KB 的消息，基于"先进先出"准则，它有一个 REST API，与 Blob 类似。从账号名 AccountName 的存储账号中可以返回所有的队列：

```
http:/AccountName.queue.core.windows.net $ comp = list
```

http：//AccountName. queue. core. windows. net/QueueName 检索一条或多条消息。另外可以指定 numofmessages 参数检索 2 到最大 32 条消息。

在 DS 中使用 127. 0. 0. 1：10001/devstoreaccount1 替换 AccountName. queue. core. windows. net。

Put Message 操作向 Azure Queue 中增加消息，通过 http：//AccountName. queue. core. windows. net/QueueName/messages URI 调用 POST 方法，请求主体包括一个或多个类似 message - content 的 XML 片段。

message – content 可能是 UTF – 8 编码的字符串，二进制内容必须是 Base 64 编码的。

6.3.4　Microsoft Azure AppFabric 实战——地理位置服务

地理位置服务通过照片的 URI 判断照片所处的地理位置，返回随机生成的位置信息。服务包含两个方法，分别通过图片 URI 返回国家信息和经纬度信息。

地理位置服务首先创建本地模拟的地理位置服务，将本地服务部署到 AppFabric，然后在网站中调用发布到 Service Bus 的服务，并使用配置文件的方式发布和访问 Service Bus 的服务。

1. 概述

在"云"上运行应用是云计算的重要服务，但这只是其中一个方面。Microsoft Azure 平台能提供更多基于"云"的服务，这种服务能被传统的自有应用或云计算平台上的应用调用。这正是 Microsoft Azure platform AppFabric 服务的目标。在创建分布式应用时，Microsoft Azure planform AppFabric 服务可以解决普遍存在的基础架构问题。

Microsoft Azure AppFabric 目前主要提供互联网服务总线（Service Bus）、访问控制（Access Control）服务和高速缓存服务，本实战主要基于 AppFabric 的服务总线（Service Bus）技术。

Microsoft Azure AppFabric 的服务总线与传统 SOA 中的企业服务总线在概念上有相似的地方，但是在范围和功能上是不一样的。这里的服务总线是专门针对互联网上的服务，相互调用不局限于企业内部。与将传统的应用服务器部署到互联网上比较，服务总线的目标是使其变得简单。无论是传统的自有应用还是云应用，都可以通过服务总线互相访问对方的 Web 服务。服务总线为每个服务端点分配一个固定的 URI 地址，从而帮助其他应用进行定位和访问。

服务总线可以处理网络地址转换和企业防火墙所带来的挑战，将企业内网的服务暴露给互联网。大多数企业拥有自己的局域网，为了解决 IP 地址不足的问题，通常都设置了网络地址转换，因此，每台服务器对外都没有一个确定的地址。同时，出于安全性考虑，防火墙往往限制了大多数的端口，使得要在互联网上访问部署在内网的服务变得困难。

服务总线正是为了解决这一问题而产生的，它作为一个"中间人"，用户的服务和使用服务的客户端作为服务总线的客户端与它进行交流。服务总线不存在网络地址转换的问题，用户的服务和服务客户端可以方便地与它通信，在最简单的场合下，服务总线只需要用户的服务器暴露出站（Outbound）服务的 80 或 443 端口，也就是只需要用户的服务器能够以 Http/Https 协议访问互联网，用户的服务就能连上服务总线。服务的访问是由用户服务端向服务总线发起出站网络连接的，对防火墙的要求很低。用户的服务连接到服务总线后，可以注册成为一个互联网的服务。尽管该服务的托管是在内网中的，总线服务将会分配一个互联网上的 URI 地址。此时，该服务已经和总线服务建立连接，其他应用只需要访问这个 URI 地址，服务总线会负责将请求转发给内网中的服务，并将该服务的应答转发给客户端。

服务总线具有支持消息缓冲和多个 WCF 服务监听同一个 URI 等特征。消息缓冲是通过一个简单的队列来实现的。客户端可以放置一个 256 MB 的消息到消息缓冲池中，而不需要客户端直接响应服务，存储消息持久存储在磁盘上，服务可以从磁盘上读取被放置的消息。为了防止故障的发生，存放的消息通常需要备份，与 Microsoft Azure 平台上消息备份方式相同。服务总线通过监听服务随机传播客户端请求，为 WCF 服务提供负载均衡和容错能力。

发布在服务总线的服务一般有两种工作模式，即 Service Remoting 和 Eventing。本实战主要基于 AppFabric 服务总线的 Service Remoting 工作模式。使用App Fabric的 Service Bus 功能，需要先准备一个 WCF 服务。为此创建一个简单的地理位置服务，通过照片的 URI 判断照片的地理位置。

Microsoft Azure platform AppFabric 提供了一个基于互联网的服务总线，帮助用户把不同的应用服务在互联网上高效地连接起来。本项目从熟悉企业应用架构提升到更加灵活地使用总线功能，构建出面向服务的互联网应用。

2. 创建本地模拟的地理位置服务

创建一个标准的基于 HTTP 的 WCF 服务，包含 3 个项目，分别为服务契约（Contract）、服务实现（Service）、本地控制台寄宿程序（Console Host）。

（1）服务契约中包含上面提到的两个方法及经纬度的数据结构，实现代码如下：

```
[serviceContract(Namespace = "http://aurorasys.cloudapp.net/")]
    Public interface IMapService
        {

                [OperationContract]
                    String GetCityName(string imageUrl);
                [OperationContract]
                    Location GetLocation(string imageUrl);

            }

    [DataContract]
      Public class Location
        {

                [DataMember]
                    Public int Longitude{ge;set;}
                [DataMember]
                    Public int Latitude{get;set;}
            Public new string ToString()
                {

                    Return
    string.Format("{0},{1}",Longitude,Latitude);
                }

        }
```

（2）服务的实现只是模拟地理位置信息服务，可以通过一个静态的数组存储城市名称，基于客户端的调用随机返回一个城市名称和经纬度，实现代码如下：

```
public class MapService:IMapService
{
    Private static IList <string>_cities;
    Static MapService()
    {
      cities = new List <string>()
      {
          "Beijing";
        ......
          "Guangzhou"
      };
    }
    public string GetCityName(string imageUrl)
    {
      //模拟器:随机选择一个城市名单
      var rnd = new Random();
       var idx = rnd.Next(0,_cities.Count -1);
      return _cities[idx];
    }
    public Location GetLocation(string imageUrl)
    {

      //模拟器:随机返回经度和纬度
      var rnd = new Random();
      var longitude = rnd.Next( -180,180);
      var latitude = rnd.Next( -90,90);
      return new Location()
      {
          Longitude = longitude,
          Latitude = latitude
      };
    }
}
```

（3）使用 HTTP，将 WCF 服务寄宿在控制台程序中。在 Aurora 项目中的照片详细信息页面调用 WCF 服务来展示地理位置。在 PhotoController 的 Details 方法中通过 ChannelFactory 调用已经实现的 WCF 服务，传入当前照片的 URL 后将返回的城市信息和经纬度信息显示到页面上。

3. 将本地服务部署到 AppFabric

使用 AppFabric SDK 将地理位置服务发布到 Service Bus 上，由于此前的服务基于 WCF，只需要应用 AppFabric SDK 中相应的扩展即可。WCF 允许使用代码和配置文件两种方式设定服务的发布。

1）通过代码方式发布 Service Bus

为了便于管理，将部署所需的信息写入服务的 Web.Config 文件中，包括要使用的 Service Bus Namespace、Issuer 和 Key，这些信息都可以通过 Developer Portal 的属性栏获取。配置文件的代码如下：

```
<?xml version = "1.0"? >
<configuration >
<startup >
<supportedRunting version = "v4.0" sku = ".NETFramework,Version =
v4.0"/>
</startup >
<system.serviceModel >
...
</system.serviceModel >
<appSettings >
<add key = "serviceNamespaceDomain" value = "auroramap"/>
<add key = "issuer" value = "owner"/>
<add key = "key" value = "KMCV3Dfq0ftXvtqa7qbqrFl/N5OAT5MVCJoUKFh/
+WY = "/>
</appSettings >
</configuration >
```

返回代码部分，需要添加 AppFabric 引用文件放置在根目录下。完成使用项目的 .NET 版本选择后，便可使用 AppFabric SDK 完成对 Service Bus 的部署，步骤如下。

（1）通过 ServiceBusEnvironment 类的 CreateServiceUri 静态方法获得一个 Service Bus 上的终节点地址，为服务的最终发布地址。其中的 schema 参数要使用"sb"。传入在配置文件中指定的 Namespace 的 URL 和服务的名字。

（2）创建 TransportClientendPointBehavior 并指定 Issuer 和 Key 作为访问凭证。

（3）基于步骤（1）获得 Service Bus 的 URL 创建 ServiceHost 对象。

（4）为 ServiceHost 中的终节点配置 TransportClientendPointBehavior 行为。

代码如下：

```
static void Main(string[] args)
    {
        //从服务总线的部署配置中检索值
```

```
string serviceNamespaceDomain =ConfiguationManager.AppSettings
["serviceNamespaceDomain"];
string issuerName =ConfiguationManager.AppSettings["issuer
Name"];
string issuerSecret =ConfiguationManager.AppSettings["issu
erSecret"];
//创建服务总线的地址
Uri address = ServiceBusEnvironment.CreateServiceUri("sb",
serviceNamespaceDomain,"MapService");
//创建服务端点的 issuer 与关键的凭证
TransportClientendPointBehavior sharedSecretServiceBusCred
ential =new TransportClientEndPointBehavior();
sharedSecretServiceBusCredential.CredentialType =Transport
ClientCredentialType.SharedSecret;
sharedSecretServiceBusCredential.Credentials.SharedSecret.
IssuerName =issuerName;
sharedSecretServiceBusCredential.Credentials.SharedSecret.
IssuerSecret =issuerSecret
//创建上述服务主机的地址
 var host =new ServiceHost(typeof(MapService),address);
//为每个端点的主机申请凭证
foreach(ServiceEndpoint endpoint in host.Description.Endpoints)
  {
     endpoint.Behaviors.Add(sharedSecretServiceBusCredential);
  }
host.Opened + =(sender,e) =>
{
Console.WriteLine("[INF]Service opened at {0}.",host.
Description.Endpoint[0].Address);
};
host.Open();
Console.WriteLine("[INF]" Press any key to exist);
Console.ReadKey();
host.Close();
}
```

2）通过配置文件的方式发布 Service Bus

修改配置文件，让 WCF 服务使用 AppFabirc 提供的 NetTcpRelayBindings，实现消息的传递功能。代码如下：

```xml
<?xml version = "1.0"? >
<configuration >
  <startup >
    <supportedRuntime version = "v4.0" sku = ".NETFramwork,Ver-
    sion =v4.0"/>
  </startup >
  <system.ServiceModel >
    <hebaviors >
    ...
    </bahaviors >
  <services >
    <service name = "AuroraMap.Service.MapService" >
    <endpoint name = "MapService"
            binding = "netTcpRelayBinding"
                Contract = "AuroraMap.Contracts.IMapService"/>
    </service >
  </services >
  </system.serviceModel >
  <appSettings >
    ...
  </appSettings >
</configuration >
```

4. 在网站中调用发布到 Service Bus 的服务

到网站中修改调用的代码，访问发布到 Service Bus 的 WCF 服务，步骤如下：

（1）在配置文件中加入 Service Bus 链接必要的信息；

（2）通过 ServiceBusEnvironment 获取地理位置服务在 Service Bus 上的地址；

（3）创建用于认证的 TransportClientEndpointBehavior 对象并设定 Issuer 和 Key；

（4）在客户端创建 ChanneIFactory 对象并配置 TransportClientEndpointBehavior。

实现代码如下：

```
[HttpGet]
Public ActionResult Details(string albumParitionKey, string al-
bumRowKey,string photoRowKey)
  {
    ...
  //检索地图信息
  var city = string.Empty;
  var location = new Location();
  //检索部署配置的服务总线值
```

```
String serviceNamespaceDomain =
ConfigurationManager.AppSettings["serviceNamespaceDomain"];
String issuerName = ConfigurationManager.AppSettings["issuerName"];
String issuerSecret = ConfigurationManager.AppSettings["issuerSecret"];
    //创建服务总线地址
Uri serviceUri[] = ServiceBusEnvironment.CreateServiceUri("sb",
serviceNamespaceDomain,"MapService");
    //创建服务端点的发行人及关键凭证
TransportClientEndpointBehavior   sharedSecretServiceBusCredential =
new TransportClientEndpointBehavior();
    sharedSecretServiceBusCredential.CredentialType = TransportClient
CredentialType.SharedSecret;
    sharedSecretServiceBusCredential.Credentials.SharedSecret.Issuer
Name = issuerName;
    sharedSecretServiceBusCredential.Credentials.SharedSecret.Issuer
Secret = issuerSecret;
    //利用上述专门的服务 URI 创建 ChannelFactory
var factory = new ChannelFactory < IMapService >("MapService",new
EndpointAddress(serviceUri));
    //为每个通道的终点申请凭证
factory.Endpoint.Behaviors.Add(sharedSecretServiceBusCredential);
var proxy = fatory.CreateChannel();
using(proxy as IDisposable)
{
    city = proxy.GetCityName(blob.Uri.AbsoluteUri);
    Location = proxy.GetLocation(blob.Uri.AbsoluteUri);
}
ViewData["City"] = city;
ViewData["Location"] = location.ToString();
ViewData["Endpoint"] = factory.Endpoint.Address.ToString();
return View(photo);
}
```

5. 使用配置文件的方式发布和访问 Service Bus 的服务

在配置文件 WCF 的配置节点 system.serviceModel 中加入相应信息，使用配置文件的方式发布和访问 Service Bus 的服务。

通过配置文件的方式将本地服务发布到 Service Bus 上的步骤如下：

（1）在服务器端将代码还原为本地部署的状态；

（2）进入配置文件，在 WCF 的配置节点 system.serviceModel 中加入如下信息：

```xml
<?xml version = "1.0"? >
<configuration >
  <startup >
    <supportedRuntime version = "v4.0" sku = ".NETFramework,Ver-
    sion = v4.0 "/>
  </startup >
  <system.ServiceModel >
    <behaviors >
    ...
    </behaviors >
    <services >
      <service name = "AuroraMap.Services.MapService" >
      <endpoint name = "MapService"
        address = "sb://auroramap.servicebus.windows.net/MapService"
        binding = "netTcpRealayBinding"
          contract = "AuroraMap.Contracts.IMapService"
            behaviorConfiguration = "serviceBusCredentialBehavior"/>
      </service >
    </services >
  </system.serviceModel >
</configuration >
```

这里直接指定服务器的终节点地址，同时指定使用 serviceBusCreadentialBehavior 的 WCF
终节点行为（Endpoint Behavior）。

在配置文件中加入 Endpoint Behavior 的代码如下：

```xml
<?xml version = "1.0"? >
<configuration >
  <startup >
    <supportedRuntime version = "v4.0" sku = ".NetFramework,
    Version = v4.0"/>
  </startup >
  <sysytem.ServiceModel >
    <behaviors >
      <serviceBehaviors >
        <behavior >
          <serviceDegug httpHelpPageEndabled = "true"/>
        </behavior >
      </serviceBehaviors >
      <endpointBehaviors >
        <behavior name = "serviceBusCredentialBehavior" >
          <transportClientEndpointBehavior credentialType
          = "ShareSecret" >
```

```
        <clientCredentials>
        <sharedSecret issuerName = "owner"
        ussyerSecret = "KMCVJDfq0ftXvtqa7qbqrFL/N5OAT5
        MVCJoUKFh/+WY="/>
        </clientCredentials>
        </TRANSPORTcLIENTeNDPOINTbEHAVIOR>
      </behavior>
    </endpointBehaviors>
    </behaviors>
    <services>
      ...
    </service>
  </system.serviceModel>
</configuration>
```

Behavior 是之前通过代码进行配置时的 TransportClientEndpointBehavior，只不过现在通过配置文件进行配置。Service Bus Namespace 的 Issuer 和 Key 也在此设置。

客户端的代码修改和上述步骤类似，在 Web. config 文件中直接指定访问服务的终节点地址，并且用 TransportClientEndpointBehavior 设置 Issuer 和 Key。

6.4　Windows Live

Windows Live（也称为 Microsoft Live）是一个基于云的应用程序和服务的集合，其中的一些可被用于运行在 Microsoft Azure 平台上的应用程序中。某些 Windows Live 应用程序作为独立的程序运行，并通过浏览器直接提供给用户使用。Windows Live 组合的某些部分是一些供开发者访问的共享应用程序和服务，这些服务是 Windows Live 服务——Microsoft Azure 平台的一个组件。开发者通过 Windows Live Messenger 连接（之前称为 Live 服务和 Windows Live Dev）的控件集，访问 Windows Live 服务中。

Messenger 连接于 2010 年 6 月底发布。它将 Windows Live ID、Windows Live 联系人和 Windows Live Messenger Web 工具包等 API 统一为单一的 API，通过以下 4 种方法与 ASP. NET、Windows 描述基础（WPF）、Java、Adobe Flash、PHP 及微软的 Silverlight（银光）图形渲染技术协同工作。

（1）Messenger Connect REST API 服务；

（2）Messenger Connect. NET 和 Silverlight Libraries；

（3）Messenger Connect JavaScript Libraries 和 Controls；

（4）Web 即时动态，RSS 2.0 或 ATOM。

Windows Live 包括若干个流行的云服务。其中两个最知名的、应用最广的 Windows Live Hotmail 和 Windows Live Messenger 在全球拥有超过 3 亿用户。Windows Live 基于电子邮件、即时消息、照片、社交网络、在线存储 5 个核心服务。

用户或应用程序可以以不同的方式使用 Windows Live，有些 Windows Live 应用程序完全基于云的 Web 服务，用户可以在任何浏览器中使用这些应用程序。这些服务针对移动设备或属于客户端应用程序。Windows Live Essentials 是这类应用的主要例子。

访问 Windows Live 服务有以下 3 种方法：

（1）从位于 Windows Live 顶部的导航栏上的命令导航到服务；

（2）直接输入服务的 URL；

（3）在"开始"菜单上的 Windows Live Essentials 文件夹中选取应用程序。

如果在会话过程中还没有登录到 Windows Live，Windows Live 会要求在继续之前登录。

6.4.1 Windows Live 基础套件

Windows Live 基础套件是一组精选的客户端应用程序集，必须被下载并安装在电脑中。Live 基础套件依赖位于云端的服务来存取数据，在某些情况下需要这些服务提供计算能力。目前，Windows Live 基础套件包括家庭安全、Windows Live Messenger、照片库、邮件、电影工场。

所有的 Windows 基础套件都作为独立文件下载。

Windows Live 基础套件能帮助微软缓和一个与 Windows 操作系统相关的长期存在的问题，使微软可以从操作系统中剔除一些附加应用程序，避免陷入软件开发商的不平等竞争。Live 基础套件将这些应用程序部分地转移到云上，使它们可以作为下载项或服务被方便地获得。"开始"菜单中的 Windows Live 基础套件如图 6-10 所示，它是一个 Web 过滤器和行为报告工具，基于每台机器的 Windows 账号。

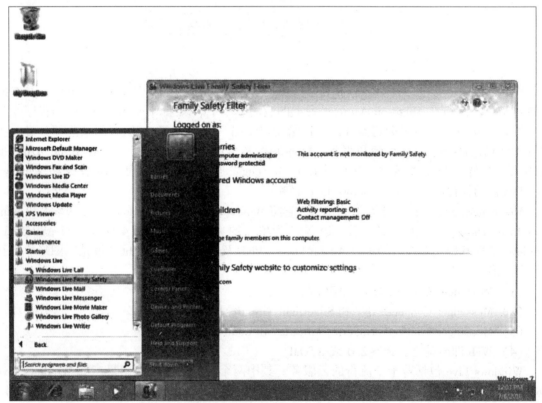

图 6-10 "开始"菜单中的 Windows Live 基础套件

6.4.2　Windows Live 主页

Windows Live 主页是 Windows Live 套件的中心访问页，提供导航、列表行为和对电子邮件的访问，展示了 RSS 订阅，并列出了账户名和一些相关的信息，如图 6 – 11 所示。

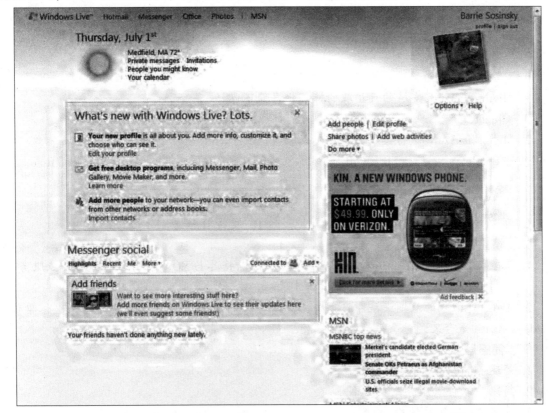

图 6 – 11　自定制的 Windows Live 主页

Windows Live 的功能包括：

（1）启动其他 Windows Live 服务；

（2）查看来自 Hotmail 的电子邮件头部信息及来自其他用户的私人消息；

（3）查看关注的人的动态；

（4）显示天气信息和 RSS 推送更新；

（5）管理日历和事件；

（6）查看照片；

（7）更改自己的配置信息和关系。

6.4.3　移动 Windows Live

微软拥有大量专门为移动设备或手机开发的 Windows Live 服务，被称为移动 Windows Live，一些服务运行在 Windows Phone 平台上，还有一些则是基于 Web 的应用程序，可以通过轻量的无线应用协议（WAP）或通用包广播服务（GPRS）浏览器访问，还有一些支持简单消息服务（SMS）系统，包括移动 Live Mesh、移动 Windows Live 日历、移动 Windows Live 联系人、移动Windows Live 群、移动 Windows Live 主页、移动 Windows Live Messenger、移动 Windows Live Office、移动 Windows Live 配置文件、移动 Windows Live SkyDrive、移动 Windows Live 空间等。

● 习　题

一、单项选择题

1. Microsoft Azure 支持的可扩展的持久化存储不包括（　　　）。

A. Object　　　　　　　B. Blob　　　　　　　C. Table　　　　　　　D. Queue

2. Microsoft Azure 平台提供的角色不包括（　　　）。

A. Web Role　　　　　　B. Worker Role　　　　C. VM Role　　　　　　D. Manager Role

3. SQL Azure 数据库支持的功能不包括（　　　）。

A. 支持 Transact – SQL　　　　　　　　　B. 数据一致性检查写操作

C. 限制在 10 GB　　　　　　　　　　　　D. 支持 R 语言

二、填空题

1. 微软将 Azure AppFabric 称为（　　　　　　），以将其与 SOA 架构中的标准企业服务总线（　　　　　）区别开来。

2. Azure 是微软的基础设施即服务（　　　　　　）的 Web 托管服务。作为一个整体单位，Windows Azure 平台又是一个平台即服务（　　　　　）产品。

三、简答题

1. 简述 Microsoft Azure 平台。

2. 简述"软件加服务"的方式。

3. 简述 Azure 体系结构。

4. 简述 Microsoft Azure 的主要元素及其作用。

5. 举例说明 Microsoft Azure 中不同大小的虚拟机实例。

6. 简述 Microsoft Azure APP Fabric 服务总线。

7. 简述 Microsoft Azure 内容传送网络及其使用方法。

8. 简述 SQL Azure。

9. 查询并介绍 Microsoft Azure 的价格体系。

10. 简述 Windows Live 服务及一个可以访问 Windows Live 服务的方法。

四、实践

1. 安装 Microsoft Azure SDK。

2. 使用 Development Fabric 和 Development Storage。

3. 实现 Microsoft Azure AppFabric 实战。

第 7 章

阿里云及其与 Cloud Foundry 的结合

阿里云是中国最大的云计算平台，服务范围覆盖全球 200 多个国家和地区。阿里云致力于为企业、政府等组织机构提供最安全、可靠的计算和数据处理能力。

阿里云的服务群体中，活跃着微博、知乎、魅族、锤子科技、小咖秀等互联网公司。阿里云广泛在金融、交通、基因、医疗、气象等领域输出一站式的大数据解决方案。

阿里云在全球各地部署高效节能的绿色数据中心，利用清洁计算支持不同的互联网应用。目前，阿里云在国内外设立了多个数据中心。

7.1　阿里云的生态环境及行业解决方案

针对目前物联网产业链，阿里云主要从终端设备、终端应用、云服务三个方面着手，终端设备包括温度传感器、模式传感器、Wi-Fi/蓝牙/3G、4G 联网模块，终端应用提供设备查看、控制、分析功能，云服务主要有数据通信网关、数据读写服务、数据计算分析和用户权限管理。

7.1.1　阿里云的生态环境

1. 底层技术平台

阿里云独立研发的云操作系统飞天——飞天开放平台（Apsara），负责管理数据中心 Linux 集群的物理资源，控制分布式程序运行，隐藏下层故障恢复和数据冗余等细节，从而将数以千计甚至万计的服务器联成一台超级计算机，并且将这台超级计算机的存储资源和计算资源，以公共服务的方式提供给互联网上的用户。阿里云的生态环境如图 7-1 所示。

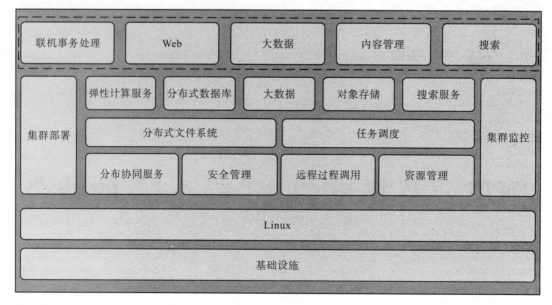

图7-1　阿里云的生态环境

2. 弹性计算

（1）云服务器 ECS：简单高效，处理能力可弹性伸缩的计算服务，能够帮助用户快速构建稳定、安全的应用，提升运维效率，降低 IT 成本，使用户专注于核心业务创新。

（2）云引擎 ACE：弹性、分布式的应用托管环境，支持 Java、PHP、Python、Node.js 等多种语言环境，帮助开发者快速开发和部署服务端应用程序，并简化系统维护工作。

（3）弹性伸缩：根据用户的业务需求和策略，自动调整其弹性计算资源的管理服务，能够在业务增长时自动增加 ECS 实例，在业务下降时自动减少 ECS 实例。

3. 数据库

（1）云数据库 RDS：即开即用、稳定可靠、可弹性伸缩的在线数据库服务，基于飞天分布式系统和高性能存储，支持 MySQL、SQL Server、PostgreSQL 和 PPAS（高度兼容 Oracle）引擎，提供容灾、备份、恢复、监控、迁移等方面的全套解决方案。

（2）开放结构化数据服务 OTS：构建在阿里云飞天分布式系统上的 NoSQL 数据库服务，提供海量结构化数据的存储和实时访问。OTS 以实例和表的形式组织数据，通过数据分片和负载均衡技术实现无缝扩展。应用通过调用 OTS API／SDK 或操作管理控制台来使用 OTS 服务。

（3）开放缓存服务 OCS：在线缓存服务，为热点数据的访问提供高速响应。

（4）键值存储 KVStore for Redis：兼容开源 Redis 协议的 Key-Value 类型在线存储服务。KVStore 支持字符串、链表、集合、有序集合、散列表等多种数据类型，以及事务（Transactions）、消息订阅与发布（Pub/Sub）等高级功能，通过内存＋硬盘的存储方式，在提供高速数据读写能力的同时满足数据持久化需求。

（5）数据传输：支持以数据库为核心的结构化存储产品之间的数据传输，是一种集数据迁移、数据订阅及数据实时同步于一体的数据传输服务。数据传输的底层数据流基础设施为异地双活基础架构，为应用提供实时数据流，已经在线上稳定运行。

4. 存储与 CDN

（1）对象存储 OSS：阿里云对外提供海量的、安全的、高可靠的云存储服务。RESTFul API 的平台无关性，容量和处理能力的弹性扩展，按实际容量付费使用户专注于核心业务。

（2）归档存储：作为阿里云数据存储产品体系的重要组成部分，致力于提供低成本、高可靠的数据归档服务，适合海量数据的长期归档、备份。

（3）消息服务：高效、可靠、安全、便捷、可弹性扩展的分布式消息与通知服务帮助应用开发者在分布式组件上自由地传递数据，构建松耦合系统。

（4）CDN：内容分发网络将源站内容分发至全国所有的节点，缩短用户查看对象的延迟，提高用户访问网站的响应速度与网站的可用性，解决网络带宽小、用户访问量大、网点分布不均等问题。

5. 网络

（1）负载均衡：对多台云服务器进行流量分发，通过流量分发扩展应用系统对外的服务能力，通过消除单点故障提升应用系统的可用性。

（2）阿里云虚拟专有云 VPC：帮助用户基于阿里云构建一个隔离的网络环境，完全掌控自己的虚拟网络，包括选择自有 IP 地址范围、划分网段、配置路由表和网关等。也可以通过专线/VPN 等连接方式将 VPC 与传统数据中心组成一个按需定制的网络环境，实现应用的平滑迁移上云。

6. 大规模计算

（1）开放数据处理服务 ODPS：由阿里云自主研发，提供针对 TB/PB 级数据、实时性要求不高的分布式处理能力，应用于数据分析、挖掘、商业智能等领域。阿里巴巴的离线数据业务都运行在 ODPS 上。

（2）采云间 DPC：基于开放数据处理服务（Open Data Processing Servite，ODPS）的 DW/BI 工具解决方案，提供全链路的数据处理工具，包括 ODPS IDE、任务调度、数据分析、报表制作和元数据管理等，可以大大降低用户在数据仓库和商业智能上的实施成本，加快实施进度。

（3）批量计算：适用于大规模并行批处理作业的分布式云服务，支持海量作业并发规模，系统自动完成资源管理、作业调度和数据加载，并按实际使用量计费，广泛用于电影动画渲染、生物数据分析、多媒体转码、金融保险分析等领域。

（4）数据集成：对外提供稳定高效、弹性伸缩的数据同步平台，为阿里云大数据计算引擎（包括 ODPS、分析型数据库、OSPS）提供离线（批量）、实时（流式）的数据通道。

7. 云盾

（1）DDoS 防护服务：针对阿里云服务器在遭受大流量的 DDoS 攻击后导致服务不可用的情况推出的付费增值服务，用户可以通过配置高防 IP，将攻击流量引流到高防 IP，确保源站的稳定可靠，免费为阿里云用户提供最高 5G 的 DDoS 防护能力。

（2）安骑士：阿里云推出的一款免费云服务器安全管理软件，主要提供木马文件查杀、防密码暴力破解、高危漏洞修复等安全防护功能。

（3）阿里绿网：基于深度学习技术及阿里巴巴多年的海量数据支撑，提供多样化的内容识别服务，能帮助用户有效降低违规风险。

（4）安全网络：一款集安全、加速和个性化负载均衡为一体的网络接入产品。用户通过接入安全网络，可以缓解业务被各种网络攻击造成的影响，提供就近访问的动态加速功能。

（5）DDoS 高防 IP：针对互联网服务器（包括非阿里云主机）在遭受大流量的 DDoS 攻击后导致服务不可用的情况推出的付费增值服务，用户可以通过配置高防 IP，将攻击流量引流到高防 IP，确保源站的稳定可靠。

（6）网络安全专家服务：在云盾 DDoS 高防 IP 服务的基础上推出的安全代维托管服务。该服务由阿里云云盾的 DDoS 专家团队为企业客户提供私家定制的 DDoS 防护策略优化、重大活动保障、人工值守等服务，让企业客户在日益严重的 DDoS 攻击下高枕无忧。

（7）服务器安全托管：为云服务器提供定制化的安全防护策略、木马文件检测和高危漏洞检测与修复工作。当发生安全事件时，阿里云安全团队提供安全事件分析、响应，并进行系统防护策略的优化。

（8）渗透测试服务：针对用户的网站或业务系统，通过模拟黑客攻击的方式尝试专业性的入侵，评估重大安全漏洞或隐患的增值服务。

（9）态势感知：专为企业安全运维团队打造，结合云主机和全网的威胁情报，利用机器学习进行安全大数据分析的威胁检测平台，可以让用户全面、快速、准确地感知安全威胁。

国内及国际安全认证方面，在 2012 年通过 ISO 27001（信息安全管理体系）国际认证，2013 年通过公安部信息系统等级保护三级评测及（CSA – STAR）国际认证，2014 年 1 月，阿里云通过工信部可信云服务认证。

8. 管理与监控

（1）云监控：一个开放性的监控平台，可以实时监控站点和服务器，并提供多种告警方式（短信、邮件等）以保证及时预警，以及站点和服务器的正常运行。

（2）访问控制：一个稳定可靠的集中式访问控制服务，可以通过访问控制将阿里云资源的访问及管理权限分配给企业成员或合作伙伴。

9. 应用服务

（1）日志服务：针对日志收集、存储、查询和分析的服务，可以收集云服务和应用程序生成的日志数据并编制索引，提供实时查询海量日志的能力。

（2）开放搜索：解决用户结构化数据搜索需求的托管服务，支持数据结构、搜索排序、数据处理的自由定制，为网站或应用程序提供简单、低成本、稳定、高效的搜索解决方案。

（3）媒体转码：为媒体数据提供转码计算服务，以经济、弹性和高可扩展的音视频转换方法，将多媒体数据转码成适合在 PC、TV 及移动终端上播放的格式。

（4）性能测试：全球领先的 SaaS 性能测试平台，具有强大的分布式测压能力，可以模拟海量用户真实的业务场景，发现其应用性能。性能测试包含两个版本，Lite 版适合业务场景简单的系统，可以免费使用；企业版适合承受大规模压力的系统，同时每月提供免费额度，可以满足大部分企业客户。

（5）移动数据分析：一款移动 App 数据统计分析产品，提供通用的多维度用户行为分析，支持日志自主分析，助力移动开发者实现基于大数据技术的精细化运营，提升产品质量和体验，增强用户黏性。

10. 万网服务

万网提供域名、云服务器、云虚拟主机、企业邮箱、建站市场、云解析等服务。2015年 7 月，阿里云官网与万网网站合二为一，万网旗下的域名、云虚拟主机、企业邮箱和建站市场等业务深度整合到阿里云官网，用户可以在网站上开始网络创业的第一步。

7.1.2 阿里云的行业解决方案

阿里云的业务应用领域包括汽车、消费电子、移动应用、医疗、交通等。

阿里云已经形成多媒体、物联网、网站、金融、游戏、医疗、政务、渲染、O2O（如酒店、餐饮、在线旅行服务、POS 支付、Wi－Fi 接入、生鲜快送、汽车服务、房产装修）等解决方案。

1. 医疗解决方案

2015 年 10 月，阿里云与英特尔、华大基因合作，共建中国乃至亚太地区首个定位精准阿里云的行业解决方案。医疗应用云平台，促进精准医疗的发展。4 月，中石化与阿里云共同宣布展开技术合作，借助云计算和大数据，部分传统石油化工业服务将进行升级，新的商业服务模式将会展开；5 月，华夏保险决定采用云和分布式技术重构其电商业务系统，新的电商系统将基于阿里金融云进行建设，华夏保险成为国内首家将关键业务部署到公共云平台的人寿保险机构。

2. 政务解决方案

各地政府希望借助云计算推动电子政务、政府网络采购、交通、医疗、旅游、商圈服务等政府公共服务的电商化、无线化、智慧化应用，同时推动传统工业、金融业、服务业的转型升级，催生带动一批本地创新创业企业发展。浙江省水利厅将台风路径实时发布系统搬上阿里云，以应对台风天突增的上百倍访问量；2014 年 5 月，中国气象局与阿里云达成合作，共同挖掘气象大数据的价值；2015 年 5 月，中国交通通信信息中心研发、运营的宝船网 2.0 系统与阿里云合作，让公众可以查询全球超过 30 万艘船舶的实时位置和历史轨迹。

7.2 Cloud Foundry 与阿里云结合技术的原理与实现

Cloud Foundry 是行业标准的开源云应用程序平台，用于开发和部署企业云应用程序。本节重点介绍 Cloud Foundry 技术与阿里云结合系统后的应用原理与安装程序。

7.2.1 Cloud Foundry 开源 PaaS 云平台

1. Cloud Foundry

Cloud Foundry 是业界第一个开源 PaaS 云平台，它提供给开发者自由地去选择云平台、开发框架、语言、运行时环境和应用服务，使开发人员能够很快进行应用程序的部署和扩展，无须担心任何基础架构的问题。即开发者不再需要关注机器、存储、网络等的开通、管理和监控等细节事务；可以迅速实现应用原型；可以快捷地将服务组装成为应用；可以快速地部署代码的新版本；依靠多启动几个实例，快速地实现应用的弹性伸缩；不再需要实现日志与度量的监控系统。

Cloud Foundry 由依照美国联邦法律注册的非营利性组织 Cloud Foundry Foundation（云铸造基协会）管理，最初由 VMWare 开发，于 2014 年转入 Pivotal 和 open source。2015 年，在 Cloud Foundry 基金会成立后，Cloud Foundry 软件（源代码和所有相关注册商标）被转移至这一开源软件基金会名下，其主要编程语言包括 Ruby、Go 和 Java。

Cloud Foundry 是一个开源项目，用户可以使用多种私有云发行版，也可以使用公共云服务，包括 CloudFoundry. com。

Cloud Foundry 让开发人员专注于编写应用程序，而无须为中间件和基础设施分心。在使用自助式高生产力的框架和应用服务的同时，开发人员可以快速在自己的环境上开发和测试下一代应用，并能部署到"云"上而无须做任何更改。

2. Cloud Foundry 的特点

Cloud Foundry 支持应用程序开发的完整生命周期，因此作为持续交付的解决方案而广受推崇。如图 7-2 所示，Cloud Foundry 基于容器的架构支持各类云服务供应商，同时支持以任何编程语言运行的应用程序。这一支持多个云部署的环境允许开发人员可利用适合特定应用程序工作负载的云平台，根据需要在短短几分钟内对这些工作负载进行迁移，而无须更改应用程序。

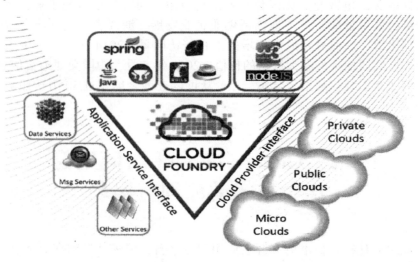

图 7-2 Cloud Foundry 及其云提供接口、应用服务接口和支持的编程框架

Cloud Foundry 的特点主要有以下几点：

（1）支持公共云、私有云和混合云上的部署。Cloud Foundry 支持众多在私有或公有基础设施上运行的合作伙伴的云平台，包括 vSphere/vCloud、AWS、OpenStak、Rackspace、Ubuntu、CloudFoundry. com，Micro Cloud Foundry 是业界第一个可以部署到开发者笔记本上运行的 PaaS 平台。

（2）支持业界标准框架：包括 Spring for Java、Ruby on Rails 和 Sinatra、Node. js、Grails、Scala on Lift 以及更多合作伙伴提供的框架（如 Python、PHP）。

（3）支持应用服务：包括 RabbitMQ，来自 VMware 的 vFabric PostgreSQL、MySQL、MongoDB 和 Redis，以及更多来自第三方和开源社区的应用服务。

（4）架构可扩展：可以使开发人员和架构师前瞻性地验证其组织架构是否适应快速的云创新。

（5）开源项目社区：社区内允许任何开发者访问、评估和贡献，包括集成其他框架，增加应用服务和部署应用到其他基础设施云。

经过不断的发展，Cloud Foundry 的组件增加了很多，但核心组件并没有变化，增加的组件是原架构基础上的细化和专门化。

3. 解决方案

部署至 Cloud Foundry 的应用程序可以通过 Open Service Broker API 访问外部资源。

在平台中，数据库、消息系统、文件系统等被视为服务。Cloud Foundry 允许管理员创建服务市场，用户可从市场中按需获取这些服务。当应用程序被推送到 Cloud Foundry 时，也可以指定它所需的服务。在这一过程中，证书被置于环境变量中。

Cloud Foundry 平台可以从 Cloud Foundry Foundation 作为开源软件获取，也可以从商业服务供应商处作为软件产品或软件服务获取。Cloud Foundry 是一项开源软件，可以供任何人使用。部署 Cloud Foundry 涉及使用由 Cloud Foundry 基金会管理的另一项开源工具——Cloud Foundry BOSH 部署系统与底层基础架构进行交互。

2015 年 12 月，Cloud Foundry 基金会宣布推出 Cloud Foundry PaaS 认证计划，该计划对 Cloud Foundry 认证供应商的标准进行了说明。Cloud Foundry 认证供应商有华为 FusionStage、IBM Cloud Foundry 等，Cloud Foundry 已经得到一大批知名厂商的鼎力支持。

7.2.2 Cloud Foundry 工作原理及其与阿里云结合技术

1. Cloud Foundry 平台架构及机理

Cloud Foundry 平台架构如图 7-3 所示。

（1）Routing 负责请求的分发。Router 通过 Diego BBS 获取所有应用的运行状态，并维护动态的路由表；一般在 Router 前增加服务器负载均衡（Server Load Balancing，SLB），并绑定域名。

（2）Authentication：UAA 组件作为 Cloud Foundry 的用户管理中心，对平台中的用户信息进行统一管理、认证和授权。

（3）APP Life cycle：Cloud Controller 负责管理 APP 的发布，当用户推选一个 App 的时

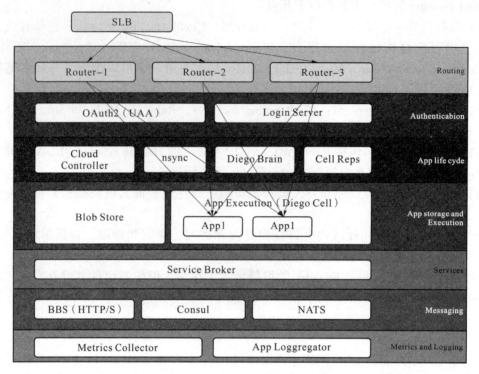

图 7-3 Cloud Foundry 平台架构

候，Cloud Controller 将请求转交给 Diego Cell 完成应用的 Stage 操作；应用的状态通过Diego BBS 来进行监控和消息通知。

（4）App Storage and Execution：Blob Store 用于存储二进制文件，包括代码包、Build packs 和 Droplets；应用的运行和 Stage 都有 Diego Cell 来分配资源运行；Diego Cell 管理应用的生命周期，并汇报应用的状态给 BBS；Diego Cell 负责将应用的 Metrics 和 Log 发送出去。Blob store 中的 Buildpacks。负责将写好的程序，及其依赖的环境、配置、启动脚本等打包成 droplet，这个过程称为 stage；支持多种开发语言与框架；CF 按照固定的顺序管理 build-packs；支持自定义扩展。

（5）Services：Service Broker 中的 CF 通过 Service Broker 方式支持 App 的数据库或第三方 SaaS 的访问需求，构建第三方服务于 CF 组件之间的连接；采用的 Open Service Broker API 规范同时被 Kubernates、Open Shift 等项目支持。

（6）Messaging：NATS 是 CF 的内部通信系统，是一款基于事件驱动的、轻量级的消息发布-订阅系统，CF 通过 NATS 解决各个组件间的通信问题；Consul 是一款分布式服务发现与配置管理系统，用于同步 App 及各组件的地址等信息；BBS 是随 Diego 发布的消息同步组件，用于管理 Cell 及 App 状态、任务和心跳管理等。

（7）Metrics and Logging：Loggregator 将 App 的日志通过流的方式输出给开发者，Metrics Collector 用于收集组件的统计和度量，可提供给运维人员作为监控使用。

2. Cloud Foundry 的运维理念及阿里云结合技术

Cloud Foundry 的运维具有弹性伸缩、运维智能、IaaS 隔离、自动化部署工具 BOSH 四个特点。

BOSH 是 Bosh Outter Shell 的缩写。与"Outter Shell（外部 Shell）"相对，被 BOSH 部署和管理的系统称为 Inner Shell（内部 Shell）。BOSH 部署和链接图，如图 7-4 所示。

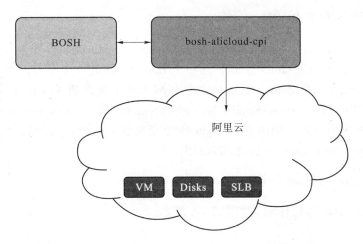

图 7-4　BOSH 部署、Cloud 访问接口和链接图谱

Cloud 访问接口和链接程序如图 7-4 所示，其中 bosh-alicloud-cpi 为 bosh-阿里云-cpi。

Stemcell 是支持 BOSH 的虚拟机镜像模板，包括一个 BOSHAgent（代理）组件，并随机启动运行，这个进程被用于监听虚拟机上 BOSH 组件的运行状态并负责与 BOSH Director（导向）进行通信交互，当 BOSH Agent 接收到 BOSH Director 发布的任务指令后，会根据此任务指令的要求在虚拟机上进行一系列的动作；BOSH 会使用指定的 Stemcell 创建虚拟机，并通过 Agent 进行管理；包括 Light（轻）-Stemcell 与 Heavy（重）-Stemcell。Stemcell 运行示意如图 7-5 所示。其中 BOSH Director CPI 通过 OPENAPI 与阿里云连接。

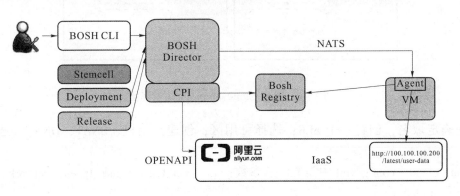

图 7-5　Stemcell 运行示意

7.2.3　Cloud Foundry 环境部署及在阿里云安装 BOSH

Cloud Foundry 云环境的部署方式比较灵活。在运行环境上，可以基于 VMware 或者 OpenStack 虚拟化环境之上，建立 Cloud Foundry 云环境；在部署上，可以使用单节点部署，

也可以使用多节点部署；既可以利用 dev_setup 实现单节点或多节点的小规模的环境部署，也可以使用 Bosh 实现大规模的自动化部署；并且在实验室环境提供了 Micro Cloud Foundry 单机版 PaaS 环境，用户可以在线或离线部署应用和服务。

1. 在阿里云上安装 BOSH

获取工程网址：http：//github. com /aliyun/bosh – deployment；安装 BOSH CLI 网址：http：//bosh. io/docs/cli – v2. html#install。选一个 Region；创建一个专有网络 VPC；创建安全组 SecurityGroup；选择一个 Zone，创建一个专有网络技术交换机 Vswitch；如果需要公网访问，创建 ElasticIP；获取 AccessKeyID/AccessKeySecret；使用 bosh create – env 命令安装 bosh，将相关的参数填进去；使用 bosh login 命令完成登录；更详细的部分请参阅云栖社区文章：https：//yq. aliyun. com/articles/292815。

2. Cloud Foundry 环境部署

准备 Cloud Foundry 运行环境，如图 7 – 6 所示。

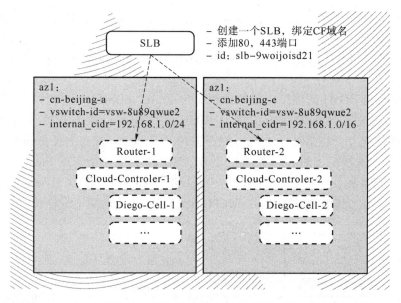

图 7 – 6　准备 Cloud Foundry 运行环境

首先确定域名；创建一个 SLB；选择可用区；创建交换机、SNAT、DNAT、选好实例规格。

Update cloud – config. yml 中需要注意参数：azs、vm_types、disk_types、network、vm_extensions、compilation。

3. 安装 Cloud Foundry

工程登录网址：https：//github. com /cloudfoundry/cf – deploymengt。bosh upload – stemcell；修改 cf – deployment. yml，做必要的增加或裁剪；安装 CF：$ bosh – e my – bosh – d cf deploy cf – deployment. yml \ – – vars – store cf – vars. yml \ – v system_domain = cloudfoundry. cc；登录 CF：$ cf login – a http：//api. cloudfoundry. cc – – skip – ssl – validation – u admin – p ' bosh int. /cf – creds. yml – path/cf_admin_password'。

园区 ECS 在线安装时，可能会遇到 Release 下载问题，请先本地下载后 upload – release 再安装。Buildpacks 默认都是在线 Buildpack，需要安装完成后替换为离线 Buildpacks，制作常用 Buildpacks 的缓存，提供下载。

7.3　阿里云的云运营策略

除 SaaS 运营策略外，阿里云还有如下云运营策略特点。

1. 提出品牌口号"为了无法计算的价值"

在 2015 云栖大会上，阿里云发布全新品牌口号及品牌广告——"为了无法计算的价值"（Creating value beyond computing），深入地阐释阿里云的品牌定位及品牌价值。

在传统认知中，"计算"一词对于大多数人是必须去花费力气破解的代码世界，与日常生活的交集看起来好像是微乎其微。然而，阿里云认为，计算的终极意义是发挥数字的力量，去解决问题、创造价值，让数字不止于数字，赋予数字以人的喜怒哀乐。几年的光阴更见证了计算对生活、对社会、对每一个普通人产生的潜移默化的影响，那是科技理性与人文感性的精彩碰撞，在和谐之中共享无法被衡量的价值。

事实证明，把"为了无法计算的价值"作为品牌更是无法计算的价值。

2. 让云运营者认识云计算价值

阿里巴巴集团首席技术官王坚，曾系统性地概括了云计算对于未来世界的价值：

1）互联网是基础设施

互联网是基础设施。作为一种通用技术，互联网和 100 年前的电力技术，200 年前的蒸汽机技术一样，将对人类社会产生巨大、深远而广泛的影响。互联网作为国家信息基础设施，就像公路、港口、水、电、煤等一样，越来越成为国民经济各项事业发展的基础，越来越成为国民经济发展新的引擎，也越来越成为企业创业创新、发展壮大的关键前提。

2）数据成为新时代的生产资料

互联网的普及，使得数据以更低的成本被自然沉淀，数据成为生产资料，人类从 IT 时代进入 DT 时代。海量的文本、图片、音视频等数据，通过有效分析和开发，产生新的价值。正如石油的价值体现在炼油厂的加工水平，要让海量的数据产生价值，关键就在计算的能力。计算经济将接棒"石油经济"，成为新经济时代引擎。

3）计算就是公共服务

云计算改变了用户对计算资源的获取方式，从购买产品独立构建计算设施转为寻求社会化公共服务。云计算使计算能力不再封装于具体的软硬件产品中，而以社会化服务的形式呈现，创新了商业模式。小公司可以与大公司站在同一个起跑线上，拥有和大公司一样的能

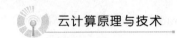

力，去做它们想做的创新。

阿里云总裁胡晓明曾说，计算将成为 DT 世界的引擎。

（1）人类走过农业、工业时代，正迎来互联网时代的计算革命，在这个过程，阿里云的梦想是让计算成为 DT 世界的引擎。

（2）"互联网＋"的大背景下，各个领域会涌现出大量视频数据、音频数据、图像数据、身体数据等，如何让这些数据算得快、算得准、算得起，是检验云计算技术创新能力的试金石。

（3）中国的云计算技术开始服务于全球客户。阿里云的国际站点在新加坡上线，触角正在加速伸向最大竞争对手 AWS 所覆盖的地区，除了已在美国开通两个大型数据中心外，其在欧洲、东南亚、中东等地均有布局，将与 Amazon 在全球竞争。

让云运营者认识上述这些云计算价值，对云运营不无意义。

3. 明确主要竞争对手

阿里巴巴与 Amazon——这两家全球最大的电子商务公司，终于在同一个竞技场上短兵相接。竞技项目并非双方最擅长的零售，而是新兴的云计算业务。

Amazon 方面，AWS 于 2006 年推出，多年发展已成为全球云计算服务领域的老大。2013 年 12 月 18 日，Amazon AWS 宣布入华，这是 AWS 服务全球范围进入的第十个区域。

Amazon AWS 入华过程其实颇为曲折。早在 2008 年，Amazon 就已经派人入华考察中国市场情况。4 年后，AWS 中文网站启用。再过一年，Amazon 宣布 AWS 正式入华：一方面与宽带资本合作，并与北京、宁夏当地政府合作，将数据中心放在宁夏，运营中心放在北京；另一方面，跟光环新网、网宿科技合作，为 Amazon 提供必要的互联网数据中心服务和互联网接入服务。这种方式带有外企入华特有的"别扭"：企业要想在中国内地使用 AWS，需要分别跟北京、宁夏、宽带资本签三份合同，没有统一的接头人。

这种情况被业界评论为"美洲狮来到了中国内地，但是还没出动物园"。目前看来，中国云计算市场的对决，将发生在先行一步的阿里巴巴和携全球之威的 Amazon 之间。双方较量虽尚未面对面拼杀，却也到了一触即发的地步。Amazon AWS 宣布入华后，阿里云连出三招：全线产品降价约 30％，投入 1 亿元培育生态合作伙伴，筹划 2014 年将云计算扩展至海外市场。

外媒在对比阿里与 Amazon 的云计算时，曾对两者的市场行为有这样的描述：Alibaba wants to be the Amazon of China, while Amazon wants to be the Amazon of China.

2015 年 3 月，阿里云美国硅谷数据中心投入试运营，向北美乃至全球用户提供云服务，在 AWS 的老巢直接展开竞争。

明确主要竞争对手，知己知彼，且用高标准去竞争，也是云运营的重要策略。

习　题

一、单项选择题

1. 阿里云不是（　　）。

A. 中国最大云　　　B. 全球卓越的云提供商　　　C. 创立于2009年　　　D. 总部在北京

2. RDS不支持数据库管理系统（　　）。

A. MySQL　　　　　B. SQL Server　　　　　C. PostgreSQL　　　　D. VFP

二、填空题

1. 阿里云梦想让计算成为（　　　）世界的引擎，将与（　　　　）在全球竞争。把（　　　　）作为品牌更是无法计算的价值。

2. 阿里云云运营时策略特点是（　　　　）、（　　　　）、（　　　　）。

三、简答题

1. 简述阿里云。

2. 简述阿里云的云运营策略。

3. 简述阿里云的生态环境。

4. 简述阿里云行业解决方案。

开源云计算篇

第8章

开源云计算——Hadoop

云计算原理及技术流派篇详细介绍了 Google、Amazon 和微软等商用云计算系统，本章主要讲述 Hadoop 为主的部分现有开源云计算系统，让读者了解 Hadoop 的生态环境、Hadoop 在 Linux 下的安装与使用等，重点是以案例分析的方式培养读者掌握 HDFS、MapReduce、HBase 等的配置操作及编程能力，为大数据应用打基础。

8.1 Hadoop 概述

Hadoop 是一个能够对大量数据进行分布式处理的软件框架，主要由文件系统 HDFS、计算系统 MapReduce 和数据库 HBase 组成。

Hadoop 面向的应用环境是大量低成本计算构成的分布式运算环境。它假设计算节点和存储节点会经常发生故障，为此设计了数据副本机制，确保能够在出现故障节点的情况下重新分配任务。同时，Hadoop 以并行的方式工作，通过并行处理加快处理速度，具有较高的处理能力。在设计之初，Hadoop 就为支持可能面对的 PB 级大数据环境进行了特殊的设计，具有优秀的可扩展性。

可靠、高效、可扩展这 3 大特性，加上 Hadoop 开源（源程序开放）、免费的特性，使 Hadoop 技术得到了迅猛发展，并在 2008 年成为 Apache 的顶级项目。Amazon、Facebook、eBay 等都在使用 Hadoop，雅虎基于 Hadoop 驱动的服务也不止搜索引擎一项。

Hadoop 采用谷歌的技术思想，HDFS 对应 GFS 的开源实现，Hadoop MapReduce 对应 Google MapReduce，HBase 对应 Google BigTable，Hadoop ZooKeeper 对应 Google Chubby，如表 8-1 所示。

表 8 - 1　Hadoop 与 Google

表 8 - 1　Hadoop 与 Google

Hadoop	对应的商用云计算系统 Google
HDFS	GFS
Hadoop MapReduce	Google MapReduce
HBase	Google BigTable
Hadoop ZooKeeper	Google Chubby

8.1.1　Hadoop 的生态环境

Hadoop 生态系统的特点：源代码开源（免费）；社区活跃，参与者众多；涉及分布式存储和计算的各个方面；已得到企业界验证。

Hadoop 生态系统如图 8 - 1 所示，图 8 - 1（a）是 Hadoop 生态系统 1.0 时代，图 8 - 1（b）是 Hadoop 生态系统 2.0 时代。Hadoop 2.0 增加了 YARN（集群资源管理层）。分布式协调服务 ZooKeeper 解决分布式环境下数据管理问题，如统一命名、状态同步、集群管理、配置同步。

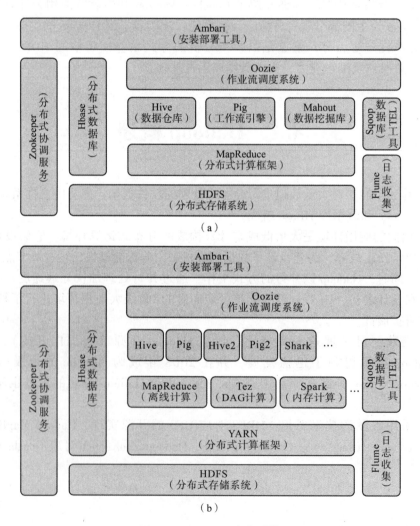

图 8 - 1　Hadoop 生态系统
（a）Hadoop 1.0 时代；（b）Hadoop 2.0 时代

Hive 是基于 MR 的数据仓库，定义了类 SQL 查询语言 HQL，可以认为是一个 HQL→MR 的语言翻译器，通常用于离线数据处理（采用 MapReduce）。

Pig 是在 Hadoop 上构建的数据仓库，定义了数据流语言 Pig Latin，通常用于离线分析。Shark 是一个大型的数据仓库系统，为 Spark（内存计算）的设计与 Apache Hive 兼容。它处理 Hive QL 的性能比 Apach Hive 快 30 倍。

Mahout，基于 Hadoop 的机器学习和数据挖掘的分布式计算框架，实现了推荐（Recommendation）、聚类（Clustering）、分类（Classification）三类算法。

Sqoop 是连接 Hadoop 与传统数据库（MySQL、DB2 等）的桥梁。

Flume（数据收集工具）是一个分布式海量日志聚合的系统，支持在系统中定制各类数据发送方，用于收集数据。

Oozie（作业流调度）将 MapReduce Java、Streaming、HQL、Pig 等类型繁多的计算框架和作业统一管理和调度。

Ambari 是安装部署工具。

YARN 负责集群计算等资源的统一管理和调度，使得多种计算框架可以运行在一个集群中，具有良好的扩展性、高可用性。

Tez（DAG）是 Apache 最新开源的支持 DAG 作业的计算框架，直接源于 MapReduce 框架，核心思想是将 Map 和 Reduce 两个操作进一步拆分，即 Map 被拆分成 Input、Processor、Sort、Merge 和 Output，Reduce 被拆分成 Input、Shuffle、Sort、Merge、Processor 和 Output 等，这些分解后的元操作可以任意灵活组合，产生新的操作，这些操作经过一些控制程序组装后，可以形成一个大的 DAG（有向图）作业，用于替换 Hive/Pig 等。Tez 是基于 YARN 的，可以与原有的 MR 共存。因此，YARN 支持两种计算框架：Tez 和 MR，随着时间的推移，YARN 上会出现越来越多的计算框架。

8.1.2 Hadoop 与 OpenStack 的区别

Hadoop 与 OpenStack 区别如下。

（1）OpenStack 参照 Amazon 云，注重虚拟化/虚拟机及其配套的服务；参照 Google 注重海量的数据分析和处理。

（2）OpenStack 的主要目的是实现一整套的云计算基础构架，包括云计算、网络、对象存储、镜像文件存储、身份认证、BlockStorage 和前端 UI，每个模块对外提供 API，可以独立供云用户调用，内部模块之间的相互调用也使用这些 API。

Hadoop 是一个分布式数据库，如 Hadoop 支持 OpenStack 中的 Object Store 模块。如果把 Openstack 比作 Windows 的话，Hadoop 相当于 SQL Server。

（3）OpenStack 管理虚拟机，如 xen、kvm 等，"云"是虚拟机；Hadoop 负责分布式计算和分布式存储，把一个执行任务分开，放到不同的节点（物理机）处理后汇总。

（4）OpenStack 是 IaaS 虚拟机管理软件，用户可以自行建立和提供云端运算服务；Hadoop 是分布式文件系统与分布式计算平台的开源方案，侧重于 HDFS 云存储与 MapReduce 云数据分析等。

（5）OpenStack 主要用于资源的虚拟化，Hadoop 主要用于超大数据处理和数据挖掘。

（6）Openstack 把大机器虚拟成很多小机器使用，大大提高资源使用率；Hadoop 把小机器合起来用，用于解决单台大机器无法解决的计算和存储等问题。

8.2 Hadoop 的安装与运行

Hadoop 是为了在 Linux 平台上使用而开发的, 但是在 UNIX、Windows 和 Mac OS X 系统上也运行良好。在 Windows 上运行 Hadoop 必须安装 Cygwin 模拟 Linux 环境。Hadoop 的安装很简单, 大家可以在官网上下载最近的版本, 下面介绍在 Linux 环境下安装 Hadoop, 在 Unix 上安装 Hadoop 的过程与在 Linux 上安装基本相同。

8.2.1 Linux 下 Hadoop 的安装

由于 Hadoop 是用 Java 开发的, Hadoop 的编译及 MapReduce 的运行需要使用 JDK, 因此, 在 Linux 安装 Hadoop 之前必须先安装 JDK 1.7 或更高版本。

Hadoop 需要通过 SSH 启动 salve 列表中各台主机的守护进程, 因此必须安装 SSH。Hadoop 没有区分集群式和伪分布式, 对于伪分布式, Hadoop 会采用与集群相同的处理方式, 即依次序启动文件 conf/slaves 中记载的主机上的进程。伪分布式中 salve 为 localhost (即为自身), 所以对于伪分布式 Hadoop, SSH 也是必需的。

1. 安装 JDK 1.7

安装 JDK 的过程很简单, 下面以 Ubuntu (虚拟机的操作系统, Linux 的一种 SonLS) 为例。

1) 下载和安装 JDK

确保可以连接到互联网, 在 Ubuntu 提示命令下方输入代码:

```
java
sudo apt -get install sun -java7 -jdk
```

输入密码, 确认后就可以安装 JDK 了。

(1) sudo 命令: 允许普通用户执行某些或全部需要 root 权限命令, 提供详尽的日志, 可以记录每个用户使用这个命令所做的操作; 提供灵活的管理方式, 可以限制用户使用命令。sudo 的配置文件为/etc/sudoers。

(2) apt (the Advanced Packaging Tool): Debian 计划的一部分, 是 Ubuntu 的软件包管理软件。通过 apt 安装软件无须考虑软件的依赖关系, 可以直接安装所需要的软件, apt 会自动下载有依赖关系的包, 并按顺序安装, 在 Ubuntu 中安装了 apt 的图形化界面程序 synaptic (中文译名为 "新立得"), 可以用来安装所需的软件。

2) 配置环境变量

在 Ubuntu 提示命令下方输入代码:

```
sudo gedit /etc/profile
```

输入密码, 打开 profile 文件。在文件的最下面输入如下内容:

```
#set Java Environment
export JAVA_HOME = (你的 JDK 安装位置,一般为/usr/lib/jvm/java-6-
sun)
export CLASSPATH = ".:$ JAVA_HOME/lib:$ CLASSPATH"
export PATH = "$ JAVA_HOME/:$ PATH"
```

配置环境变量,使系统可以找到 JDK。

3)验证 JDK 是否安装成功

在 Ubuntu 提示命令下方输入代码:

```
java-version
```

查看结果如下:

```
java version "1.7.0_72"
```

2. 配置 SSH 免密码登录

以 Ubuntu 为例,设用户名为 u。

1)确认已经连接上互联网

在提示命令下方输入代码:

```
sudo apt-get install ssh
```

2)配置为可以无密码登录本机

查看在 u 用户下是否存在 .ssh 文件夹(注意 ssh 前面有 ".",这是一个隐藏文件夹),输入命令:

```
ls-a /home/u
```

一般来说,安装 SSH 时会自动在当前用户下创建这个隐藏文件夹,如果没有,可以手动创建一个。接下来,输入命令:

```
ssh-keygen-t dsa-P "-f ~/.ssh/id_dsa
```

ssh-keygen 表示生成密钥;-t(注意区分大小写)指定生成的密钥类型;dsa 表示 dsa 密钥认证,即密钥类型;-P 提供密语;-f 指定生成的密钥文件。

在 Ubuntu 中,~代表当前用户文件夹,这里即/home/u。

这个命令会在 .ssh 文件夹下创建文件 id_dsa 及 id_dsa.pub,这是 SSH 的一对私钥和公钥,把 id_dsa.pub(公钥)追加到授权的 key 里面去。

输入命令:

```
cat ~/.ssh/id_dsa.pub >> ~/.ssh/authorized_keys
```

把公钥加入用于认证的公钥文件,authorized_keys 是用于认证的公钥文件。

无密码登录本机设置完成。

3）验证 SSH 是否已安装成功，以及是否可以无密码登录本机

输入代码如下：

```
ssh -version
```

显示结果如下：

```
OpenSSH_5.1p1 Debian -6ubuntu2, OpenSSL 0.9.8g 19 Oct 2007
Bad escape character ´sion´.
```

上述结果表示 SSH 已经安装成功了。

输入代码如下：

```
ssh localhost
```

显示结果如下：

```
The authenticity of host localhost (∷1)´can´t be established.
RSA key fingerprint is 8b∶c3∶51∶a5∶2a∶31∶b7∶74∶06∶9d∶62∶04∶4f∶84∶
f8∶77.
Are you sure you want to continue connecting (yes/no)? yes
Warning∶Permanently added localhost´(RSA)to the list of known hosts.
Linux master 2.6.31 -14 -generic #48 -Ubuntu SMP Fri Oct 16 14∶04∶26
UTC 2009 i686
To access official Ubuntu documentation, please visit∶
http∶//help.ubuntu.com /
Last login∶Mon Oct 18 17∶12∶40 2010 from master
admin@ Hadoop∶~ $
```

安装成功，第一次登录时会询问你是否继续链接，输入"yes"即可进入。

实际上，在 Hadoop 的安装过程中，是否无密码登录是无关紧要的，但是如果不配置无密码登录，每次启动 Hadoop 都需要输入密码才能登录到每台机器的 DataNode 上。一般的 Hadoop 集群动辄数百台或上千台机器，配置 SSH 的无密码登录可以方便登录。

3. 安装并配置 Hadoop

Hadoop 将主机划分为 master 和 slave，从 HDFS 的角度将主机划分为 NameNode 和 DataNode（在分布式文件系统中，目录的管理很重要，NameNode 就是目录管理者），从 MapReduce 的角度将主机划分为 JobTracker 和 TaskTracker（一个 job 经常被划分为多个 task，从这个角度不难理解它们之间的关系）。

Hadoop 有官方发行版与 cloudera 版，其中 cloudera 版是 Hadoop 的商用版本。Hadoop 官方发行版的安装方法如下。

Hadoop 有 3 种运行方式：单节点方式、伪分布式与集群方式。

1）单节点方式配置

安装单节点的 Hadoop 无须配置，在这种方式下，Hadoop 被认为是一个单独的 Java 进程，这种方式经常用来调试。

2）伪分布式配置

伪分布式的 Hadoop 可以看作只有一个节点的集群，该节点集群中同时担当两种角色，如 master 和 slave、NameNode 和 DataNode、JobTracker 和 TaskTracker。

伪分布式的配置只需要修改几个文件。

进入 conf 文件夹，修改配置文件的代码如下：

```
Hadoop - env.sh：
export JAVA_HOME = "你的 JDK 安装地址"
```

指定 JDK 的安装位置的代码如下：

```
    conf/core - site.xml：
< configuration >
   < property >
      < name > fs.default.name </name >
      < value > hdfs://localhost:9000 </value >
   </property >
</configuration >
```

Hadoop 核心的配置文件，配置 HDFS 的地址和端口号，代码如下：

```
    conf/hdfs - site.xml：
< configuration >
   < property >
      < name > dfs.replication </name >
      < value > 1 </value >
   </property >
</configuration >
```

Hadoop 中 HDFS 的配置，配置的备份方式默认为 3，在单机版的 Hadoop 中需要将其改为 1。代码如下：

```
    conf/mapred - site.xml：
< configuration >
    < property >
       < name > mapred.job.tracker </name >
    < value > localhost:9001 </value >
    </property >
</configuration >
```

Hadoop 中 MapReduce 的配置文件，配置 JobTracker 的地址和端口。

如果安装 0.20 之前的版本，则只有一个配置文件，即 Hadoop – site. xml。

在启动 Hadoop 前，需要格式化 HDFS。进入 Hadoop 文件夹，输入下面的代码格式化文件系统：

```
bin/Hadoop NameNode – format
```

8.2.2 运行 Hadoop

输入如下代码，启动 Hadoop：

```
bin/start – all.sh(全部启动)
```

打开浏览器，分别输入 http://localhost：50030。

MapReduce 和 HDFS 的 Web 页面都能查看说明 Hadoop 安装成功。

Hadoop 必须安装 MapReduce 及 HDFS，如果有必要，可以只启动 HDFS（start – dfs. sh）或 MapReduce（start – mapred. sh）。

8.3 分布式文件系统（HDFS）

HDFS 是存取数据的分布式文件系统，HDFS 的操作是文件系统的基本操作，如文件的创建、修改、删除、修改权限等，文件夹的创建、删除、重命名等。HDFS 的操作命令与 Linux 的 shell 对文件的命令行操作类似，如 ls、mkdir、rm 等。

文件系统是操作系统的重要组成部分，通过对操作系统所管理的存储空间的抽象，为用户提供统一的、对象化的访问接口，屏蔽对物理设备的直接操作和资源管理。

执行 HDFS 操作的时候，要确定 Hadoop 是正常运行的，使用 jps 命令确保看到各个 Hadoop 进程。

8.3.1 基本操作

HDFS 提供了一系列的命令行接口执行文件操作。所有的命令行由 Hadoop 脚本引发，如果未按指定要求运行，如缺少指定参数等，会自动在屏幕上打印所有的命令描述。

1. HDFS 的通用命令

HDFS 内置了一套对于整体环境进行处理的命令，常用的通用命令有 archive、distp、fs 和 jas。

（1）archive：创建一个 hadoop 档案文件。其代码如下：

```
hadoop archive – archibeName NAME < src >*  < dest >
```

示例：hadoop archive – archibeName sample. txt /user/file. txt /user/ sample. txt 。

（2）distp：在相同的文件系统中并行地复制文件。代码如下：

```
hadoop distcp <src1> <src2>
```

示例：hadoop distcp hdfs：//host/user/file1 hdfs：//host/user/file2

（3）fs：运行一个常规的文件基本命令。代码如下：

```
hadoop fs [COMMAND_OPTIONS]
```

（4）jar：运行一个内含 Hadoop 运行代码的 jar 文件。代码如下：

```
hadoop jar <jar>[mainClass] args
```

示例：hadoop jar Sample. jar mainMethod args

2. HDFS 的基本命令

对于 HDFS 来说，fs 是启动命令行动作，用于提供一系列子命令（子命令前加横线），一般形式为"hadoop fs – cmd <args>"，如采用如下代码获取帮助文件：

```
$ hadoop fs -help
```

HDFS 常用的文件操作命令如下。

（1）– cat：将路径指定的文件输出到屏幕。其代码如下：

```
hadoop fs -cat URI
```

示例：hadoop fs – cat hdfs：//host1：port1/file

　　　　hadoop fs – cat file：///file3

（2）– copyFromLocal：将本地文件复制到 HDFS 中。其代码如下：

```
hadoop fs -copyFromLocal <localsrc>URI
```

（3）copyToLocal：使用方法为 hadoop fs – copyToLocal <localsrc> URI，将一个文件从 HDFS 系统中复制到本地文件。

（4）– cp：将文件从源路径复制到目标路径，可以复制多个源路径，但是目标路径必须是一个目录。代码如下：

```
hadoop fs -cp URI
```

示例：hadoop fs – cp /user/file /uesr/files

　　　　hadoop fs – cp /user/file1 /user/files/user/dir

（5）– du：显示目录中所有文件大小，或者指定一个文件时，显示此文件大小。代码如下：

```
hadoop fs -du URI
```

示例：hadoop fs – du /user/dir1

　　　　hadoop fs – du hdfs：// host：port/user/file

（6）– dus：显示目标文件大小。代码如下：

```
hadoop fs -dus <ars>
```

（7）－expunge：清空回收站。代码如下：

```
hadoop fs-expunge
```

（8）－get：复制文件到本地文件系统。代码如下：

```
hadoop fs-get <localdst>
```

示例：hadoop fs－get /user/file localfile

　　　 hadoop fs－get hdfs：//host：port/file localfile

（9）－ls：浏览本地文件，并按如下格式返回文件信息。

　　文件名　　<副本数>　　文件大小　修改日期　权限　用户 ID/组 ID

如果浏览的是一个目录，则返回其子文件的一个列表，信息如下：

目录名　　<dir>　　修改日期　修改时间　权限　用户 ID/组 ID

（10）－lsr：递归地查阅文件内容。代码如下：

```
hadoop fs-lsr
```

（11）－mkdir：创建对应的文件目录，并直接创建相应的父目录。代码如下：

```
hadoop fs-mkdir <path>
```

示例：hadoop fs－mkdir /user/dir1 /dir2 /dir3 /file

　　　 hadoop fs－mkdir hdfs：//host：port/user/dir

（12）－mv：将源文件移动到目标路径，目标路径可以有多个，不允许在不同文件系统移动。代码如下：

```
hadoop fs-mv URI <dest>
```

示例：hadoop fs－mv /user/file1 /user/file2

　　　 hadoop fs－mv hdfs：//host：port/file1 hdfs：//host：prot/file2

（13）－put：从本地文件系统复制单个或多个源路径到目标文件系统。代码如下：

```
hadoop fs-put <localsrc> <dst>
```

示例：hadoop fs－put localfile /user/file

　　　 hadoop fs－put localfile hdfs：//host：port/user/file

（14）－rm：删除指定的文件，且要求非空的目录和文件。代码如下：

```
hadoop fs-rm URI
```

示例：hadoop fs－rm hdfs：//host：port/file

（15）－rmr：递归地删除指定文件中的空目录。代码如下：

```
hadoop fs-rmr URI
```

（16）－setrep：改变一个副本复制份数。代码如下：

```
hadoop fs-setrep [-R] <path>
```

－R 将修改子目录文件的性质。Hadoop 的备份系数指每个 block 在 hadoop 集群中有几份，系数越高，冗余性越好，占用存储也越多。备份系数在 hdfs - site. xml 中定义，默认值为 3。

示例：hadoop fs - setrep - w 3 - R /user/file

（17） - test：ezd 对文件进行检查。代码如下：

```
hadoop fs - test - [ezd] URI
```

e 检查文件是否存在，若存在返回值为 0；z 检查文件是否为 0 字节，如果是则返回 0；d 检查路径是否为目录，如果是则返回 1，否则返回 0

（18） - test：将源文件输出为文本格式，运行的格式是 zip 和 text 类。代码如下：

```
hadoop fs - text < src >
```

使用命令行对 HDFS 文件进行操作与一般操作命令类似，如将某一个文件从本地的文件系统复制到 HDFS 中，其操作代码如下：

```
$ hadoop fs - copyFromLocal /user/localFile.txt sample.txt
```

此部分代码通过调用命令 fs，指定执行脚本命令 - copyFromLocal，将本地文 localFile. txt 复制到运行在 localhost 上的 HDFS 中。

在文件具体上传路径上没有写绝对路径，使用相对路径进行了简化，绝对路径前的地址在搭建 HDFS 时通过 core - site. xml 进行了指定，这里只需要简化执行即可。

8.3.2　HDFS 的访问权限

对于传统的文件读写与访问来说，设置文件的权限是非常重要的，操作系统可以根据用户级别区分可以执行的操作。HDFS 中访问权限的设置基于传统的文件权限设置，分为以下 4 类。

（1） 只读权限 - r：最基本的文件权限设置，用于所有可进入系统的用户，任意一个用户读取文件或列出目录内容时只需要只读权限。

（2） 写入权限 - w：用户使用命令行或 API 接口对文件及文件目录进行生成、删除等操作的时候需要写入权限。

（3） 读写权限 - rw：同时具备读取权限和写入权限功能的一种更加高级的权限设置。

（4） 执行权限 - x：一种特殊的文件设置，HDFS 目前没有可执行文件，因此一般不对此进行设置，但是可以将此权限用于设置某个目录的权限以区分用户群。

"- ls" 命令用于浏览整个文件目录，命令的执行结果如图 8 - 2 所示。

①是对文件权限的说明；②代表副本保存的数量；③显示文件所属用户及用户的组别；④显示文件大小、时间等。

图 8 - 2　- ls 命令的执行结果

大多数 HDFS 用户的使用是远程访问。任何具有读写权限的用户都可以使用其用户名来创建一个用户来对文件进行访问，并且可以将文件的权限分享给同组别的用户使用。在图 8 - 2 中可以看到，文件对所属用户和组别进行了规定。

用户名后使用了 super - user 这一用户概念，特指使用 NameNode 登录用户建立的文件，super - user 可以不受文件权限限制而访问任何一个 HDFS 的任意文件。

8.3.3 通过 Web 浏览 HDFS 文件

HDFS 除了以命令行形式浏览内容文件外，HTTP 内建了支持通过浏览器访问的只读接口，用于对文件目录和数据进行检索服务。通过访问 HTTP 地址上的特定端口（默认为50070），可以很容易获得直观的数据显示，如图 8 - 3 所示。

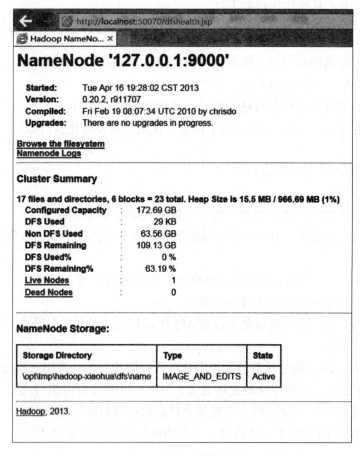

图 8 - 3 Web 页面视图

（1）NameNode：提供 NameNode 的链接地址、访问日期、版本号、编译版本及目前版本号以及升级版本信息等。

（2）Cluster Summary：提供当前节点的信息，如文件存储信息、Block 数量、硬盘使用容量、HDFS 使用的容量信息等数据。

（3）NameNode Storage：提供此节点在 NameNode 中存储的节点信息。State 标示此节点为活动节点，可正常提供服务。

Web 页面通过链接提供了一些详细支持，单击"Browse the filesystem"链接打开文件存储目录，如图 8-4 所示。单击"Namenode Logs"链接，打开 NameNode 节点的 log 信息，如图 8-5 所示。

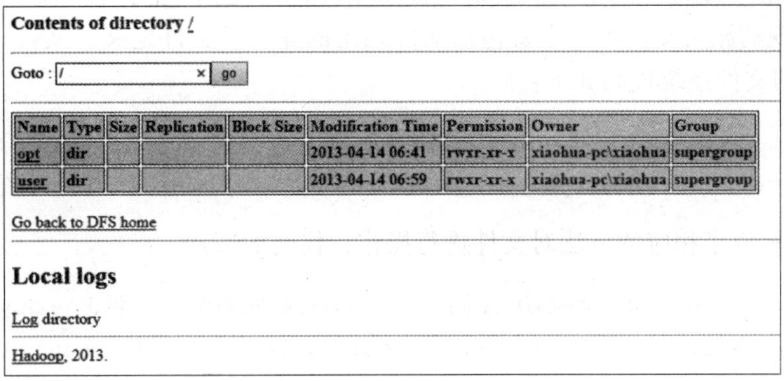

Contents of directory /

Goto : [/] × [go]

Name	Type	Size	Replication	Block Size	Modification Time	Permission	Owner	Group
opt	dir				2013-04-14 06:41	rwxr-xr-x	xiaohua-pc\xiaohua	supergroup
user	dir				2013-04-14 06:59	rwxr-xr-x	xiaohua-pc\xiaohua	supergroup

Go back to DFS home

Local logs

Log directory

Hadoop, 2013.

图 8-4　文件存储目录

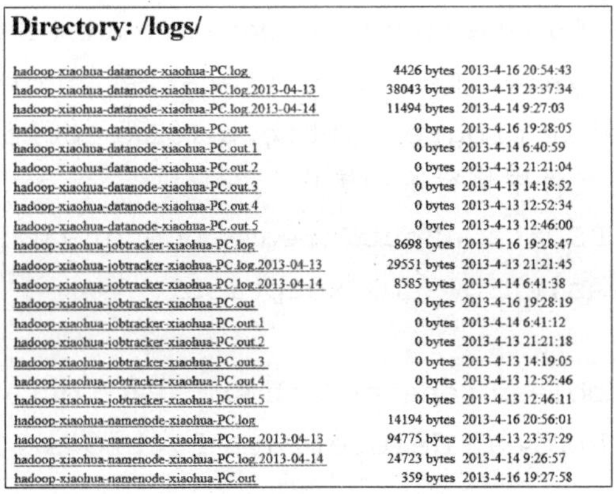

Directory: /logs/

hadoop-xiaohua-datanode-xiaohua-PC.log	4426 bytes	2013-4-16 20:54:43
hadoop-xiaohua-datanode-xiaohua-PC.log.2013-04-13	38043 bytes	2013-4-13 23:37:34
hadoop-xiaohua-datanode-xiaohua-PC.log.2013-04-14	11494 bytes	2013-4-14 9:27:03
hadoop-xiaohua-datanode-xiaohua-PC.out	0 bytes	2013-4-16 19:28:05
hadoop-xiaohua-datanode-xiaohua-PC.out.1	0 bytes	2013-4-14 6:40:59
hadoop-xiaohua-datanode-xiaohua-PC.out.2	0 bytes	2013-4-13 21:21:04
hadoop-xiaohua-datanode-xiaohua-PC.out.3	0 bytes	2013-4-13 14:18:52
hadoop-xiaohua-datanode-xiaohua-PC.out.4	0 bytes	2013-4-13 12:52:34
hadoop-xiaohua-datanode-xiaohua-PC.out.5	0 bytes	2013-4-13 12:46:00
hadoop-xiaohua-jobtracker-xiaohua-PC.log	8698 bytes	2013-4-16 19:28:47
hadoop-xiaohua-jobtracker-xiaohua-PC.log.2013-04-13	29551 bytes	2013-4-13 21:21:45
hadoop-xiaohua-jobtracker-xiaohua-PC.log.2013-04-14	8585 bytes	2013-4-14 6:41:38
hadoop-xiaohua-jobtracker-xiaohua-PC.out	0 bytes	2013-4-16 19:28:19
hadoop-xiaohua-jobtracker-xiaohua-PC.out.1	0 bytes	2013-4-14 6:41:12
hadoop-xiaohua-jobtracker-xiaohua-PC.out.2	0 bytes	2013-4-13 21:21:18
hadoop-xiaohua-jobtracker-xiaohua-PC.out.3	0 bytes	2013-4-13 14:19:05
hadoop-xiaohua-jobtracker-xiaohua-PC.out.4	0 bytes	2013-4-13 12:52:46
hadoop-xiaohua-jobtracker-xiaohua-PC.out.5	0 bytes	2013-4-13 12:46:11
hadoop-xiaohua-namenode-xiaohua-PC.log	14194 bytes	2013-4-16 20:56:01
hadoop-xiaohua-namenode-xiaohua-PC.log.2013-04-13	94775 bytes	2013-4-13 23:37:29
hadoop-xiaohua-namenode-xiaohua-PC.log.2013-04-14	24723 bytes	2013-4-14 9:26:57
hadoop-xiaohua-namenode-xiaohua-PC.out	359 bytes	2013-4-16 19:27:58

图 8-5　log 信息

8.3.4　HDFS 接口（API）的使用

HDFS 是构建在 Java 体系上的分布式计算框架，可以使用 Java 提供的 API 程序对文件进行读写操作，为 Java 其他服务提供链接与支持，例如，使用 JSP 搭建 B/S 服务系统进行"云存储"以及运行相应的"云计算"，HDFS 的文件解释与执行器是运行良好的 Java 应用，对 Java 代码进行编译，生成可执行字节码的文件。根据 Java 字节码执行原理，可以使用其他语言对 HDFS 进行操作，只需要能够在底层生成相应的字节码文件即可。

可以使用 FileSystem API 操作 HDFS 中的内容，读取和写入数据。

1. 操作 HDFS 中的内容

HDFS 提供了大量命令，操作 HDFS 中的数据，如基本数据的读取，常用的增删、修改、查询命令等。Hadoop 还提供了一整套 FileSystem 操作 API 接口，为 HDFS 中内容操作提供服务。

FileSystem 在 Hadoop 框架源代码 org. apache. hadoop. fs 包中，是关于 Hadoop 文件系统使用 Java 代码实现的相关操作类，主要包括文件系统的建立、文件定义、文件的基本操作等。获取指定对象的文件系统代码如下：

```
Configuration conf = new Configuration();          //获取环境变量
FileSystem fs =FileSystem.get(conf);               //生成文件系统
```

FileSystem 提供了相应的方法对文件进行操作，代码如下：

```
public abstract URI getUri();          //获取能够唯一标识 FileSystem 的 URI
public abstract FSDataInputStream open ( Path f, int bufferSize )
throws IOException;
    //根据给定的 Path f,打开一个文件的 FSDataInputStream 输入流
    //为写入进程打开一个 FSDataOutputStream
public abstract FSDataOutputStream create ( Path f, FsPermission
permission,boolean overwrite,int bufferSize, short replication,long
BlockSize,Progressable progress)throws IOException;
    //在一个已经存在的文件中执行追加操作
public abstract FSDataOutputStream append(Path f, int bufferSize,
Progressable progress)throws IOException;
    //重命名为 dst
public abstract boolean rename(Path src, Path dst)throws IOException;
public abstract boolean delete(Path f)throws IOException;      //删
除文件
    //删除目录
public abstract boolean delete ( Path f, boolean recursive) throws
IOException;
public abstract FileStatus [ ] listStatus ( Path f) throws IOExcep-
tion;    //列出目录中的文件
public abstract void setWorkingDirectory(Path new_dir);      //设置
当前工作目录
public abstract Path getWorkingDirectory();      //获取当前工作目录
public abstract boolean mkdirs ( Path f, FsPermission permission)
throws IOException;    //创建一个目录 f
public abstract FileStatus getFileStatus ( Path f) throws IOExcep-
tion;    //获取对应的信息实例
```

上面这些方法是文件系统应该具备的基本操作，程序设计人员可以根据不同的设计搭建应用程序框架。在这个文件系统中，某些操作的实现细节可能因为文件系统的特点而不同，可以灵活设计所需要的文件系统。

2. 读取数据

在学习 Java 的 I/O 过程中，使用 File 类库为文件的读写建立路径。HDFS 则需要使用自带的类库建立相关路径。通常使用 Path 类定义需要的路径，具体代码如下：

```
Path path = new Path( //sample.txt //);
```

【例 8 - 1】 使用 FileSystem API 从指定的 HDFS 中读取数据。

读取数据的具体代码如下：

```
Public class ReadSample {
    Public static void main(String[] args)throws Exception {
        Path path = new Path("sample.txt");         //获取文件路径
        Configuration conf = new Configuration();   //获取环境变量
        FileSystem fs = FileSystem.get(conf);       //获取文件系统
        FSDataInputStream fsin = fs.open(path);     //建立输入流
        byte[] buff = new byte[128];                //建立缓存数组
        int length = 0;                             //辅助长度
        while( (length = fsin.read(buff, 0, 128))! = -1 )
        {       //将数据读入缓存数组
                System.out.println(new String(buff,0,length));
                                                    //打印数据

        }
    }
}
```

将程序上传到集群后使用如下代码：

```
$ hadoop jar ReadSample.jar ReadSample
```

文件系统是与当前环境变量紧密联系的，对于当前 HDFS 来说，在创建当前文件系统实例之前，有必要获得当前的环境变量。代码如下：

```
Configuration conf = new Configuration();
```

Configuration 类为用户提供当前环境变量的实例，其中封装了当前搭载环境的配置，由 core - site. xml 设置，一般返回默认的本地系统文件。

FileSystem 提供了一套加载当前环境并建立读写路径的 API，代码如下：

```
public static FileSystem get(Configuration conf)throws IOExcep-
tion
    ...
    public static FileSystem get ( URI uri, Configuration conf )
throws IOException
```

通过方法名可知，此代码为重载的方法，使用传入的环境变量获取对应的 HDFS。第一个方法使用默认的 URI 地址获取当前对象中环境变量加载的文件系统，第二个方法使用传入的 URI 获取路径指定的文件系统。

使用 fs. open（Path path）方法打开数据的读入 open 方法的代码如下：

```
public FSDataInputStream open(Path path)throws IOException
  {
        //打开输入流,调用标准输入流创建方法
      return open(path, getConf( ).getInt("io.file.buffer.size",
4096));
  }
```

open 方法根据 path 路径和获取的环境变量，读取设置的缓冲区大小，如果未设定则以默认的 4 096 设定，然后返回数据流 FSDataInputStream 实例。在对 FSDataInputStream 进行分析之前，将第六行代码替换如下：

```
InputStream fis = fs.open(inPath);
```

程序依旧可以正常运行。InputStream 是一个标准的 I/O 类，提供标准输入流。通过替换代码可以得到，FSDataInputStream 继承自 DataInputStream，又实现了两个接口，为 HDFS 提供使用输入流的接口。

PositionedReadable 接口通过实现 read 方法及多个重载的 readFully 方法为文件从指定偏移处读取数据至内存中。

对方法中的定义说明如下：

- position 是使用 long 定义的数据偏移量，用于指定读取的开始位置。
- buffer 是设定的缓存 byte 数组，用以存放读取的数据，默认为 4096，offset 是从指定缓存数组开始计算的偏移量。
- length 是每次读取的长度。

由此可知，read 方法从所需要读取文件指定的 position 处读取长度为 length 字节的数据至指定的 buffer 数组中。

seekable 接口提供了 seek(long desired) 方法来实现对数据的重定位，seek 可以移动到文件的任何一个绝对位置，如使用 seek(0) 移动到文件的开始位置。

3. 写入数据

FileSystem API 设置了对文件的写功能。

【例 8 - 2】使用 FileSystem API 写入数据。

```
public FSDataOutputStream create( Path f)throws IOException{ //使用
create 方法创建输出流
    return create(f, true);                //调用重载的 create 方法
  }
  public FSDataOutputStream create( Path f, boolean overwrite) //重载
creat 方法
```

```
throws IOException {//使用默认的缓存、复制数、Block 尺寸,创建文件输入流
    return create ( f, overwrite, getConf ( ) .getInt ( " io.file.
    buffer.size", 4096),getDefaultReplication(),getDefaultBlock-
    Size());
}
```

create（Path f）依次打开创建文件输出流的通道。

FSDataOutputStream 的方法具有多个重载版本，通过依次调用，对是否复写已有文件、文件的缓存、保存时复制的副本数量、文件块大小等有了明确的规定，若没有指定则以默认值取代。

create 方法的返回值是一个 FSDataOutputStream 对象，FSDataOutputStream 也是继承 OutoutStream 的一个子类，为 FileSystem 提供文件的输出流。可以使用 OutoutStream 中的 write 方法对字节数组进行写操作。

Progressable 接口中只有一个 progress 方法，每次在 64 K 的文件写入既定的输入流后，调用一次 progress 方法。

⚠ 注意：

FSDataOutputStream 与 FSDataInputStream 类似，也有 getPos 方法，返回文件内读取的长度。但是 FSDataOutputStream 不能使用 seek 方法对文件重新定位。

8.4 Hadoop 的 MapReduce

8.4.1 Eclipse + Hadoop 编程环境

通常将 hadoop – 0. 21. 0mapredsrccontribeclipse – plugin 目录下的文件 hadoop – 0. 21. 0 – eclipse – plugin. jar 放入 eclipse 中相应的目录（如 plugins 目录或 dropins 目录）下就可以使用，但可能找不到 Map/Reduce 图标，或出现图标后单击 New Hadoop Location 没有任何反应。

为了解决插件版本与使用的 Eclipse 版本不协调的问题，要重新配置插件。例如，配置好的插件下载地址为配置后的 hadoop – 0. 21. 0 – eclipse – plugin. jar。

下载 hadoop – 0. 21. 0 – eclipse – plugin. jar 后，将其放入 centos 6. 2（或 Ubuntu）自带的 Eclipse 安装目录/usr/share/eclipse/dropins 下即可使用。

在 Eclipse 环境中添加/配置 Hadoop Location 的步骤如下。

（1）打开 MapReduce 视图 Window，单击 Open Perspective → Other 选择 Map/Reduce，在"Project Explorer"窗口下添加"DFS Locations"。添加结果如图 8 – 6 所示。

（2）添加 MapReduce 环境，在 Console 窗口出现 Map/Reduce Location 图标，如图 8 – 7 所示。

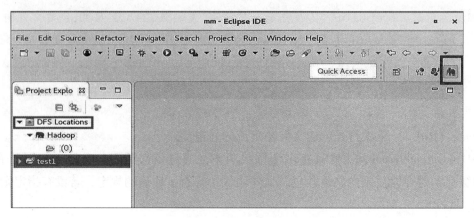

图 8 - 6　添加结果

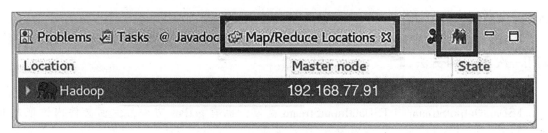

图 8 - 7　Console 窗口

在图标下面的空白处右击，在弹出的快捷菜单中选择"New Hadoop Location"命令添加新的 Location，进入配置 Location 的界面，如图 8 - 8 所示。

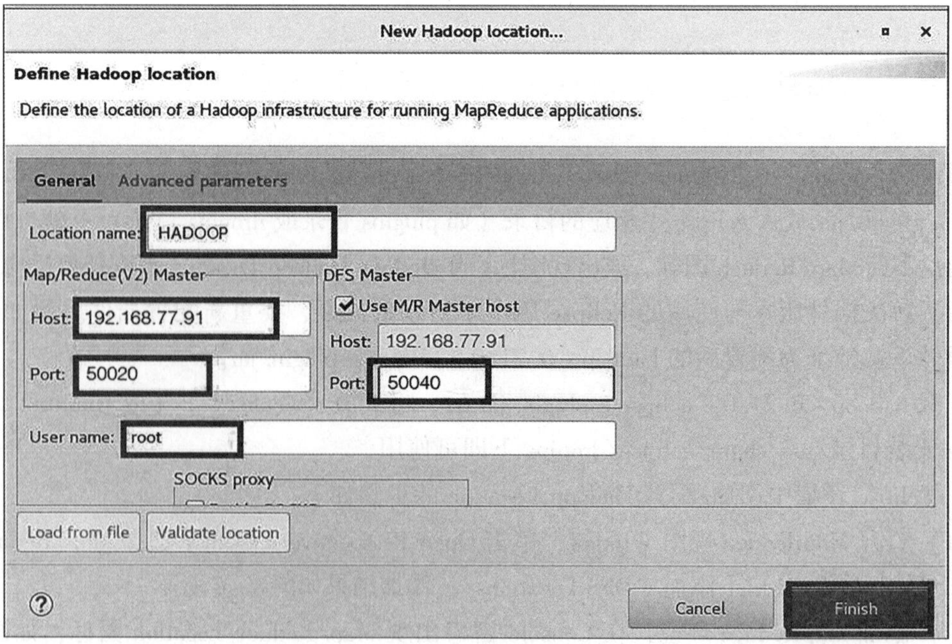

图 8 - 8　Hadoop Location 的配置界面

Hadoop 完全分布式 cluster 结构配置完成后，单击"Finish"按钮。

Location name 按自己要求取名，Map/Reduce（V2）Masrev 中 host 填写 master 的 IP 或者网络名，Port 为 yarn 文件中 Schedulev 配置端口。DFS Master 中 Port 为 core 文件中 fs 配置端口。User name 为用户名。

8.4.2 MapReduce 程序开发实例

编写一个对文本内出现的重复单词进行计数的程序。一个文本内的文字数据繁杂，内容可能较为庞大，不容易采用人工进行处理，适合采用 MapReduce 进行处理。

1. MapReduce 介绍

MapReduce 是一种可用于对输入的数据进行一系列处理的程序模型，模型的设计比较简单，一个 MapReduce 的过程如下：

```
(input) <k1,v1 >→ Map → <k2,v2 >→ <k2,list <v2 >>→ Reduce → <k3,v3 >(output)
```

1）配置 Hadoop 路径

在任务栏单击"Window"按钮→在"Preferences"对话框中选择"Hadoop Map/Reduce"，单击"Browse..."按钮，选择 Hadoop 文件夹的路径（如/usr/hadoop/）。这个步骤与运行环境无关，只是在新建工程的时候自动导入 hadoop 根目录和 lib 目录下的所有 jar 包。

2）创建工程

在菜单栏中选择"File"→"New"→"Project"选项，选择"Map/Reduce Project"，输入项目名称 WordCount，创建项目。插件会自动导入 Hadoop 根目录和 lib 目录下的所有 jar 包。

3）添加 WordCount 类及其实现代码

右击项目，在弹出的快捷菜单中选择"New"→"class"选项，创建一个类，名为 WordCount，并在类中添加其代码。

2. MapReduce 过程分析及实现

在 HDFS 中建立需要处理的文本文件，我们采用建立 API 的方式在 HDFS 中创建一个新的文件，然后将文字内容写入 HDFS 中，代码如下：

```
public class PreTxt {
    static String text = "hello world goodbye world \n"  + "hello hadoop goodbye hadoop";
                                            //设置一个待写入字符串
```

```
public static void main(String[] args)throws Exception{
Configuration conf = new Configuration();//获取环境变量
FileSystem fs = FileSystem.get(conf);//建立文件系统
Path file = new Path("preTxt.txt");//创建写入文件路径
FSDataOutputStream fsout = fs.create(file);//创建写入内容
try{
   fsout.write(text.getBytes());//将字符串写入
}
finally{//关闭输入流
   IOUtils.closeStream(fsout);
}
}
}
```

编译完毕后，将程序上传到集群环境中，执行如下代码：

```
$ hadoop jar PreTxt.jar PreTxt
```

其中，hadoop 是 ${HADOOP_HOME} /bin 下的 shell 脚本名，jar 是 hadoop 脚本的 command 参数，PreTxt.jar 是要执行的 jar 包。PreTxt 是输出的位置。

执行完毕后查看结果，代码如下：

```
$ hadoop fs -cat preTxt.txt
```

显示结果如下：

```
hello world goodbye world
hello hadoop goodbye hadoop
```

待处理的文件是基本的语句，需要编写一个 MapReduce 方法对出现的单词进行计数。

MapReduce 对数据进行处理的时候，分成两个主要阶段，分别是 Map 阶段和 Reduce 阶段。每个阶段的处理过程和处理方法是不同的。

1）Map 阶段

在进行 Mapper 的源码解读时可以看到，自定义的 Map 类需要分别设定其 Key 与 value 的输入数据类型。对 Map 阶段的 key 来说，其默认的数据类型为 LongWritable，指的是该行起始位置相对于整个文件位置的偏移量。

Map 的输入格式可以设定为 Text 类型。待处理的数据是文本文件中每一行对应的字符串，Hadoop 中对字符串的包装和处理类是 Text 类。

为了更好地了解 Map 过程，首先观察准备的数据。

数据是两行长度不同的字符串，通过换行符进行换行，由于 Map 方设定的键值对类型为 < LongWritable, Text >，因此数据在传递 Map 方法时表示如下：

```
(0 ,hello world goodbye world)
(25,hello hadoop goodbye hadoop)
```

每一行的数字部分是文件每行起始第一个单词的偏移量，使用 LongWritable 类型进行定义。

可通过自定义 Map 方法，将每行分割成独立的单词，使用单词作为其 key 值，而计数 1 作为其 value 值，处理结果如下：

```
(hello,1)
(world,1)
(goodbye,1)
(world,1)
(hello,1)
(hadoop,1)
(goodbye,1)
(hadoop,1)
```

数据结果被 Map 阶段处理后，被发送到 Reduce 阶段进行下一步处理。在 Reduce 处理阶段前，还有一个 shuffle 过程，此过程对输送过来的数据根据键值对中 key 的具体数值进行重新排序和分组。Reduce 方法的结果如下：

```
(hello,[1,1])
(world,[1,1])
(goodbye,[1,1])
(hadoop,[1,1])
```

每一个单词作为 key 的后面紧跟着一个 list，list 中的内容是所有 Map 处理结果中具有相同 key 值的 value 集合，下面的任务就是使用 Reduce 方法来遍历 value 列表求出所有计数的和。结果如下：

```
(hello,2)
(world,2)
(goodbye,2)
(hadoop,2)
```

2）MapReduce 程序实现

MapReduce 实现 Mapper 类和 Reducer 类。

输入数据如下：

```
hello world goodbye world
hello hadoop goodbye hadoop
```

Mapper 类需要继承 Hadoop 自带的 Mapper 类，具体实现代码如下：

```
public class TxtMapper extends Mapper < LongWritable, Text, Text, In-
tWritable >{
    protected void Map(LongWritable key, Text value, Context context)
throws java.io.IOException ,InterruptedException{
    String[] strs = value.toString().split(" ");        //分割字符串
    for(String str : strs){                             //遍历字符数组
            context.write(new Text(str), new IntWritable(1));
                                                        //写入上下文
        }
    };
}
```

Map 方法的输入是一个键和一个值。Text 类型的变量所具有的使用方法较少，可以通过 Text 类型的 toString 方法将 Text 类型转换成 String 类型，之后使用 split 方法将一行字符串分割成一个字符数组，每个数组对应一个单词。Map 方法为生成的字符数组提供了一个 Context 实例，以便在系统内部的上下文中写入。

TxtReducer 类实现的程序如下：

```
public class TxtReducer extends Reducer < Text, IntWritable, Text, In-
tWritable >{
    protected void Reduce ( Text key, Iterable < IntWritable > values,
Context context)throws java.io.IOException ,InterruptedException{
    int sum = 0;                                      //设置辅助求和值
    Iterator <IntWritable >it = values.iterator();    //获取迭代实例
    while(it.hasNext()){                              //迭代
    IntWritable value = it.next();         //获取当前元素值并进行类型转换
    sum += value.get();                              //计数求和
    }
    context.write(key, new IntWritable(sum));         //重新将值写入
    };
}
```

Reducer 是一个泛型类。泛型的本质是参数化类型，也就是说所操作的数据类型被指定为一个参数，这种参数类型可以用在类、接口和方法的创建中，分别称为泛型类、泛型接口、泛型方法，泛型类的构造需要在类名后添加 < String >。其定义了 4 个参数用于指定其输入类型与输出类型。Reducer 对输入的键值对计数，输出计数结果，采用的也是 Text 与 IntWritable。需要注意的是，Reducer 中输出键值对的类型可以和输入键值对的类型不同。

在 Reduce 方法中，values 是一个实现了 Iterable 接口的实际类型，经过类型转换，把相关的值转为 int 类型后进行求和操作，最终将计算结果重新写入 context 实例中。

3）Main 方法

对于 MapReduce 运行的任务来说，MapReduce 使用 Job 进行驱动，通过生成一个 Jar 包的形式将代码包装在一起并上传到 Hadoop 集群执行中，然后通过节点执行。

Job 类需要设置专门的输入和输出路径，输入路径供 Map 使用，而输出路径供 Map 或 Reduce 使用（不执行 Reduce 任务的时候）。输入的设定使用 FileInputFormat 类中的静态 addInputPath 方法，而输出的设定使用 FileOutputFormat 类中的 setOutputPath 静态方法。

在设置完一些基本的环境属性后，即可调用 waitForCompletion（）运行 MapReduce 程序。

程序代码如下：

```
public class TxtCounter {
    public static void main(String[] args) throws Exception {
        Path file = new Path("preTxt.txt");        //设置 Map 输入的文件路径
        Path outFile = new Path("countResult");    //设置输出文件路径
        Job job = new Job();                       //创建一个新的任务
        job.setJarByClass(TxtCounter.class);       //设置主要工作类
        FileInputFormat.addInputPath(job, file);   //添加输入路径
        FileOutputFormat.setOutputPath(job, outFile);  //添加输出路径
        job.setMapperClass(TxtMapper.class);       //设置 Mapper 类
        job.setReducerClass(TxtReducer.class);     //设置 Reduce 类
        job.setOutputKeyClass(Text.class);         //设置输出 key 格式
        job.setOutputValueClass(IntWritable.class);  //设置输出 value 格式
        job.waitForCompletion(true);               //运行任务
    }
}
```

显示结果如下：

```
$ hadoop jar TxtCounter.jar TxtCounter
```

4）注意事项

（1）运行中可能产生异常：任何一个程序的代码很少一次性成功。第一次运行时可能会出现如下报错代码：

```
Exception in thread "main" java.lang.ClassNotFoundException
```

这是对缺少相应类的提示。一般情况下，Eclipse 自动生成的 jar 包无法包含辅助类的 Jar 包，需要使用 WinRAR 等软件打开 jar 包，建立一个 lib 文件夹，用来存放 Mapper 类与 Reducer 类的 jar 包，如图 8 - 9 所示。

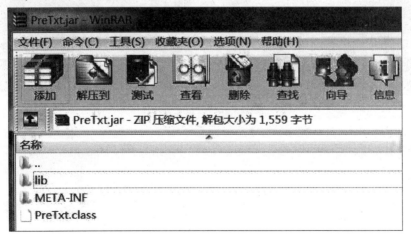

图 8 - 9　打开 jar 包

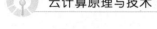

而另外一种解决办法是将 main 方法、Mapper 类与 Reducer 类放在一个源文件中，但是由于必须首先生成 Mapper 类与 Reducer 类，因此必须要将这两个类定义成 static 的内部类。

（2）计算结果被覆盖：MapReduce 注重对输出结果未知的选择，对于执行的输出操作，MapReduce 会选择建立一个不存在的文件夹输出结果，如果文件夹已经存在，MapReduce 会选择拒绝执行任务从而报错，这是一种预防措施。报错的异常信息如下：

```
Exception inthread "main" org.apache.hadoop.Mapred.FileAlreadyEx
istsException:
Output directory countResult already exists
```

初学者可能会经常性地重复运行程序，可以使用 FileSystem 中对文件的操作来在每次运行 Job 之前对之前的文件目录进行删除，代码如下：

```
Configuration conf = new Configuration();     //获取环境变量
FileSystem fs = FileSystem.get(conf);         //建立文件系统
fs.delete(outFile, true);                     //删除已有的文件目录
```

5）运行结果

运行任务所得到的输出提供了一些有用的信息，首先是对任务 ID 的确定，如图 8 – 10 所示，运行进度，最后提示已经完成了任务。剩下的是一些基本计数器的统计信息。

输出数据写入 countResult 目录，每个 Reducer 都有一个输出文件。在控制台运行如下代码进行获取：

```
$ hadoop fs – cat countResult/part – r – 00000
```

```
$ hadoop jar TxtCounter.jar TxtCounter
13/04/20 14:28:51 WARN mapred.JobClient: Use GenericOptionsParser for parsing the arguments. Applications should im
plement Tool for the same.
13/04/20 14:28:51 INFO input.FileInputFormat: Total input paths to process : 1
13/04/20 14:28:52 INFO mapred.JobClient: Running job: job_201304201424_0002
13/04/20 14:28:53 INFO mapred.JobClient:  map 0% reduce 0%
13/04/20 14:29:04 INFO mapred.JobClient:  map 100% reduce 0%
13/04/20 14:29:17 INFO mapred.JobClient:  map 100% reduce 100%
13/04/20 14:29:19 INFO mapred.JobClient: Job complete: job_201304201424_0002
13/04/20 14:29:19 INFO mapred.JobClient: Counters: 17
13/04/20 14:29:19 INFO mapred.JobClient:   Job Counters
13/04/20 14:29:19 INFO mapred.JobClient:     Launched reduce tasks=1
13/04/20 14:29:19 INFO mapred.JobClient:     Launched map tasks=1
13/04/20 14:29:19 INFO mapred.JobClient:     Data-local map tasks=1
13/04/20 14:29:19 INFO mapred.JobClient:   FileSystemCounters
13/04/20 14:29:19 INFO mapred.JobClient:     FILE_BYTES_READ=189
13/04/20 14:29:19 INFO mapred.JobClient:     HDFS_BYTES_READ=54
13/04/20 14:29:19 INFO mapred.JobClient:     FILE_BYTES_WRITTEN=329
13/04/20 14:29:19 INFO mapred.JobClient:     HDFS_BYTES_WRITTEN=35
13/04/20 14:29:19 INFO mapred.JobClient:   Map-Reduce Framework
13/04/20 14:29:19 INFO mapred.JobClient:     Reduce input groups=4
13/04/20 14:29:19 INFO mapred.JobClient:     Combine output records=0
13/04/20 14:29:19 INFO mapred.JobClient:     Map input records=2
13/04/20 14:29:19 INFO mapred.JobClient:     Reduce shuffle bytes=0
13/04/20 14:29:19 INFO mapred.JobClient:     Reduce output records=4
13/04/20 14:29:19 INFO mapred.JobClient:     Spilled Records=16
13/04/20 14:29:19 INFO mapred.JobClient:     Map output bytes=86
13/04/20 14:29:19 INFO mapred.JobClient:     Combine input records=0
13/04/20 14:29:19 INFO mapred.JobClient:     Map output records=8
13/04/20 14:29:19 INFO mapred.JobClient:     Reduce input records=8
```

图 8 – 10　控制台输出

显示结果如下：

```
goodbye  2
hadoop  2
hello  2
world  2
```

这个结果是正确的，也是我们开始字符串中的计数。

除了通过命令行显示结果，回顾一下前文通过访问网页 50070 可以直接对结果进行检查，结果页面如图 8-11 所示。

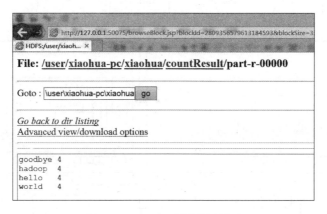

图 8-11　Web 查看结果界面

6）Mapper 中的 Combiner

Job 类的 setCombinerClass 方法如下：

```
job.setCombinerClass(TxtReducer.class);
```

setCombinerClass 接受自定义的 Reduce 类，在 Map 类执行结束后预先执行一次小规模的 Reducer 操作，从而实现一个简单的数据合并。

8.5　HBase 分布式数据库系统

8.5.1　HBase 的架构及组件

高效率的数据处理需要高效率的数据组织结构及管理方式。在过去，传统关系型数据库很好地满足了以银行交易为代表的事务型业务环境。当人们迈入面对非结构化数据构成的数据洪流的全新时代时，传统的关系型数据库已经不能满足需求。在这样的背景下，基于 Big-Table 原理而来的以 HBase 为代表的新型 NoSQL 数据库成为大数据处理领域的新秀。本节主要介绍 HBase 的设计思路及架构等内容。

HBase 在整个 Hadoop 体系中位于结构化存储层，其底层存储支撑为 HDFS 文件系统，使用 MapReduce 框架对存储在其中的数据进行处理，利用 ZooKeeper 作为协同服务。HBase 的架构如图 8-12 所示。

HBase 中主要包括以下关键组件。

1. HBase Client

Client 是 HBase 功能的使用者，利用远程过程调用（Remote Procedure Call，RPC）机制与 HMaster 进行管理类的操作，与 HRegionServer 进行数据读写类的操作。

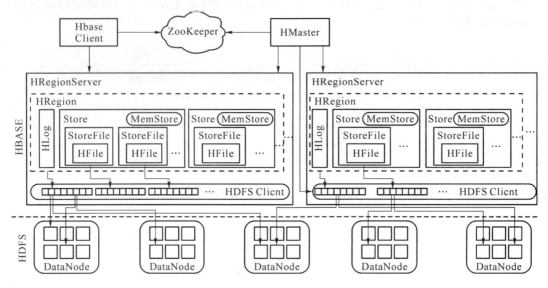

图 8 - 12　HBase 的架构

2. ZooKeeper

ZooKeeper 是 HBase 体系中的协同管理节点，提供分布式协作、分布式同步、配置管理等功能。ZooKeeper 中存储了 HMaster 的地址和 HRegionServer 状态信息，通过对这些数据的变化来协调整个 HBase 集群的运行。

3. HMaster

HMaster 是整个架构的控制节点，负责管理用户对数据表的增加、删除、修改和查询操作，调整 HRegionServer 的负载均衡和 Region 分布，并确保某个 HRegionServer 失效后此节点上 Region 的迁移。一个 HBase 可以启动多个 HMaster 以避免单独故障，ZooKeeper 中有一个 Master Election 机制，任何时候只有一个 HMaster 起作用。

4. HRegionServer

HRegionServer 是 HBase 的核心组件，负责处理用户的数据读写请求，并进行相应的 HDFS 文件读写操作。在 HRegionServer 中包括了以下要素。

（1）HRegion：HRegionServer 管理的一类数据对象，每个 HRegion 对应数据表（Table）中的一个分区（Region），数据表与分区的关系本书将在后面详细说明。HRegion 由多个 Store 和公用的 HLog 构成。

（2）Store：HBase 存储的核心对象，由 MemStore 和 StoreFile 构成，MemStore 是以内存形式存储数据的对象，StoreFile 是以 HDFS 文件形式存储数据的对象。MemStore 和 StoreFile 相互配合，完成高效的数据读写工作。

（3）MemStore：实现在内存中排序后的缓存，用于存储用户的操作及相应数据，当 MemStore 空间满了后，会将操作和数据存入文件系统，也就是 StoreFile 中。数据的增加、删除、修改都是在 StoreFile 的后续操作中完成的，因此用户的写操作只需要对内存单元进行访问，解决了前面提到的高并发写操作难题，实现了 HBase 的高性能。

（4）StoreFile：负责数据的文件形式管理，内部封装了以 Key - Value 形式管理数据的

Hadoop 二进制文件 HFile。HBase 中的数据增加、删除、修改操作是在对 StoreFile 进行处理的过程中完成的。

（5）HLog：为了解决分布式环境下系统可靠性而设计的对象。当某个 Hregion Server 节点发生故障时，在 MemStore 中保存的内存数据会丢失。为了避免数据丢失，HLog 实现了 WAL（Write Ahead Log）机制，保存了写入 MemStore 中的数据镜像，持久化到文件系统中，并会定期更新此文件。当 HRegionServer 出现故障时，HMaster 可以利用 HLog 文件在其他 HRegionServer 节点进行数据恢复。

以上简要介绍了 HBase 的架构与组件，在后面的内容中，将在此基础上讨论 HBase 关键技术的实现细节以便深入理解其过程。

8.5.2 数据模型、物理存储与查找

1. 数据模型

下面从 HBase 存储数据的逻辑视图开始了解 HBase 的数据模型。图 8-13 所示是一个在 HBase 中存储的网站页面数据示例。

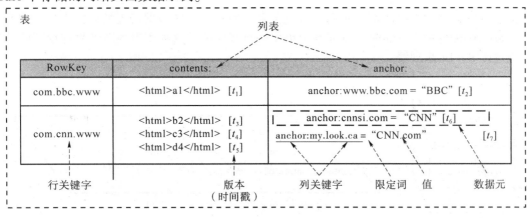

图 8-13 在 HBase 中存储的网站页面数据示例

HBase 中的数据被建模为多维映射，其中的一个值通过 4 个关键字进行索引，用公式可以表示为

```
value = Map(TableName, RowKey, ColumnKey, Version)
```

其中：

（1）TableName（表名）是一个字符串，为一张数据表的标识。

（2）RowKey（行关键字），是用来检索记录的主键。最大长度为 64 KB 数据按照 RowKey 的字典顺序进行存储，设计 RowKey 的时候应当将需要一起读取的行尽量存储在一起。在图 8-13 中，将域名倒序排列后作为 RowKey，这样与 www.cnn.com 相关的网页都会存储在一起。

（3）ColumnKey（列关键字）是由列族（Column Family）和限定词（Qualifier）构成的。HBase 中的数据是以列族为依据进行存储的。在定义表结构时，列族需要提前定义，但列的限定词可以在使用时生成，且可以为空。HBase 通过这种方式实现灵活的数据结构。

（4）Version（版本）可以适应同一数据在不同时间的变化，尤其是互联网上的网页数据，在 URL 相同时，可能在多个时间存在多个版本（典型的例子是新浪新闻的首页）。HBase 中的版本直接采用时间戳表示，在存储时，不同版本的同一数据按时间倒序排列，即最新的数据在最前面。

（5）由 < RowKey，ColumnKey，Version > 3 个元素确定的一个单元为 HBase 中的数据元（Cell），数据元中的数据以二进制形式存储，由使用者进行格式转换。

图 8 - 13 中的实例转换为数据表的形式，HBase 逻辑视图表如表 8 - 2 所示。

表 8 - 2　HBase 逻辑视图表

行关键字	版本	列族：contents	列族：anchor
com. bbc. www	t_2	—	anchor：www. bbc. com = "BBC"
com. bbc. www	t_1	< html > a1 </html/ >	
com. cnn. www	t_7	—	anchor：cnnsi. com = "CNN"
com. cnn. www	t_6	—	anchor：my. look. ca = "CNN. com"
com. cnn. www	t_5	< html > d4 </html >	
com. cnn. www	t_4	< html > c3 </html >	—
com. cnn. www	t_3	< html > b2 </html >	—

虽然 HBase 的逻辑视图可以采用与传统关系型数据类似的数据行表的形式表达，但实际上这些数据在进行物理存储时是以列族为单位进行存储的，这种逻辑视图到物理视图的映射可以通过图 8 - 14 来理解。

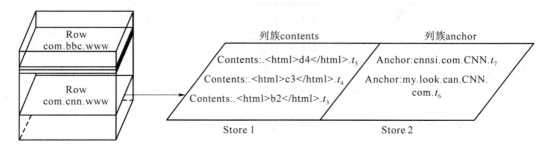

图 8 - 14　HBase 逻辑视图到物理视图的映射

从图 8 - 14 可以看到，如果将逻辑视图中的一行数据看作一个面，则这个面是由若干个 Store 构成的，每个 Store 存放了属于同一个列族的数据。经过这样的映射，表 8 - 2 中的 com. cnn. www 行对应的数据就需要转换为两张物理存储表，如表 8 - 3 所示。

表 8 - 3　HBase 物理视图表

（a）列族 contents

行关键字	版本	列族：contents
com. cnn. www	t_5	< html > d4 </html >
com. cnn. www	t_4	< html > c3 </html >
com. cnn. www	t_3	< html > b2 </html >

（b）列族 anchor

行关键字	版本	列族：anchor
com. cnn. www	t_7	anchor：cnnsi. com = "CNN"
com. cnn. www	t_6	anchor：my. look. ca = "CNN. com"

在理解了 HBase 数据表存储的逻辑视图和物理视图后，来看一下 HBase 中的数据是如何一步一步分解存储到 HDFS 物理文件中的。

2. 物理存储

1）Table 到 HRegion

HBase 表中的数据被分割为 HRegion 单元并存储在 HRegionServer 上，如图 8 – 15 所示。一个表中的数据在行上按 RowKey 排序后，分为多个 HRegion 进程存储。对表进行分割是为了适应大表存储的情况。每个表在开始时只有一个 HRegion，随着数据不断增加，HRegion 会越变越大，当超过一个阈值时，HRegion 会等分为两个 HRegion。这个过程会不断重复，HRegion 逐渐增加。

HRegion 存放在 HRegionServer 中。HRegion 是 HBase 中的数据进行分布式存储的最小单元，多个 HRegion 可以存储在一个 HRegionServer 上，但一个 HRegion 不可以被拆分存放在多个 HRegionServer 上。这种存以方式很好地实现了数据管理的负载均衡。

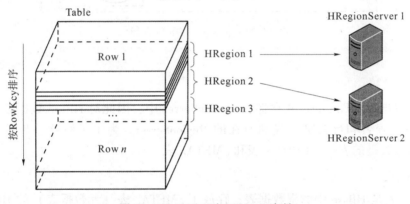

图 8 – 15　Table 到 HRegion 存储

2）HRegion 到 Store

HRegion 是 HBase 中分布式存储的最小单元，但并不是物理存储的最小单元。HRegion 被划分为若干 Store 进行存储，每个 Store 保存一个列族中的数据，如图 8 –16 所示。

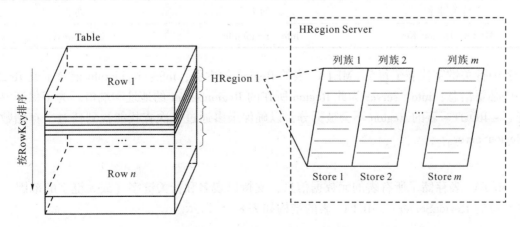

图 8 – 16　HRegion 到 Stote 存储

3）Store 到 HFile

Store 由 MemStore 和 StoreFile 组成，如图 8 – 17 所示。MemStore 是 HRegionServer 上的一段内存空间。数据库操作写入的数据先存入 MemStore，当 MemStore 满了后会转存到 Store-File 中。HRegionServer 借用了 HDFS DataNode 的功能，StoreFile 是 HDFS 中的一个 HFile。

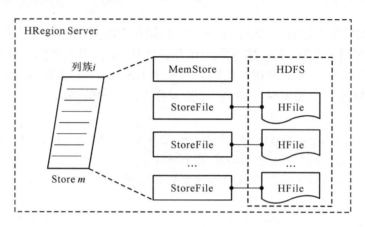

图 8 – 17　Store 到 HFile 存储

3. RegionServer 的查找

HBase 的数据以 HFile 的形式存储在 RegionServer 中，因此对 HBase 数据表进行读写的关键步骤是通过表名和行关键字找到所在的 RegionServer。为了了解这一步骤，首先来看 HBase 中两张最关键的表：– ROOT – 表和 . META. 表。

1）– ROOT – 表

– ROOT – 表是 HBase 中的根数据表，存放了 . META. 表（元数据表）的 HRegionServer 信息。– ROOT – 表的存放位置保存在 ZooKeeper 服务器中，HBase 客户端在第一次读取或写入数据时，要先访问 ZooKeeper 获取 – ROOT – 表的位置并存入缓存，然后得到 – ROOT – 表。– ROOT – 表结构如表 8 – 4 所示。

表 8 – 4　– ROOT – 表结构

行关键字	列 1	列 2
. META、Region Key	info：regioninfo	info：server

其中行关键字代表了每个 . META. 表的 Region 的索引；info：regioninfo 记录了此 Region 的一些必要信息；info：server 为此 Region 所在的 RegionServer 的地址和端口。为了保证寻址性能，– ROOT – 表的 Region 不会被拆分，以确保最多通过 3 次查找能找到任意个存储数据的 RegionServer。

2）. META. 表

. META. 表存储了所有表的元数据信息，支持以表名和行关键字（或关键字的范围）查找到对应的 RegionServer。. META. 表的结构如表 8 – 5 所示。

表 8 – 5   . META. 表结构

行关键字	列 1	列 2	列 3
< table, region start key, region id >	info：regioninfo	info：server	info：serverstartcode

其中行关键字为表名、Region 起始关键字和 Region 的 id；info：regioninfo 记录了此 Region 的一些必要信息；info：server 为此 Region 所在的 RegionServer 的地址和端口；info. serverstartcode 代表此 RegionServer 持有对应 RegionServer 信息的进程的启动时间。为了提高访问速度，. META. 表会全部加载到内存中。

由 ZooKeeper 扩展到所有表的 RegionServer 过程如图 8 – 18 所示。

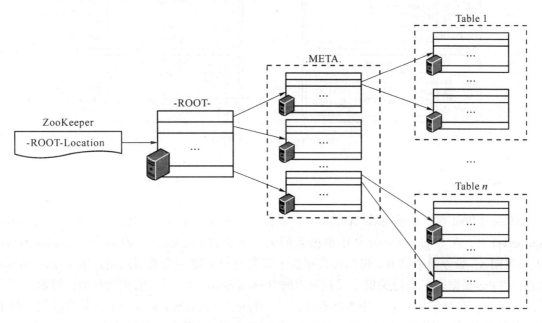

图 8 – 18　由 ZooKeeper 扩展到所有表的 RegionServer 过程

8.5.3　HBase 的读写流程

本节结合一个经典的 HBase 部署场景来了解对 HBase 进行数据管理的流程。图 8 – 19 中展示了一个常用的 HBase 集群。Master Server 作为控制节点，部署了 HBase 中的 HMaster 组件及 HDFS 中的 NameNode 组件，并在需要运行 MapReduce 作业时，启动 JobTracker。Region Server R、Region Server Ml、Region Server M2 存放 – ROOT – 表和 . META. 表，Region Server U 存放用户数据表，这些 Region Server 部署了 HDFS 的 DataNode 组件以提高数据访问效率。用户数据表的 Region Server 承担运行 MapReduce 作业时的 TaskTracker 功能。

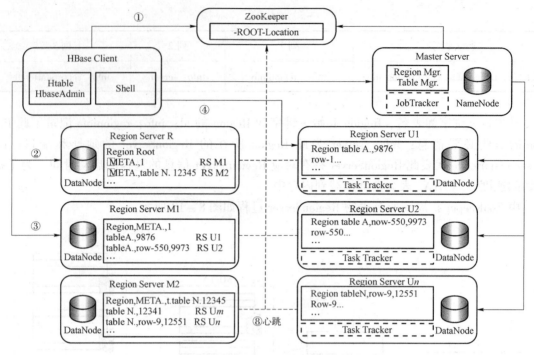

图 8-19 HBase 部署图

1. 读取数据

HBase Client 首次读取 table A 的第一行数据时，从 Zookeeper 中获取 – ROOT – 表的 Region Server R，在 Region Server R 中根据表的名称索引找到 . META. 表所在的 Region Server M1 。. META. 服务器中以 B + 树的形式存放了以表与行关键字为索引的用户表 Region Server 信息，Client 根据表名和行关键字找到对应的 Region Server U1 后，直接进行数据读取。

实际上，在 Region Server 中查找并读取某一行或几行数据并不是一个简单的过程。除了需要根据行关键字找到对应的 HRegion 外，Region Server 中数据可能存放在memStore或store-File 中，这就需要根据行关键字找到对应的 memStore 或 storeFile。如果要读取的数据存放在 memStore 中，则可以直接读出返回给 Client。如果数据存放在 storeFile 中，Region Server 中的 HDFS 客户端组件需要从 HDFS 文件系统中获取数据。为了减少网络时延带来的性能损失，实际应用中通常将 HDFS DataNode 与 Region Server 部署在一起，从而利用 HDFS 的位置感知特性，将某个 Region Server 中存放的表和行相关的数据存放在本机 DataNode 中，提高读取效率。

2. 写入数据

如果 Client 第一次进行写操作，其间要经历步骤①②③以找到对应的 Region Server，如果不是第一次则可以从缓存中直接获取地址。在 Client 向 Region Server 发出写入请求后，Region Server 将请求匹配到对应的 HRegion 上。在进行真正的写入数据操作之前，要根据用户可设置的标志位决定是否写 HLog。HLog 的作用是避免 Region Server 出现故障时丢失数据。

完成日志记录后，数据被保存到 memStore 中，写入完成后本次 Client 的写操作就完成了。剩下的数据文件持久化工作由 Region Server 进行。Region Server 会判断 memStore 是否已满，如果已满则触发一个将缓存写入磁盘的请求，由专门的服务器线程完成。保存写入数据的文件是 StoreFile，在写入时是以追加的形式进行的，因此 storeFile 会不断增大，直到超过一定大小触发合并操作。多个 storeFile 进行合并时会同时删除无效的数据。

3. 表结构的操作

HBase 中的表结构维护是由 Master Server 负责的，包括增加、删除表，增加、删除列族等。Client 通过 Shell 指令或 API 接口向 Master Server 发出请求。在创建表时，默认情况下会在空间可用的 Region Server 上新增一个 Region，并更新 .META. 表，所有后续的写入操作将数据存入此 Region 中，直到 Region 尺寸达到一定程度分裂为两个 Region，并不断重复。

HBase 数据表中的列族可以动态添加，Master Server 会根据用户请求查找可用的 Region Server，并在相应的 Region Server 上为新的列族创建 storeFile。

4. Region Server 状态维护

Region Server 在启动时，会在 ZooKeeper 上 server 列表的目录下创建代表自己的文件，并取得该文件的独占锁，然后通过心跳消息与 ZooKeeper 保持会话。Master Server 通过订阅方式收到 ZooKeeper 发来的 server 列表目录下的文件新增或删除消息，了解 Region Server 的数量状况。当节点或网络故障导致某个 Region Server 与 ZooKeeper 之间的会话断开时，ZooKeeper 会释放对应文件的独占锁，这一操作会被 Master Server 通过轮询发现，知道 Region Server 出现了问题，进行 Region 再分配和数据恢复操作。

5. Master Server 状态维护

Master Server 维护表结构和 Region 的元数据，并不直接参与数据的读写过程，因此其状态更多地是影响表结构、Region 分配与合并、负载均衡等。同时，Master Server 维护的数据，来自其他节点的复制，如 Region 分布、表结构信息，为了提高 HBase 的可用性，Hadoop 设计了利用 ZooKeeper 进行 Master Server 热备份的机制。当正在运行的 Master Server 因为故障失去与 ZooKeeper 之间的心跳会话时，可以基于 Leader Election 机制从其他备用 Master Server 中快速选择一个新的主 Master Server 恢复 HBase 集群的正常服务。

8.5.4　HBase 的编程实例

下面的实例介绍利用 Client 端寻找 RegionServer 的过程，先构建了其 –ROOT– 表和 .META. 表。

先来看 .META. 表，假设 HBase 中只有两张用户表：Table 1 和 Table 2，Table 1 被划分成多个 Region，在 .META. 表中有很多条 Row 用来记录这些 Region；Table 2 被划分成了两个 Region，在 .META. 中只有两条 Row 用来记录。.META. 行记录结构如表 8 – 6 所示。

表 8 – 6　.META. 行记录结构

RowKey	info			historian
	regioninfo	server	server startcode	
Table1，RK0，12345678		RS1		
Table1，RK10000，12345687		RS2		
Table1，RK2000，12346578		RS3		
……	……	……	……	……
Table2，RK0，12345678		RS1		
Table2，RK30000，12348765		RS2		

在 Table 2 中查找一条 RowKey 是 RK 10 000 的数据步骤如下：

（1）在 .META. 表中查询包含数据 RK 10 000 的 Region；

（2）获取管理这个 Region 的 Region Server 地址；

（3）连接这个 RegionServer，查找数据。

先进行第一步。问题是 .META. 也是一张普通的表，需要先知道哪个 Region Server 管理了 .META. 表。采用的方法是，把管理 .META. 表的 RegionServer 的地址放到 ZooKeeper 上，这样就知道了谁在管理 .META.。

但对于这个例子遇到了一个新问题。因为 Table1 实在太大了，它的 Region 实在太多，.META. 为了存储这些 Region 信息，花费了大量的空间，自己也需要划分成多个 Region。这就意味着可能有多个 RegionServer 在管理 .META.。采用的方法是，HBase 用另外一个表记录 .META. 的 Region 信息，就和 .META. 记录用户表的 Region 信息一样。这个表就是 – ROOT – 表。这也解释了为什么 – ROOT – 和 .META. 拥有相同的表结构，因为它们的原理是一模一样的。

如果 .META. 表被分成两个 Region，则 – ROOT – 行记录结构如表 8 – 7 所示。

表 8 – 7　 – ROOT – 行记录结构

RowKey	info			historian
	regioninfo	server	server startcode	
META，Table1，0，12345678，12657843		RS1		
META，Table2，30000，12348765，12438675		RS2		

Client 端先访问 – ROOT – 表，需要知道管理 – ROOT – 表的 RegionServer 的地址。这个地址被存放在 ZooKeeper 中，默认的路径为 1./hbase/root – region – server。

– ROOT – 表太大了，要被分成多个 Region，此时 HBase 认为 – ROOT – 表不会大到那个程度，因此 – ROOT – 只会有一个 Region，这个 Region 的信息也是被存在 HBase 内部的。

现在我们要查询 Table 2 中 RowKey 是 RK 10 000 的数据。整个路由过程的主要代码在 org. apache. hadoop. hbase. client. HConnectionManager. TableServers 中：

```
private HRegionLocation locateRegion(final byte[] tableName,
        final byte[] row, boolean useCache)throws IOException {
    if (tableName ==null||tableName.length ==0){
        throw new IllegalArgumentException ( "table name cannot be
        null or zero length");
    }
    if (Bytes.equals(tableName, ROOT_TABLE_NAME)){
        synchronized (rootRegionLock){
            //This block guards against two threads trying to find
              the root
            //region at the same time. One will go do the find while
              the
            //second waits. The second thread will not do find.
            if (!useCache||rootRegionLocation ==null){
                this.rootRegionLocation =locateRootRegion();
            }
            return this.rootRegionLocation;
        }
    }else if (Bytes.equals(tableName, META_TABLE_NAME)){
        return locateRegionInMeta ( ROOT _ TABLE _ NAME, tableName,
        row, useCache, metaRegionLock);
    }else {
        //Region not in the cache - have to go to the meta RS
        return locateRegionInMeta ( META _ TABLE _ NAME, tableName,
        row, useCache, userRegionLock);
    }
}
```

这是一个递归调用的过程:

(1) 获取 Table 2, RowKey 为 RK10000 的 RegionServer;

(2) 获取 . META. , RowKey 为 Table 2, RK 10 000, 99 999 999 999 999 的 RegionServer;

(3) 获取 – ROOT – , RowKey 为 . META. , Table 2, RK 10 000, 99 999 999 999 999, 99 999 999 999 999 的 RegionServer;

(4) 获取 – ROOT – 的 RegionServer;

(5) 从 ZooKeeper 得到 – ROOT – 的 RegionServer;

(6) 从 – ROOT – 表中查到 RowKey 最接近(小于) . META. , Table 2, RK 10 000, 99 999 999 999 999, 99 999 999 999 999 的一条 Row, 并得到 . META. 的 RegionServer;

(7) 从 . META. 表中查到 RowKey 最接近(小于) Table 2, RK 10 000, 99 999 999 999 999 的一条 Row, 并得到 Table 2 的 RegionServer;

(8) 从 Table 2 中查到 RK 10 000 的 Row。

⚠ **注意：**

（1）在整个路由过程中并没有涉及 MasterServer，即 HBase 日常的数据操作不需要 MasterServer，不会造成 MasterServer 的负担。

（2）Client 端不必每次数据操作都完成整个路由过程，很多数据会被缓存起来。

● 习 题

一、单项选择题

1. Hadoop 与 Google 所对应的组成中不包括（   ）。

A. HDFS   B. MapReduce   C. HBase   D. MongoDB

2. 执行 HDFS 操作的时候，一定要确定 Hadoop 是正常运行的，使用（   ）命令观察各个 Hadoop 进程。

A. ls   B. mkdir   C. jps   D. rm

二、判断题（正确打√，错误打×）

1. Hadoop 的技术思想属于亚马逊派。   （   ）

2. 开源是基础设备公开，且免费的。   （   ）

3. Hadoop ZooKeeper 对应 Google Chubby。   （   ）

三、简答题

1. 简述 Hadoop、Hadoop 2.0 的生态环境，以及 Hadoop 与 OpenStack 的区别。

2. 简述 MapReduce 过程分析及实现。

3. 简述通过 Web 浏览 HDFS 文件的方法。

四、实践

安装并运行 Hadoop，实现本章 HDFS、MapReduce 和 HBase 的实例。

云计算发展相关技术篇

第 9 章

容器、容器云和 Kubernetes（K8s）技术

前面章节介绍虚拟机有许多优点，如能高效地分享主机硬件资源等，但虚拟机仍然还是一个各自独立的操作系统（Guest OS），使用时占据不少内存，导致在处理虚拟机的扩缩容与配置管理工作时效率低下，于是容器、容器云和 Kubernetes（K8s）等云计算发展的相关技术应运而生。

本章先讲述容器、容器云和 K8s 技术的基础知识，包括容器云与 K8s 容器编排、管理技术等，为在今后云计算的工作实践中应用容器、容器云和 K8s 技术奠定基础。

9.1 容器云与 K8s 容器编排、管理技术

容器技术和 Kubernetes 重新定义了未来十年基础设施承载云原生应用的形式，K8s 更是将成为未来云平台的核心。

K8s 已经正式成熟并可以在生产环境中使用，是目前最流行的、使用最为广泛的容器管理平台，被誉为 "21 世纪的 Linux"，已经被全球 Top3 的云基础设施服务所支持，未来将成为 "唯一" 的云平台，作为未来云平台的核心。Kubernetes 重新定义了基础设施承载云原生应用的形式，K8s 是各类 IT 从业人员趋之若鹜的技能。

9.1.1 容器和容器云

1. 使用容器的原因

使用虚拟机（云主机）或者使用物理机的原因并没有统一的标准。因为以上几类技术或都有自身最适用的场景，在最佳实践之下，它们都是不可替代的。原本没有虚拟机，所有类型的业务应用都直接运行在物理主机上，计算资源和存储资源都难于增减。要么资源一直

不够用，要么是把过剩的资源浪费掉，所以人们越来越多地使用虚拟机（或云主机），物理机的使用场景被极大地压缩到了像数据库系统这样的特殊类型应用了。虚拟机架构如图9-1（a）所示，Hypervisor是一种将操作系统与硬件抽象分离的方法，以达到host machine的硬件能同时运行一个至多个虚拟机作为guest machine的目的，这样能够使得这些虚拟机高效地分享主机硬件资源。另外，图9-1中Infrastructure是基础设施；而Bins/Libs的lib一般放库文件（也就是后缀.lib的），Bin表示Binary（二进制）目录，一般都是dll、exe等。

人们把大部分的业务应用运行在虚拟机（或云主机）上，把少部分特殊类型的应用仍然运行在物理主机上。但现在所有的虚拟机技术方案，都无法回避两个主要的问题：一个问题是虚拟化Hypervisor管理软件本身的资源消耗与磁盘I/O性能降低，另一个是虚拟机仍然还是一个各自独立的操作系统（Guest OS），对很多类型的业务应用来说都显得太重了，导致在处理虚拟机的扩缩容与配置管理工作时效率低下。所以，人们后来发现了容器的好处，如图9-1（b）所示，所有业务应用可以直接运行在物理主机的操作系统之上，可以直接读写磁盘，应用之间通过计算、存储和网络资源的命名空间进行隔离，为每个应用形成一个逻辑上独立的"容器操作系统"。除此之外，容器技术还有以下优点：简化部署、多环境支持、快速启动、服务编排、易于迁移等。

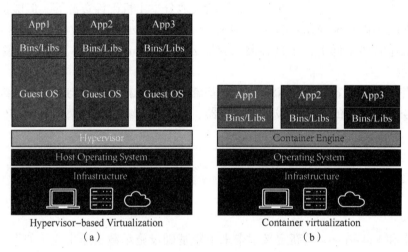

图9-1 虚拟机架构和容器架构

（a）虚拟机架构；（b）容器架构

相当于做热备份，把容器和容器调度"跑"到云端上面，这样结合的服务就是容器云。

容器技术也有一些缺点：仍然不能做到彻底的安全隔离，技术栈复杂度飙升，尤其是在应用了容器集群技术之后。所以如果只是小规模的使用，做实验或测试是可以的，但搭载生产环境需要三思而后行。

2. 容器的运行原理与基本组件

容器（如Docker）主要是基于三个关键技术实现的：Namespaces、Cgroups技术和Image镜像。

容器引擎：容器引擎是容器系统的核心，也是很多人使用"容器"这个词语的指代对象。容器引擎能够创建和运行容器，而容器的定义一般是以文本方式保存的，如Dockerfile。

Docker Engine 是目前较流行的容器引擎，也是业界的事实标准。Rkt 是 CoreOS 团队推出的容器引擎，有着更加简单的架构，一直作为 Docker 的直接竞争对手存在，是 K8s 调度系统支持的容器引擎之一。Rkt 和 Docker 的进程模式对照如图 9-2 所示。

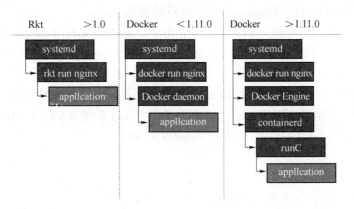

图 9-2　Rkt 和 Docker 的进程模式对照

Containerd 这个新的 Daemon（在操作系统下直接自动运行的一段程序）是对 Docker 内部组件的一个重构以便支持开放容器标准（OCI）规范。Containerd 主要职责是镜像管理（镜像、元信息等）、容器执行（调用最终运行时组件执行），向上为 Docker Daemon 提供了 gRPC 接口，向下通过 Containerd-Shim 结合 runC，使得引擎可以独立升级。

Docker-Containerd-Shim：Shim 通过调用 Containerd 启动 Docker 容器，所以每启动一个容器都会起动一个新的 Docker-Containerd-Shim 进程。Docker-Shim 是通过指定的 3 个参数：容器 id、boundle 目录和运行时（默认为 runC）来调用 runC 的 API 创建一个容器。Docker-Containerd-Shim 进程如图 9-3 所示。

runC 是 Docker 按照开放容器格式标准（Open Container Format，OCF）制订的一种具体实现，实现了容器启停、资源隔离等功能，所以是可以不用通过 Docker 引擎，直接使用 runC 运行一个容器的。也支持通过改变参数配置，选择使用其他的容器运行时实现。runC 可以说是各大 CaaS 厂商间合纵连横、相互妥协的结果。

注：runC 在各个 CaaS 厂商的推动下在生产环境得到广泛的应用。K8s 目前基本只支持 runC 容器，对于 Docker 超出其容器抽象层之外的功能，一概不支持。同样，Mesos 也通过其 Unified Containerizer 只支持 runC 容器，目前还支持 Docker，但是未来的规划是只支持 Unified Containerizer。CF 也通过 Garden 只支持 runC，不支持 Docker 超出 runC 之前的功能。

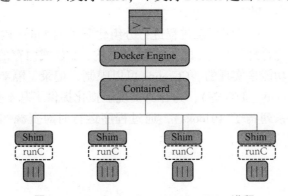

图 9-3　Docker-Containerd-Shim 进程

在容器的启动或运行过程中需要一个 Docker – Containerd – Shim 进程的目的：它允许容器运行时（即 runC）在启动容器之后退出。简单说就是不必为每个容器一直运行一个容器运行时（runC），即使在 Containerd 和 Docker 都挂掉的情况下，容器的标准 I/O 和其他的文件描述符也都是可用的，向 Containerd 报告容器的退出状态。

Rkt 与 Containerd 的区别是，Rkt 作为一个无守护进程的工具（daemonless tool），可以用来在生产环境中，集成和执行那些特别的有关键用途的容器。例如，CoreOS Container Linux 使用 Rkt 来以一个容器镜像的方式执行 K8s 的 Agent，即 Kublet。更多的例子包括在 K8s 生态环境中，使用 Rkt 来用一种容器化的方式挂载 volume。这也意味着 Rkt 能被集成进并和 Linux 的 init 系统一起使用，因为 Rkt 自己并不是一个 init 系统。K8s 支持容器进行部署，所支持的容器不仅仅局限于 Docker，也支持 CoreOS 的 Rkt。

3. 容器云平台技术栈

容器云平台技术栈，如表 9 – 1 所示。

表 9 – 1　容器云平台技术栈

功能组成部分	使用工具
应用载体	Docker
编排工具	K8s
配置管理	Etcd
网络管理	Flannel
存储管理	Ceph
底层实现	Linux 内核的 Namespace［资源隔离］和 CGroups［资源控制］

（1）Namespace［资源隔离］。

Namespaces 机制提供一种资源隔离方案。PID、IPC、Network 等系统资源不再是全局性的，而是属于某个特定的 namespace。每个 namespace 下的资源对于其他 namespace 下的资源都是透明，不可见的。

（2）CGroups［资源控制］。

CGroup（Control Group）是将任意进程进行分组化管理的 Linux 内核功能。CGroup 本身是提供将进程进行分组化管理的功能和接口的基础结构，I/O 或内存的分配控制等具体的资源管理功能是通过这个功能来实现的。CGroups 可以限制、记录、隔离进程组所使用的物理资源（包括：CPU、memory、I/O 等），为容器实现虚拟化提供了基本保证。CGroups 本质是内核附加在程序上的一系列钩子（Hooks），通过程序运行时对资源的调度触发相应的钩子以达到资源追踪和限制的目的。

9.1.2　容器编排和管理系统——K8s

1. 容器编排和管理系统概述

容器是很轻量化的技术，相对于物理机和虚拟机而言，这意味着在等量资源的基础上能创建出更多的容器实例。当面对着分布在多台主机上且拥有数百套容器的大规模应用程序时，传统的或单机的容器管理解决方案就会变得力不从心。由于为微服务提供了越来越完善的原生支持，在一个容器集群中的容器粒度越来越小、数量越来越多。在这种情况下，容器或微服务都需要接受管理并有序接入外部环境，从而实现调度、负载均衡以及分配等任务。简单而高效地管理快速增长的容器实例，就成为一个容器编排系统的主要任务。

容器集群管理工具能在一组服务器上管理多容器组合成的应用，每个应用集群在容器编排工具看来是一个部署或管理实体，容器集群管理工具全方位为应用集群实现自动化，包括应用实例部署、应用更新、健康检查、弹性伸缩、自动容错等。容器编排和管理系统的分层结构图如图 9 - 4 所示。从底层到顶层分别是：基础设施管理层（Infrastructure Management）、操作系统层（OS）、容器运行时层（Container Runtime）、协调器层（Orchestration）、应用服务层（Application Services）。

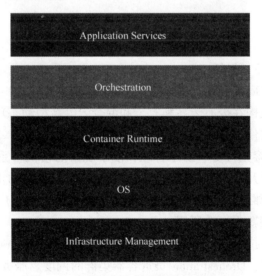

图 9 - 4　容器编排和管理系统的分层结构

容器编排和管理系统界的主要选手 K8s。它是 Google 开源的容器管理系统，起源于内部历史悠久的 Borg（Google 的大规模集群管理工具）系统。因为其丰富的功能被多家公司使用，其发展路线注重规范的标准化和厂商"中立"，支持底层不同的容器运行时和引擎（比如 Rkt），逐渐解除对 Docker 的依赖。K8s 的核心是如何解决自动部署，扩展和管理容器化（Containerized）应用程序。目前该项目在 Pithub 上 Star（GitHub 的星是人们普遍对一个项目感兴趣的信号）数量为43k。

Docker Swarm：在 Docker 1. 2 版本后将 Swarm 集成在 Docker 引擎中了。用户能够轻松快速搭建出 Docker 容器集群，几乎完全兼容 Docker API 的特性。目前该项目在 Github 上 Star

数量为 5.3 k。

Mesosphere Marathon：Apache Mesos 的调度框架目标是成为数据中心的操作系统，完全接管数据中心的管理工作。Mesos 理念是数据中心操作系统（Data Center Operating System，DCOS），为了解决 IaaS 层的网络、计算和存储问题，所以 Mesos 的核心是解决物理资源层的问题。Marathon 是为 Mesosphere DC/OS 和 Apache Mesos 设计的容器编排平台。目前该项目在 Github 上 Star 数量为 3.7 k。

注：国内外有很多公司在从事基于上面 3 个基础技术平台的创新创业，为企业提供增值服务，其中做得不错的如 Rancher，其产品可以同时兼容 K8s、Mesos 和 Swarm 集群系统，此外还有很多商用解决方案，如 OpenShift。

中国市场的表现：在中国市场，2017 年 6 月 Kubernetes 中国社区 K8sMeetup 曾组织了国内首个针对中国容器开发者和企业用户的调研。近 100 个受访用户和企业中给我们带来了关于 K8s 在中国落地状况的一手调查资料显示，在容器编排工具中，K8s 占据了 70% 市场份额，此外是 Mesos 约占 11%，Swarm 不足 7%。在中国受访企业用户中，K8s 平台上运行的应用类型非常广泛，几乎包括了除 Hadoop 大数据技术栈以外的各种类型应用。中国受访企业运行 K8s 的底层环境分布显示，29% 的客户使用裸机直接运行容器集群，而在包括 OpenStack、VMWare、阿里云和腾讯云在内的泛云平台上运行容器集群服务的客户占 60%。

2. 关于 CNCF 基金会

主要的容器技术厂商（包括 DAocker、CoreOS、Google、Mesosphere、RedHat 等）成立了云原生计算基金会（Cloud Native Computing Foundation，CNCF）。CNCF 对云原生的定义：云原生技术帮助公司和机构在公有云、私有云和混合云等新型动态环境中，构建和运行可弹性扩展的应用。云原生的代表技术包括容器、服务网格、微服务、不可变基础设施和声明式 API。这些技术能够构建容错性好、易于管理和便于观察的松耦合系统。结合可靠的自动化手段，云原生技术可以使开发者轻松地对系统进行频繁并可预测的重大变更。

CNCF 致力于培育和维护一个厂商中立的开源生态系统，来推广云原生技术。通过将前沿的模式普惠，让这些创新为大众所用。

云原生以容器为核心技术，分为运行时（Runtime）和 Orchestration 两层，Runtime 负责容器的计算、存储、网络；Orchestration 负责容器集群的调度、服务发现和资源管理。

3. Google K8s 及其基本概念

1）K8s

K8s 是 Google 在 2014 年推出的一个开源容器集群管理系统，用于容器化应用程序的部署、扩展和管理，并提供容器编排、资源调度、弹性伸缩、部署管理、服务发现等一系列功能。其本质上可看作是基于容器技术的 Micro-PaaS 平台，即第三代 PaaS 的代表性项目。因为容器技术涉及操作系统、网络、存储、调度、分布式原理等方方面面的知识，是个名副其实的全栈技术，K8s 的目标是让部署容器化应用简单高效。

从开发人员的角度，尤其是从微服务应用的架构的角度来看 K8s，其对于微服务的运行生命周期和相应的资源管控，做了非常好的抽象。微服务设计重要的一点就是区分无状态和有状态，在 K8s 中无状态对应 Deployment，有状态对应 StatefulSet。Deployment 主要通过副本数，解决横向扩展的问题。而 StatefulSet 通过一致的网络 ID（网络号）、一致的存储、顺序的升级扩展、回滚等机制保证有状态应用，很好地利用自己的高可用机制。大多数集群的高可用机制都可以容忍一个节点暂时挂掉，但不能容忍大多数节点同时挂掉。高可用机制可以保证一个节点挂掉后恢复，有一定的修复机制，但是需要知道刚才挂掉的到底是哪个节点，StatefulSet 机制可以让容器里面的脚本有足够的信息处理这些情况，实现即便有状态，也能尽快修复。

微服务少不了服务发现，除了应用层可以使用 SpringCloud 或者 Dubbo 进行服务发现，在容器平台层则是用 Service，可以实现负载均衡、自修复和自动关联。

对于服务编排，本来 K8s 就是编排的标准，可以将 yml 文件（即 YAML Aint Markup Language 编写的文件格式）放到代码仓库中进行管理，而通过 Deployment 的副本数，可以实现弹性伸缩。

对于配置中心，K8s 提供了 ConfigMap，可以在容器启动的时候，将配置注入环境变量或者 Volume 里面。但是唯一的缺点是，注入环境变量中的配置不能动态改变了，好在 Volume里面的可以，只要容器中的进程有 Reload 机制，就可以实现配置的动态下发了。

对于统一日志中心、监控中心，APM 往往需要在 Node 上部署 Agent，来对日志和指标进行收集，当然每个 Node 上都有 Daemonset 的设计，使之更容易实现。

K8s 本身能力比较弱的就是服务的治理能力，这一点 Service Mesh 可以实现更加精细化的服务治理，进行熔断、路由、降级等策略。Service Mesh 的实现往往通过 sidecar 的方式，拦截服务的流量，进行治理。这也得力于 Pod 的理念，一个 Pod 可以有多个容器，如果当初的设计没有 Pod，则直接启动的就是容器，会非常不方便。

技术体系里那些"牵一发而动全身"的主线，如 Linux 进程模型对容器本身的重要意义、"控制器"模式对整个 K8s 项目提纲挈领的作用等，没有详细展现在 Docker 或 Kubernetes 官方文档中，但偏偏就是它们，才是掌握容器技术体系的精髓所在。

这几年，K8s 击败了 Swarm 和 Mesos，几乎成为容器编排的事实标准，BAT、京东等大公司都争相把容器和 K8s 项目作为技术重心，掌握容器及其编排技术已成为很多公司招聘时的重要选项。

2）K8s 的基本概念

Kabernetes 来自希腊语，含义是舵手或领航员，简称 K8s。是一种基于 GO 开发的开源的容器编排管理工具。类似的容器编排工具有 Docker swarm、Apache Mesos 等。

（1）Pod。

在 K8s 集群中，Pod 是 K8s 管理的最小单位，它是一个或多个容器的组合。

在 Pod 中，所有容器都被统一安排和调度。Pod 中的容器有两个特点。

① 共享网络：Pod 中的所有容器共享同一个网络命名空间，包括 IP 地址和网络端口。

② 共享存储：Pod 中的所有容器能够访问共享存储卷，允许这些容器共享数据。

在常见的微服务中，往往会部署多个微服务，而为了保证高可用，往往需要部署一个以上具有相同功能的微服务。但是如果让这两个接口能够同时生效的话，往往需要 nginx 对微服务进行反向代理,而 Pod 的出现则解决了该问题,同一个 Pod 来存放一个以上相同业务功能的容器,并且共享同一网络和存储。

(2)控制器。

K8s 通过控制器管理和调度 Pod。K8s 有以下 4 种控制器:

① Replication Controller/Replica Set。

Replication Controller(简称 RC)能够确保容器的副本数始终保持用户定义的副本数。即如果有容器异常退出,会自动创建新的 Pod 来替代,而由于异常多出来的容器也会自动回收。Replica Set(简称 RS)跟 RC 在本质上没有不同(简称 RC),新版本 K8s 建议使用 Replica Set 取代 Replication Controller。虽然 RS 可以独立使用,但一般还是建议使用 Deployment 自动管理 RS。

② Deployment。

Deployment 为 Pod 和 RS 提供了声明式定义方式管理应用,用来替代 RS 命令式定义方式管理应用。且 Deployment 提供了很多 RS 不支持的机制,如滚动升级(类似游戏中的不停服更新)和回滚应用。

③ Daemon Set。

DaemonSet 确保 Node 上只运行一个 Pod。当有 Node 加入集群时,会为集群新增一个 Pod。当有 Node 从集群移除时,这些 Pod 也会被回收。

④ Job。

Job 负责批处理任务,即仅执行一次的任务,它保证批处理任务的一个或多个 Pod 成功结束,如运行一次 SQL 脚本。

(3)Cron job。

负责执行定时任务,即在给定时间点执行一次或周期性地在给定时间点执行任务。

⚠ **注意**:

① 命令式:侧重于如何实现程序,就像我们刚接触编程的时候那样,我们需要把程序的实现过程按照逻辑结果一步步写下来。

② 声明式:侧重于定义想要什么,然后通过计算机实现。

③ 滚动升级和回滚应用是通过操作两个 RS 来实现的,大致过程是首先会在第一个 RS 减去一个 Pod,然后会在另一个 RS 加上一个 Pod。以此类推。

(4)Service。

Service 可以管理多个 Pod 作为一个整体被外部访问。在 K8s 中有以下 4 种类型的 Service。

① ClusterIP:默认类型,自动分配一个仅集群内部可以访问的虚拟 IP。

② NodePort:在 ClusterIP 基础上为 Service 绑定一个端口,可以通过该端口访问服务。

③ LoadBalancer:在 NodePort 的基础上创建一个负载均衡器,并将请求转发到 NodePort。

④ ExternalName:把集群外部的服务引入集群内部,在集群内部直接使用。

3)K8s 的核心组件

K8s 的核心组件示意如图 9-5 所示。

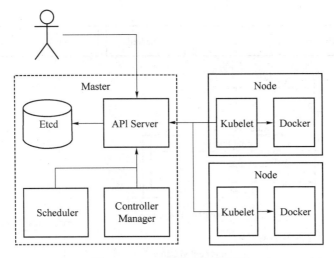

图 9 - 5　K8s 的核心组件示意

（1）主节点（Master node）。

Master 节点是集群控制节点，负责管理和控制整个集群。基本上 K8s 的所有控制命令都发给它，它负责具体的执行过程。在 Master 上主要运行 API Server、Etcd。

API Server：该组件主要提供认证与授权、运行一组准入控制器以及管理 API 版本等功能，通过 REST API 向外提供服务，允许各类组件创建、读取、写入、更新和监视资源（Pod、Deployment、Service 等），提供了集群管理的接口及模块之间的数据交互和通信的枢纽。

Etcd：K8s 的存储状态的分布式数据库，采用 Raft 协议作为一致性算法（Raft 协议原理可参见一个动画演示 http：//thesecretlivesofdata. com/raft/），保存整个集群的状态。

Controller Manager：自动化控制中心，负责维护管理集群状态，如故障检测、自动扩展和滚动更新等。

Scheduler：该组件负责资源调度，根据集群资源和状态选择合适的节点用于创建 Pod。

（2）节点（Node）。

除 Master 以外的节点被称为 Node（即从节点 Slave Node），每个 Node 都会被 Master 分配一些工作负载（Docker 容器）。当某个 Node 宕机时，该节点上的工作负载就会被 Master 自动转移到其他节点上。在 Node 上主要运行 Kube - proxy、Kubelet 和 Container runtime。

Kube - proxy：实现 Service 的通信与负载均衡。

Kubelet：用来处理 Master 节点下发到本节点的任务，管理 Pod 和其中的容器，并且能实时返回这些 Pod 的运行状态。

Container runtime：运行容器所需要的一系列程序。

创建 Pod 的整个流程时序图，如图 9 - 6 所示。

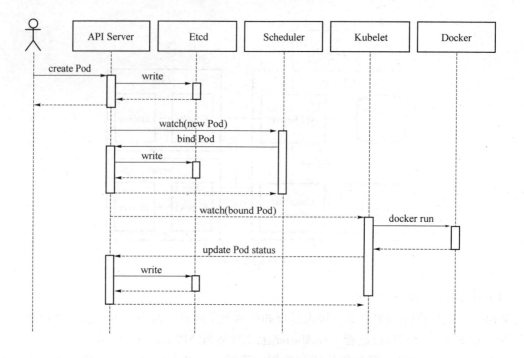

图 9 – 6　创建 Pod 的整个流程时序图

9.2　容器网络、存储、健康检查和监控

9.2.1　容器网络

1. 概述

容器的大规模使用，也对网络提出了更高的要求。网络的不灵活也是很多企业的短板，目前也有很多公司和项目在尝试解决这些问题，希望提出容器时代的网络方案。Docker 采用插件化的网络模式，提供 Bridge、Host、None、Overlay、Macvlan 和 Network plugins 这几种网络模式，运行容器时可以通过 Network 参数设置具体使用哪一种模式。

Bridge：这是 Docker 默认的网络驱动，此模式会为每一个容器分配 Network Namespace 和设置 IP 等，并将容器连接到一个虚拟网桥上。如果未指定网络驱动，便默认使用此驱动。

Host：此网络驱动直接使用宿主机的网络。

None：此驱动不构造网络环境。采用了 None 网络驱动，那么就只能使用 Loopback（回环）网络设备，容器只能使用 127.0.0.1 的本机网络。

Overlay：此网络驱动可以使多个 Docker daemons 连接在一起，并能够使用 Swarm 服务之间进行通信。也可以使用 Overlay 网络进行 Swarm 服务和容器之间、容器之间进行通信。

Macvlan：此网络允许为容器指定一个 MAC 地址，允许容器作为网络中的物理设备，这样 Docker daemon 就可以通过 MAC 地址进行访问的路由。对于希望直接连接网络的遗留应用，这种网络驱动有时可能是最好的选择。

Network plugins：可以安装和使用第三方的网络插件。可以在 Docker Store 或第三方供应商处获取这些插件。

在默认情况，Docker 使用 Bridge 网络模式。

2. 容器网络模型

容器网络模型（Container Network Model，CNM）在 2015 年由 Docker 引入，CNM 有 IP 地址管理（IPAM）和网络插件功能。IPAM 插件可以创建 IP 地址池并分配、删除和释放容器 IP。网络插件 API 用于创建/删除网络，并从网络中添加/删除容器。

3. 容器网络接口

容器网络接口（Containver Network Interface，CNI）诞生于 2015 年 4 月，由 CoreOS 公司推出，CNI 是容器中的网络系统插件，它使得类似 Kubernetes 的管理平台更容易支持 IPAM、软件定义网络（Software Defined Network，SDN）或者其他网络方案。CNI 实现的基本思想为：Contianer runtime 在创建容器时，先创建好 network namespace，在实际操作过程中，首先创建出来的容器是暂停（Pause）容器。之后调用 CNI 插件为这个网络名称空间（Netns）配置网络，最后启动容器内的进程。

CNI Plugin 负责为容器配置网络，包括两个基本接口，即配置网络 AddNetwork（net NetworkConfig，rt RuntimeConf）（types. Result，error）和清理网络 DelNetwork（net NetworkConfig，rt RuntimeConf）。

每个 CNI 插件只需实现两种基本操作：创建网络的 ADD 操作和删除网络的 DEL 操作（以及一个可选的 VERSION 查看版本操作）。CNI 的实现确实非常简单，把复杂的逻辑交给具体的 Network Plugin 实现。

4. K8s CNI 插件

K8s 为每个 Pod 都分配了唯一的 IP 地址，一个 Pod 里的多个容器共享 Pod IP 地址。K8s 要求底层网络支持集群内任意两个 Pod 间的 TCP/IP 直接通信。K8s 的跨主机任意 Pod 访问方式主要是遵循 CNI 容器网络规范，目前已经有多个开源组件支持 CNI，包括 Flannel 和 Calico 等。K8s 的部分 CNI 插件，如图 9 – 7 所示。

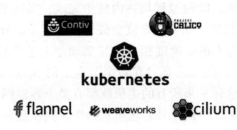

图 9 – 7　K8s CNI 插件

Flannel：CoreOS 开源的网络方案，为 K8s 设计，它的功能是让集群中的不同节点主机创建的 Docker 容器都具有全集群唯一的虚拟 IP 地址。Flannel 的底层通信协议的可选余地有很多，如 UDP、VXlan、AWS VPC 等，不同协议下实现的网络通信效率相差较多，默认为使用 UDP，部署和管理简单。

Calico：一个纯三层的网络解决方案，使用边界网关协议（BGP）进行路由，可以集成到 OpenStack 和 Docker。Calico 节点组网可以直接利用数据中心的网络结构，不需要额外的 NAT、隧道或者 Overlay Network，网络通信性能好。Calico 基于 iptables（具有"四表五链"及"堵通策略"）还提供了丰富而灵活的网络 Policy，提供多租户隔离、安全组以及其他可达性限制等功能。如果企业生产环境可以开启 BGP，可以考虑 Calico BGP 方案。不过在现实中的网络并不总是支持 BGP 路由的，因此 Calico 也设计了一种 IPIP 模式（基于 IP 层的网桥，将两个本不通的网络通过点对点连接），将一个 IP 数据包套在另一个 IP 包里，使用 Linux 提供的隧道技术，以 Overlay 的方式来传输数据。

Weave Net：weaveworks 给出的网络的方案，使用 VXLAN（虚拟扩展局域网）技术通过 Overlay 网络实现，支持网络的隔离和安全，安装和使用都比较简单。

Contiv：思科开源，兼容 CNI 模型以及 CNM 模型，支持 VXLAN 和 VLAN（虚拟局域网）方案，配置较复杂。支持 Tenant，支持租户隔离，支持多种网络模式（L2、L3、Overlay、Cisco Sdn Solution）。Contiv 带来的方便是用户可以根据容器实例 IP 直接进行访问。

Canal：基于 Flannel 和 Calico 提供 K8s Pod 之间网络防火墙的项目。

Cilium：利用 Linux 原生技术提供的网络方案，支持 L7 和 L3、L4 层的访问策略。

Romana：Panic Networks 推出的网络开源方案，基于 L3 实现的网络连通，因此没有 Overlay 网络带来的性能损耗，但是只能通过 IP 网段规划来实现租户划分。

理论上说，这些 CNI 工具的网络速度应该可以分为 3 个速度等级。最快的是 Romana、Gateway 模式的 Flannel、BGP 模式的 Calico。次一级的是 IPIP 模式的 Calico、Swarm 的 Overlay 网络、VxLan 模式的 Flannel、Fastpath 模式的 Weave。最慢的是 UDP 模式的 Flannel、Sleeve 模式的 Weave。

5. Flannel

UDP 封包使用了 Flannel 自定义的一种包头协议，数据是在 Linux 的用户态进行封包和解包的，因此当数据进入主机后，需要经历两次内核态到用户态的转换。网络通信效率低且存在不可靠的因素。

VxLAN 封包采用的是内置在 Linux 内核里的标准协议，因此虽然它的封包结构比 UDP 模式复杂，但由于所有数据装、解包过程均在内核中完成，实际的传输速度要比 UDP 模式快许多。VxLAN 方案在做大规模应用时复杂度会提升，故障定位分析复杂。

Flannel 的 Gateway 模式与 Calico 速度相当，甚至理论上还要快一点。Flannel 的 Host–Gateway 模式，在这种模式下，Flannel 通过在各个节点上的 Agent 进程，将容器网络的路由信息刷到主机的路由表上，这样一来所有的主机就都有整个容器网络的路由数据了。Host–Gateway 的方式没有引入 Overlay 中的额外装包解包操作，完全是普通的网络路由机制，它的效率与虚拟机直接的通信相差无几。Host–Gateway 的模式就只能用于二层直接可达的网络，由于广播风暴的问题，这种网络通常是比较小规模的。路由网络对现有网络设备影响比较大，路由器的路由表有空间限制，一般是两三万条，而容器的大部分应用场景是运行微服务，数量集很大。

9.2.2 容器存储

1. 概述

因为容器存活时间很短的特点，容器的状态（存储的数据）必须独立于容器的生命周期，也因为此，容器的存储变得非常重要。K8s支持的存储及技术，具体如下。

Ceph：分布式存储系统，同时支持块存储、文件存储和对象存储，发展时间很久，稳定性也得到了验证。之前在OpenStack社区被广泛使用，目前在容器社区也是很好的选项。

GlusterFS：RedHat旗下的产品，部署简单，扩展性强。

容器存储界面（Container Storage Interface，CSI）：定义云应用调度平台和各种存储服务接口的项目，核心的目标就是存储Provider只需要编写一个Driver，就能集成到任何的容器平台上。

Rook：基于Ceph作为后台存储技术，深度集成到K8s容器平台的容器项目，因为选择了Ceph和Kubernetes这两个都很热门的技术，并且提供自动部署、管理、扩展、升级、迁移、灾备和监控等功能。

商业存储：DELL EMC、NetApp等。

K8s以in-tree plugin的形式来对接不同的存储系统，满足用户可以根据自己业务的需要使用这些插件给容器提供存储服务。同时兼容用户使用FlexVolume和CSI定制化插件。

一般来说，K8s中Pod通过三种方式来访问存储资源：直接访问、静态Provision、动态Provision（使用Storage Class动态创建PV）。

2. 服务发现

容器和微服务的结合创造了另外的热潮，也让服务发现成了热门名词。可以在轻松扩展微服务的同时，也要有工具来实现服务之间相互发现的需求。DNS服务器监视着创建新Service的K8s API，从而为每一个Service创建一组DNS记录。如果整个集群的DNS一直被启用，那么所有的Pod应能自动对Service进行名称解析。在技术实现上是通过K8s API监视Service资源的变化，并根据Service的信息生成DNS记录写入Etcd中。DNS为集群中的Pod提供DNS查询服务，而DNS记录则从Etcd中读取。

Kube-Dns：Kube-Dns是K8s中的一个内置插件，目前作为一个独立的开源项目维护。K8s DNS Pod中包括3个容器：Kube-Dns、Sidecar、Dnsmasq。

CoreDNS：CoreDNS是一套灵活且可扩展的权威DNS服务器，作为CNCF中的托管的一个项目，自K8s 1.11版本起被正式作为集群DNS附加选项，且在用户使用Kubeadm（用来初始化集群的指令）时默认生效。提供更好的可靠性、灵活性和安全性，可以选择使用CoreDNS替换K8s插件Kube-Dns。

3. 状态数据存储

目前主要有三种工具，大部分的容器管理系统也都可以支持这三种工具。

Etcd：CoreOS开源的分布式key-value存储，通过HTTP/HTTPS提供服务。Etcd只是

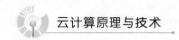

一个 Key – Value 存储，默认不支持服务发现，需要三方工具来集成。K8s 默认使用 Etcd 作为存储。

ZooKeeper：Hadoop 的一个子项目，本来是作为 Hadoop 集群管理的数据存储，目前也被应用到容器领域，开发语言是 Java。

Consul：HashiCorp 开发的分布式服务发现和配置管理工具。

这些工具的主要作用就是保证这个集群的动态信息能统一保存，并保证一致性，这样每个节点和容器就能正确地获取到集群当前的信息。

9.2.3　容器健康检查和监控

1. 容器健康检查

K8s 服务健康检查从两个维度进行，分别为就绪状态检查（readiness）和存活状态检查（liveness），支持进行三种类型的探测：HTTP、Command 和 TCP。

Readiness 探针旨在让 K8s 知道用户的应用何时准备好流量服务。K8s 确保 Readiness 探针检测通过，然后允许服务将流量发送到 Pod。如果 Readiness 探针开始失败，K8s 将停止向该容器发送流量，直到它通过。

Liveness 探针让 K8s 知道用户的应用程序是活着还是死了。如果应用程序还活着，那么 K8s 就不用管了。如果应用程序已经死了，K8s 将删除 Pod 并启动一个新的应用程序。

2. 容器监控

人们习惯于在两个层次监控：应用以及运行它们的主机。现在由于容器处在中间层，以及 K8s 本身也需要监控，因此有 4 个不同的组件需要监控并且搜集度量信息。

1）Cadvisor + InfluxDB + Grafana

一个简单的跨多主机的监控系统 Cadvisor，将数据写入 InfluxDB，InfluxDB 是时序数据库提供数据的存储，存储在指定的目录下；而 Grafana 提供了 Web 控制台，自定义查询指标，从 InfluxDB 查询数据并展示。

2）Heapster + InfluxDB + Grafana

Heapster 是一个收集者，将每个 Node 上的 Cadvisor 的数据进行汇总，然后导到 Influx-DB，支持从 Cluster、Node、Pod 的各个层面提供详细的资源使用情况。

Heapster：在 K8s 集群中获取 Metrics 和事件数据，写入 InfluxDB。Heapster 收集的数据比 CacAdvisor 多，而且存储在 InfluxDB 的也少。

InfluxDB：时序数据库，提供数据的存储，存储在指定的目录下。

Grafana：提供了 Web 控制台，自定义查询指标，从 InfluxDB 查询数据，并展示。

3）Prometheus + Grafana

Prometheus 是个集 DB、Graph、Statistics、Alert 于一体的监控工具。提供多维数据模型（时序列数据由 Metric 名和一组 key/value 组成）和在多维度上灵活的查询语言（PromQl），提供了很高的写入和查询性能。对内存占用量大，不依赖分布式存储，单主节点工作，所以不具有高可用性，支持 pull/push 两种时序数据采集方式。

考虑到 Prometheus 在扩展性和高可用方面的缺点，在超大规模应用时可以考察下 Thanos 这样的面向解决 Prometheus 的长时间数据存储与服务高可用解决方案的开源项目：https：//github. com/improbable – eng/thanos。

习　题

一、填空题

1. K8s 击败了（　　　　）和（　　　　　），几乎成为容器编排的事实标准，BAT、京东等大公司都争相把容器和 K8s 项目作为技术重心，掌握容器及其编排技术已成为很多公司（　　　）时的重要选项。

2. Docker 不是（　　　　　），Docker 构建在操作系统上，利用操作系统的 containerization 技术，消耗资源小、轻量，可以瞬间启动完毕。

3. K8s 服务健康检查从两个维度进行，分别为（　　　　）和（　　　　），支持进行三种类型的探测：（　　　）、（　　　）和（　　　　）。

4. 容器和（　　　）的结合创造了另外的热潮，也让服务发现成了热门名词。

二、判断题（正确打√，错误打 ×）

1. 在 Docker 认为用户需要的是高效运行环境而非 OS，Guest OS 既浪费资源又难于管理，更加轻量级的 LXC 则更加灵活和快速，且移动性好。（　　　）

2. host 是 Docker 默认的网络驱动。（　　　）

三、简答题

1. 何为容器和容器云？

2. 简述 Kubernetes 的基本概念？

3. 何为 Docker 及其起源？

4. 何为 Docker 特性及局限？

四、实践题（下面整个是一道题）

1. 按如下要求创建 pod 并运行验证：

（1）Pod 名称：nginx – pod

（2）命名空间：default

（3）容器名称：nginx – test

（4）镜像：nginx，拉取策略：IfNotPresent

（5）容器端口：80

2. 实现：

创建 yaml 文件，输入以下配置文件。

```
[root@ master  ~] # vi nginx. yml
apiVersion：v1
kind：Pod
metadata：
name：nginx – pod
```

labels：

app：test

spec：

containers：

name：nginx – test

image：nginx #在使用离线私人仓库时容易出错，一定要注意镜像是否存在（所在位置）

imagePullPolicy：IfNotPresent

ports：

containerPort：80

3. 创建 Pod。

［root@ master ～］# kubectl create – f nginx. yml pod/nginx – pod created

4. 验证 Pod 是否正常运行。

［root@ master ～］# kubectl get pods

NAME READY STATUS RESTARTS AGE

nginx – pod 1/1 Running 0 42s

［root@ master ～］# kubectl describe pod/nginx – pod

Name：nginx – pod

第10章

Spark 内存计算技术

云计算相关技术之一的 Spark 是 Apache 专为大规模数据处理而设计的快速通用的计算引擎，是开源的类 Hadoop MapReduce 的通用并行框架。Spark 拥有 MapReduce 所具有的优点，但不同于 MapReduce 的是其 Job 中间输出结果可以保存在内存中，从而不再需要读写 HDFS，因此 Spark 速度更快，能更好地适用于数据挖掘与机器学习等需要迭代的算法。

本章先讲述 Spark 的特点、Spark 生态系统、Spark 的原理、Spark 的计算方法等基本概念，接着让读者了解 RDD 及其基本操作、Spark 的运行模式和基于 Scala 语言的程序设计，掌握使用 Scala 编写一个简单实例到 Spark 集群运行的方法，为在以后学习大数据原理与技术奠定基础。

10.1　Spark 概述

Spark 是一种与 Hadoop 相似的开源集群计算环境，启用了内存分布数据集，除了能够提供交互式查询外，还可以优化迭代工作负载。

Spark 是在 Scala 语言中实现的，它将 Scala 作为应用程序框架，能够和 Scala 紧密集成，其中的 Scala 可以像操作本地集合对象一样轻松地操作分布式数据集。

虽然创建 Spark 是为了支持分布式数据集上的迭代作业，但它也是对 Hadoop 的补充，可以在 Hadoop 文件系统中并行运行。通过名为 Mesos 的第三方集群框架可以支持此行为。Spark 可以用来构建大型的、低延迟的数据分析应用程序。

10.1.1　Spark 的特点

高级 API 剥离了对集群的关注，Spark 应用开发者可以专注于应用所要做的计算，具有更快的速度，更好的易用性和通用性，支持多种资源管理器。

（1）更快的速度：Spark 速度很快，支持交互式计算和复杂算法，内存计算时比 Hadoop 快 100 倍。

（2）易用性：Spark 提供了 80 多个高级运算符，便于使用。

（3）通用性：Spark 是一个通用引擎，可以完成各种运算，包括 SQL 查询、文本处理、机器学习等，而在 Spark 出现之前，一般需要学习各种各样的引擎来分别处理这些需求；Spark 提供了大量的库，包括 SQL、DataFrames、MLlib、GraphX、Spark Streaming，开发者可以在同一个应用程序中无缝组合这些库。

（4）支持多种资源管理器：Spark 支持 Hadoop YARN、Apache Mesos 及其自带的独立集群管理器。

10.1.2　Spark 生态系统

1）Shark

Shark 是在 Spark 框架基础上提供的和 Hive 一样的 Hive QL 命令接口。为了最大程度地保持和 Hive 的兼容性，Shark 使用 Hive 的 API 实现问题解析和逻辑计划产生，最后的物理执行阶段用 Spark 代替 Hadoop MapReduce。Shark 可以通过参数配置自动在内存中缓存特定的 RDD，实现数据重用，加快特定数据集的检索。同时，Shark 通过 UDF 用户自定义函数实现特定的数据分析学习算法，使得 SQL 数据查询和运算分析结合在一起，最大化 RDD 的重复使用。

2）Spark R

Spark R 是为 R 提供了轻量级的 Spark 前端的 R 包。它提供了一个分布式的 Data Frame 数据结构，解决了 R 中的 Data Frame 只能在单机中使用的瓶颈，支持 Select、Filter、Aggregate 等操作，很好地解决了 R 的大数据级瓶颈问题。Spark R 也支持分布式的机器学习算法，如 MLlib 机器学习库。

10.1.3　Spark 的原理

Spark Streaming 将 Stream 数据分成小的时间片断（几秒），以类似分批处理的方式来处理这小部分数据。Spark Streaming 构建在 Spark 上，一方面是因为 Spark 的低延迟执行引擎（大于 100 ms），虽然比不上专门的流式数据处理软件，也可以用于实时计算，另一方面与基于 Record 的其他处理框架（如 Storm）相比，一部分窄依赖的 RDD 数据集可以从源数据重新计算，达到容错处理的目的。此外，小批量处理的方式使得它可以同时兼容批量和实时数据处理的逻辑及算法，方便需要历史数据和实时数据联合分析的特定应用场合。

10.1.4　Spark 的计算方法

Bagel 可以用 Spark 进行图计算，是非常有用的小项目。Bagel 自带了一个例子，实现 Google 的 PageRank 算法。

Spark 用于大数据处理平台的实时计算。

近几年来，大数据机器学习和数据挖掘的并行化算法研究成为大数据领域一个较为重要的研究热点。早几年国内外研究者和业界比较关注的是在 Hadoop 平台上的并行化算法设计。然而，Hadoop MapReduce 平台由于网络和磁盘读写开销大，难以高效地实现需要大量迭代计算的机器学习并行化算法。随着 UC Berkeley AMP Lab 推出的新一代大数据平台 Spark 系统的出现和逐步发展成熟，近年来国内外开始关注在 Spark 平台上实现各种机器学习和数据挖掘并行化算法设计。为了方便一般应用领域的数据分析人员使用 R 语言在 Spark 平台上完成数据分析，Spark 提供了 Spark R 编程接口，帮助一般应用领域的数据分析人员在 R 语言的环境里方便地使用 Spark 的并行化编程接口和强大的计算能力。

10.2　RDD

分布在集群中的只读对象集合由多个 Partition 构成，可以存储在磁盘或内存中（多种存储级别），通过并行"转换"操作构造，失效后自动重构。

弹性分布式数据集（Resilient Distributed Datasets，RDD）是一种分布式的内存抽象，表示一个只读的记录分区的集合，只能通过其他 RDD 转换而创建。RDD 支持丰富的转换操作（如 map、join、filter、groupBy 等），通过这种转换操作，新的 RDD 包含了如何从其他 RDDs 衍生所必需的信息，RDDs 之间是有依赖关系的。基于 RDDs 之间的依赖，RDDs 形成了一个有向无环图 DAG，该 DAG 描述了整个流式计算的流程，实际执行的时候，RDD 出现数据分区丢失时可以通过"血缘"关系重建分区。

基于 RDD 的流式计算任务可以描述为：从稳定的物理存储（如分布式文件系统）中加载记录，记录被传入由一组确定性操作构成的 DAG 后写回稳定存储。RDD 可以将数据集缓存到内存中，在多个操作之间重用数据集，基于这个特点可以很方便地构建迭代型应用（图计算、机器学习等）或交互式数据分析应用。

10.2.1　RDD 与 Spark

Spark 最初是实现 RDD 的一个分布式系统，通过不断发展壮大成为现在较为完善的大数据生态系统。

（1）RDD 是只读的、可分区的数据集。

（2）RDD 是分布式的，数据可以分布在 Cluster 中的多台机器上进行并行计算。

（3）弹性的，有的读者很有可能在想，所谓的弹性，可大可小。我们见过的弹簧是弹性的，数据怎么也有可能是弹性的呢？在了解 RDD 之初，不妨来了解一下这个弹性：在计算过程中，Spark，会根据内存的大小和使用情况来与磁盘进行数据交换，当内存不足时，会将其特定的部分写入磁盘，当数据块被大量使用时，会将数据块加载到内存，所以，相对于内存存储来说，数据就是弹性的。

10. 2. 2　RDD 的基本操作

RDD 的基本操作主要有转换（Transformation）操作和行动（Action）操作。

Transformation 操作是指从新的数据集中将数据集的每一个元素传递给函数，并返回一个新的分布数据集表示结果。而 Action 操作后，RDD 不再是数据集，而是一个值，并将该值返回给驱动程序，如 Reduce 是一个动作，通过一些函数将所有元素叠加起来，并将最终结果返回给 Driver 程序。

RDD 的 Transformation 操作是有惰性的，不会立即执行，需要 Action 操作触发。RDD 的这种设计既可以避免很多无用的行为，也可以更加高效地运行。驱动程序最终关注的是 Action 操作后的结果，而不是中间的数据集。例如，通过 map( ) 函数转换而来的新数据集将 count( )的结果给驱动程序，而不是整个过程数据集。

1）Transformation

Transformation 操作包括 map、Filer、Distinct、Sample 等。

（1）map 操作将 RDD[T]中每个元素进行函数运算、映射，生成 RDD。

（2）Filter 操作返回一个 RDD，包含了所有满足过滤条件的元素。

（3）Distinct 操作返回 RDD 中所有相异的元素，排除相同的元素。经过 Distinct 操作后，每个数据将只出现一次。

（4）Sample 操作从数据中抽取一定比例的数据子集。

其他操作还包括 Union 操作、Coalesce 操作、Repartition 操作、Mappartitions 操作、Join 操作等。

2）Action

Action 操作包括以下内容。

（1）创建新的 RDD，代码如下：

```
val nums = sc.parallelize(List(1,2,3))
```

（2）将 RDD 保存为本地集合，代码如下：

```
nums.collect()//=>Array(1,2,3)
```

（3）返回前 k 个元素，代码如下：

```
nums.take(2)//=>Array(1,2)
```

（4）计算元素的总数，代码如下：

```
nums.count()//=>3
```

（5）合并集合元素，代码如下：

```
nums.reduce(_+_)//=>6
```

（6）将 RDD 写入 HDFS，代码如下：

```
nums.saveAsTextFile("hdfs://file.txt")
```

10.3 Spark 的运行模式

10.3.1 Spark 程序框架

Spark 程序包括 Application、Driver、Executor、Cluster Manager、Standalone、Hadoop Yarn、Worker、Job、Stage 和 Task。

（1）Application：用户编写的 Spark 应用程序，包含一个 Driver 功能代码和分布在集群中多个节点上运行的 Executor 代码。Spark Application 程序架构如图 10 – 1 所示。

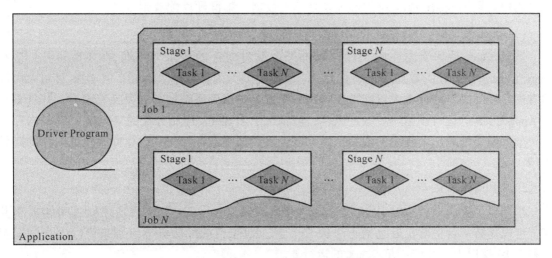

图 10 – 1 Spark Application 程序架构

（2）Driver：运行 Application 的 main（）函数并创建 Spark Context，创建 Spark Context 的目的是准备 Spark 应用程序的运行环境。在 Spark 中由 Spark Context 负责与 Cluster Manager 通信，进行资源的申请、任务的分配和监控等；当 Executor 运行完毕后，Driver 将 Spark Context 关闭。通常用 Spark Context 代表 Drive。

（3）Executor：Application 运行在 Worker 节点上的一个进程，该进程负责运行 Task，并且将数据存储在内存或磁盘上，每个 Application 都有一批独立的 Executor。在 Spark on Yarn 模式下，进程名称为 CoarseGrainedExecutorBackend。一个 Coarse Grained Executor Backend 进程有且仅有一个 Executor 对象，它负责将 Task 包装成 Task Runner，并从线程池中抽取一个空闲线程运行 Task。每个 Coarse Grained Executor Backend 能并行运行 Task 的数量取决于为其分配的 CPU 数量。

（4）Cluster Manager：在集群上获取资源的外部服务，负责整个集群的资源管理，包括维护各个节点的资源使用情况，将各个节点中的资源按照一定的约束分配（如每个 Pool 使用的资源不能超过其上限，任务分配时应考虑负载均衡等）给各个应用程序。

（5）Standalone：Spark 原生的资源管理，由 Master 负责资源的分配。

（6）Hadoop Yarn：由 Yarn 中的 Resource Manager 负责资源的分配。

（7）Worker：集群中任何可以运行 Application 代码的节点，类似于 Yarn 中的 Node Manager 节点。在 Standalone 模式中是通过 Slave 文件配置的 Worker 节点，在 Spark on Yarn 模式中是 Node Manager 节点。

（8）Job：包含多个 Task 组成的并行计算，往往由 Spark Action 催生，一个 Job 包含多个 RDD 及作用于相应 RDD 上的各种 Operation。

（9）Stage：每个 Job 会被拆分很多组 Task，每组任务被称为 Stage，也可称 Task Set，一个作业分为多个阶段。

（10）Task：被送到某个 Executor 上的工作任务。

10.3.2　集群硬件的配置

用户如果用 Spark Cluster 的形式来处理大数据，集群硬件配置则较高。

1）内存的配置

虽然 Spark 是基于内存的迭代计算框架，但对内存的要求并不高，8 GB 即可，这和 Spark Cluster 要处理的数据量大小有关。一般情况下，内存量越大越好，但 JVM 对超大内存的管理存在问题，内存太大可能需要特殊的配置，考虑到系统运行需要耗费内存，并且需要为 Application 的运行预留一些缓冲区，一般情况下为 Spark 应用分配的空间是 75% 的内存空间，如果需要处理超大规模的数据，则可以设置数据集的存储级别，以此来保证内存的高效实用。

2）CPU 的配置

当内存足够大时，CPU 内核数量将制约运算速度。Spark 实现的是线程之间的最小共享，可以支持一台机器扩展之数十个的 CPU 核。对于目前的服务器级别来说，CPU 的配置一般在 16 核以上，才能满足 Spark 的运行要求。

3）网络的配置

在混合型的大数据处理平台部署 Spark Cluster，很难满足 Spark 低延迟的需求，可以将 Spark Cluster 部署在 10 GB 以上的网络带宽的局域网中，或者网络中拥有专用的大数据传输设备。

4）存储的配置

从目前的硬件发展来看，存储硬盘的价格越来越低廉，性能越来越高，借助一些大数据的存储方案，存储已经不是大数据处理的瓶颈。虽然 Spark 能够在内存中执行大量计算，但它仍然需要本地硬盘作为部分数据的存储。Spark 官方推荐为每一个节点配置 4~8 块磁盘，并且不需要为 RAID。另外，Spark Cluster 存储本地化可以通过配置 Spark.local.dir 来指定磁盘列表。

10.3.3　Spark 的运行模式

Spark 的运行模式多种多样，依托的资源分配技术灵活多变，主要的运行模式有 Local、

Standalone、Spark on Mesos、Spark on YARN、Spark on EGO 等。

RDD 是 Spark 的核心，是一种只读的、分区记录的集合，RDD 数据集的操作结果可以放到内存中，下一个操作可以直接从内存中输入，省去 MapReduce 大量的磁盘 I/O 操作。

Page l 是 Google 的图计算框架，体现了 Spark 超强的融合能力。

Spark 的运行过程：由 Driver 向集群申请资源，集群分配资源，启动 Executor。Driver 将 Spark 应用程序的代码和文件传送给 Executor。Executor 上运行 Task，完成运行后将结果返回 Driver。

应用程序提交后触发 Action，构建 SparkContext 和 DAG 图，提交给 DAG Scheduler；构建 Stage，以 Stage Set 方式提交给 Task Scheduler；构建 Task Set Manager，然后将 Task 提交给 Executor 运行。Executor 运行完 task 后，将完成信息提交给 Scheduler Backend，由它将任务完成的信息提交给 Task Scheduler。Task Scheduler 将信息反馈给 Task Set Manager，删除该 task 任务，执行下一个任务。同时 Task Scheduler 将完成的结果插入队列，并返回加入成功的信息。Task Scheduler 将任务处理成功的信息传送给 Task Set Manager。全部任务完成后 Task Set Manager 将结果反馈给 DAG Scheduler。如果属于 Result Task，则交给 Job Listener，否则保存结果。

1）独立（Standlone）模式

独立模式的资源调度框架是 Spark 自带的，是一种典型的 Master + Slave 集群结构。其中 Driver 运行在 Master 节点中，并且由常驻内存的 Master 进程守护；Worker 节点上常驻的 Worker 守护进程负责与 Master 通信，通过 Executor Runner 控制运行在当前节点上的 Coarse Grained Executor Backend 进程。每个进程包含一个 Executor 对象，该对象持有一个线程池，每个线程可以执行一个 Task。

2）Yarn 分布式模式

Spark Yarn 有 Yarn – Cluster 和 Yarn – Clint 两种模式。

（1）Yarn – Cluster 模式：主程序逻辑和任务运行在 YARN 集群中，如图 10 – 2（a）所示。在 Yarn – Cluster 模式中，Driver 在 Application Master 上运行，该进程在 YARN – Cluster 中运行，负责驱动应用程序并向 YARN 申请资源，启动应用程序的客户端可以在应用初始化后脱离。

（2）Yarn – Clint 模式：主程序逻辑运行在本地，具体任务运行在 Yarn 集群中，如图 10 – 2（b）所示。在 Yarn – Clint 模式中，Driver 运行在 Client 进程中，Client 一般不是集群中的机器。Application Master 仅用于向 Yarn 申请 Executor Container，客户端进程在 Container 启动后与它们进行通信，调度任务。

Yarn 将两种角色划分为管理集群上资源使用的资源管理器和管理集群上运行生命周期的应用管理器。

应用服务器与资源管理器协商集群的计算资源——容器（每个容器有特定的内存上限），在这些容器上运行特定的应用程序进程。容器由集群节点上运行的节点管理器监视，以确保应用程序使用的资源不会超过分配给它的资源。

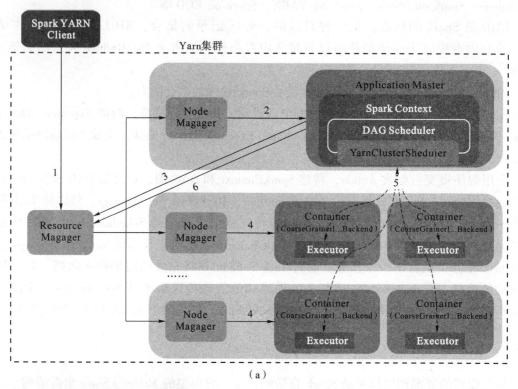

（a）

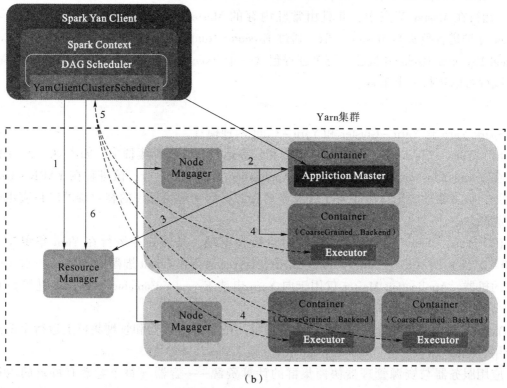

（b）

图 10 − 2　Yarn 分布式模式

（a）Yarn − Cluster 模式；（b）Yarn − Clint 模式

10.4　Spark 的应用程序

Spark 是在 Scala 语言中实现的，它将 Scala 作为应用程序框架。Spark 能够和 Scala 紧密集成，Scala 可以像操作本地集合对象一样轻松地操作分布式数据集。

10.4.1　Scala 编程语言

联邦理工学院洛桑（Ecole Polytechnigue Federale de Lausanne，EPFL）的 Martin Odersky 于 2001 年基于 Funnel 的工作开始设计 Scala。Funnel 是把函数式编程思想和 Petri 网结合的一种编程语言。Odersky 先前的工作是 Generic Java 和 Javac（Sun Java 编译器）。Java 平台的 Scala 于 2004 年年初发布。.NET 平台的 Scala 发布于 2004 年 6 月。该语言第二个版本（v2.0）发布于 2006 年 3 月。截至 2009 年 9 月的版本是版本 2.7.6。Scala 2.8 的特性包括重写的 Scala 类库（Scala collections library）、方法的命名参数和默认参数、包对象（package object），以及 Continuation。

2009 年 4 月，Twitter 宣布把大部分后端程序从 Ruby 迁移到 Scala，其余部分也要迁移。此外，Wattzon 已经公开宣称，其整个平台都已经是基于 Scala 基础设施编写的。现在已有 Scala 2.13.0 – M4 版本。

Scala 是一门多范式的编程语言，一种类似 Java 的编程语言，设计初衷是实现可伸缩的语言并集成面向对象编程和函数式编程的各种特性。

Scala 是面向对象编程语言，而又无缝地结合了命令式编程和函数式编程风格。

Scala 中的每个值都是一个对象，包括基本数据类型（即布尔值、数字等）在内，连函数也是对象。另外，类可以被子类化，而且 Scala 还提供了基于 Mixin 的组合（Mixin – Based Composition）。

与只支持单继承的语言相比，Scala 具有更广泛意义上的类重用。Scala 允许定义新类的时候重用"一个类中新增的成员定义（即相较于其父类的差异之处）"。Scala 称之为 Mixin 类组合。

Scala 包含若干函数式语言的关键概念，包括高阶函数（Higher – Order Function）、局部套用（Currying）、嵌套函数（Nested Function）、序列解读（Sequence Comprehensions）等。

Scala 是静态类型的，能够提供泛型类、内部类、甚至多态方法（Polymorphic Method）。

Scala 能够与 Java 和 .NET 互操作，用 Scalac 编译器把源文件编译成 Java 的 Class 文件，即在 JVM（Java 虚拟机）上运行的字节码。

Scala 使用 Java 1.4、Java 5.0 或 Java 6.0 编写的 Java 类库和框架，经常针对这几个版本的 Java 进行测试。

10. 4. 2　Scala 的特性

Scala 具有以下特性:

1) 面向对象

Scala 是一种纯面向对象的语言，每一个值都是对象。对象的数据类型及行为由类和特征（Trait）描述。类抽象机制的扩展有两种途径。一种途径是子类继承，另一种途径是灵活的混入（Mixin）机制。这两种途径能避免多重继承的问题。

2) 函数式编程

Scala 是一种函数式语言，其函数能当成值来使用。Scala 提供了轻量级的语法用来定义匿名函数，支持高阶函数，允许嵌套多层函数和局部套用（Currying），支持柯里化——即把接受多个参数的函数变换成接受一个单一参数（最初函数的第一个参数）的函数，并返回接受余下的参数且返回结果的新函数的技术。Scala 的 Case Class 及其内置的模式匹配相当于函数式编程语言中常用的代数类型（Algebraic Type）。

3) 更高层的并发模型

Scala 把 Erlang 风格的基于 Actor 的并发带进了 JVM。开发者可以利用 Scala 的 Actor 模型在 JVM 上设计具有伸缩性的并发应用程序，自动获得多核心处理器带来的优势，而不必依照复杂的 Java 线程模型来编写程序。

4) 与 XML 集成

在 Scala 程序中可以直接书写 XML，并将 XML 转换成 Scala 类。程序员还可以利用 Scala 的模式匹配编写类似正则表达式的代码处理 XML 数据。在这些情形中，顺序容器的推导式（Comprehension）功能对编写公式化查询非常有用。

5) 与 Java 无缝地互操作

可以从 Scala 中调用所有的 Java 类库，也可以从 Java 应用程序中调用 Scala 的代码。

6) 静态类型

Scala 具备类型系统的特点，通过编译检查保证代码的安全性和一致性。类型系统支持泛型类、型变注释（Variance Annotation）、类型继承结构的上限和下限，把类别和抽象类型作为对象成员，复合类型，引用自己时显式指定类型、视图、多态方法等。

7) 扩展性

Scala 的设计承认一个事实，即在实践中，某个领域特定的应用程序开发需要特定于该领域的语言扩展。Scala 提供了许多独特的语言机制，可以以库的形式无缝添加新的语言结构。

任何方法可用作前缀或后缀操作符，可以根据预期类型自动构造闭包。联合使用以上两个特性，可以定义新的语句而无须扩展语法也无须使用宏之类的元编程特性。

8）使用 Scala 的框架

Lift 是一个开源的 Web 应用框架，提供类似 Ruby on Rails 的框架。因为 Lift 使用了 Scala，所以 Lift 应用程序可以使用所有的 Java 库和 Web 容器。

9）测试

测试 Scala 代码的方式有 Scala Test、Scala Check，类似于 Haskell 的 Quick Check 的一个库 specs（一个用于 Scala 的行为驱动的开发工具库）。内置的 Scala 库 SUnit 已经不赞成使用，将会在 2.8.0 版中移除。

Scala 的风格和特性已经吸引了大量的开发者，它是一种函数式面向对象语言，融入许多新特性的同时运行于 JVM 之上。随着开发者对 Scala 的兴趣日增，以及越来越多的工具支持，Scala 语言将成为一件不可或缺的工具。

10.4.3　平台和许可证

Scala 运行于 Java 平台（Java 虚拟机），并兼容现有的 Java 程序。它也能运行于 Java ME 或 CLDC（Java Platform、Micro Edition Connected Limited Device Configuration）上。

Scala 的编译模型（独立编译，动态类加载）与 Java、C#一样，因此 Scala 代码可以调用 Java 类库（.NET 实现可以调用.NET 类库）。

Scala 包中包含编译器和类库，以 BSD 许可证发布。BSD 许可证原先是用在加州大学柏克利分校发表的各个 4.4BSD/4.4BSD – Lite 版本上面（BSD 是 Berkly Software Distribution 的简写）的，后来也就逐渐沿用下来。1979 年加州大学伯克利分校发布了 BSD UNIX，被称为开放源代码的先驱，BSD 许可证就是随着 BSD UNIX 发展起来的。BSD 许可证现在被 Apache 和 BSD 操作系统等开源软件所采纳。

10.4.4　Spark 程序设计

Scala 平台搭建后，Spark 程序设计包括创建 SparkContext 对象（封装了 Spark 执行环境信息）、创建 RDD（可从 Scala 集合或 Hadoop 数据集上创建）、在 RDD 之上进行转换和 action（Spark 提供了多种转换和 action 函数）等。

1）Scala 解释器的使用

Scala 解释器被称为 REPL，它能够快速编译 Scala 代码为字节码，交给 JVM 来执行。

计算表达式：在 Scala 命令行内输入 Scala 代码，解释器会直接返回结果。如果没有指定变量来存放这个值，那么值默认的名称为 res，而且会显示结果的数据类型，如 Int、Double、String 等。例如，输入 1 + 1，会看到 res0：Int = 2。

内置变量：在后面可以继续使用 res 这个变量，以及它存放的值。例如，输入 2.0 * res0，返回 res1：Double = 4.0；输入，"Hi," + res0，返回 res2：String = Hi，2。

自动补全：在 Scala 命令行内，可以使用 Tab 键进行自动补全。例如，输入"res2. to"，按 < Tab > 键，解释器的显示结果如图 10 - 16 所示。由于此时无法判定需要补全的是哪一个，因此会提供给你所有的选项。例如，输入"res2. toU"，按 < Tab > 键，会补全为"res2. toUpperCase"。

2）创建 SparkContext

（1）创建 conf，封装 Spark 配置信息，代码如下：

```
val conf = new SparkConf().setAppName(appName)
```

（2）创建 SparkContext，代码如下：

```
val sc = new SparkContext(conf)
```

3）创建 RDD

（1）将 Scala 集合转换为 RDD，代码如下：

```
sc.parallelize(List(1, 2, 3))
```

（2）从 FS、HDFS 或 S3 上加载文本文件 sc. textFile（"file. txt"）：sc. textFile（"directory/ *. txt"）sc. textFile（"hdfs：//namenode：9000/path/file"）。

（3）使用已有的 Hadoop，代码如下：

```
InputFormat sc.hadoopFile(keyClass, valClass, inputFmt, conf)
```

4）RDD 转换

（1）创建 RDD，代码如下：

```
val nums = sc.parallelize(List(1, 2, 3))
```

（2）将 RDD 传入函数，生成新的 RDD，代码如下：

```
val squares = nums.map(x =>x * x)//{1, 4, 9}
```

过滤 RDD 中的元素，生成新的 RDD，代码如下：

```
val even = squares.filter(_ % 2 == 0)//{4}
```

将一个元素映射成多个，生成新的 RDD，代码如下：

```
nums.flatMap(x =>1 to x)// =>{1, 1, 2, 1, 2, 3}
```

5）Action 操作

（1）创建新的 RDD，代码如下：

```
val nums = sc.parallelize(List(1, 2, 3))
```

（2）将 RDD 保存为本地集合，代码如下：

```
nums.collect()// =>Array(1, 2, 3)
```

（3）返回前 k 个元素，代码如下：

```
nums.take(2)// =>Array(1,2)
```

（4）计算元素的总数，代码如下：

```
nums.count()// =>3
```

（5）合并集合元素，代码如下：

```
nums.reduce(_ + _)// =>6
```

（6）将 RDD 写入 HDFS，代码如下：

```
nums.saveAsTextFile("hdfs://file.txt")
```

6）Key/Value 类型的 RDD

```
val pets = sc.parallelize( List(("cat",1),("dog",1),("cat",
2)))pets.reduceByKey(_ + _)// =>{(cat,3),(dog,1)}
    pets.groupByKey()// =>{(cat, Seq(1,2)),(dog, Seq(1)}
    pets.sortByKey()// =>{(cat,1),(cat,2),(dog,1)} reduceByKey 自
动在 map 端进行本地 combine
```

10.4.5　使用 Scala 编写一个简单实例到 Spark 集群运行

实际工作上很少在虚拟机上直接使用 Spark – shell 编写程序，更多的是在 IDEA 等编辑器上将写好的程序打包，使用 Spark – submit 提交到集群执行。

（1）安装 JDK：Scala 运行在 JVM 上的，需要安装 JDK（建议安装 1.7 以上版本）。

（2）安装 Scala：安装 Scala 2.10.6 版本，需要 JDK1.7 及以上版本支持。

设置系统变量，添加一个 SCALA_HOME，设置值为 SCALA 指定的安装目录，

在 Path 路径的末尾添加：

```
;% SCALA_HOME% \bin;% SCALA_HOME% \jre\bin;
```

在 CLASSPATH 路径末尾添加：

```
;% SCALA_HOME% \bin;% SCALA_HOME% \lib\dt.jar;% SCALA_HOME% \
lib\tools.jar.;
```

配置后按 < Win + R > 组合键输入 "cmd" 召唤窗口输入 "Scala – version"，查看配置安装是否成功。

（3）在 IDEA 上编写程序。

① 创建一个 maven 项目，pom.xml 文件的代码如下：

```xml
<?xml version = "1.0" encoding = "UTF - 8"? >
<project xmlns = "http://maven.apache.org/POM/4.0.0"
        xmlns:xsi = "http://www.w3.org/2001/XMLSchema - instance"
        xsi: schemaLocation = " http:// maven.apache.org/ POM/
        4.0.0 http://maven.apache.org/xsd/maven - 4.0.0.xsd" >
    <modelVersion >4.0.0 </modelVersion >

    <groupId >cn.itcast.spark </groupId >
    <artifactId >hello - spark </artifactId >
    <version >1.0 </version >

    <properties >
        <maven.compiler.source >1.7 </maven.compiler.source >
        <maven.compiler.target >1.7 </maven.compiler.target >
        <encoding >UTF - 8 </encoding >
        <scala.version >2.10.6 </scala.version >
        <spark.version >1.6.1 </spark.version >
        <hadoop.version >2.6.4 </hadoop.version >
    </properties >

    <dependencies >
        <dependency >
            <groupId >org.scala - lang </groupId >
            <artifactId >scala - library </artifactId >
            <version > ${scala.version} </version >
        </dependency >

        <dependency >
            <groupId >org.apache.spark </groupId >
            <artifactId >spark - core_2.10 </artifactId >
            <version > ${spark.version} </version >
        </dependency >

        <dependency >
            <groupId >org.apache.hadoop </groupId >
            <artifactId >hadoop - client </artifactId >
            <version > ${hadoop.version} </version >
        </dependency >
    </dependencies >
```

```xml
<build>
    <sourceDirectory>src/main/scala</sourceDirectory>
    <testSourceDirectory>src/test/scala</testSourceDi-
    rectory>
    <plugins>
        <plugin>
            <groupId>net.alchim31.maven</groupId>
            <artifactId>scala-maven-plugin</artifactId>
            <version>3.2.2</version>
            <executions>
                <execution>
                    <goals>
                        <goal>compile</goal>
                        <goal>testCompile</goal>
                    </goals>
                    <configuration>
                        <args>
                            <arg>-make:transitive</arg>
                            <arg>-dependencyfile</arg>
<arg>${project.build.directory}/.scala_dependencies</arg>
                        </args>
                    </configuration>
                </execution>
            </executions>
        </plugin>


        <plugin>
            <groupId>org.apache.maven.plugins</groupId>
            <artifactId>maven-shade-plugin</artifactId>
            <version>2.4.3</version>
            <executions>
            <execution>
                <phase>package</phase>
                <goals>
                    <goal>shade</goal>
                </goals>
                <configuration>
                    <filters>
                        <filter>
```

```
                                   < artifact > * : * </artifact >
                                   < excludes >
                                       < exclude > META - INF/*
                                       . SF </exclude >
                                       < exclude > META - INF/*
                                       . DSA </exclude >
                                       < exclude > META - INF/*
                                       . RSA </exclude >
                                   </excludes >
                               </filter >
                           </filters >
                       </configuration >
                   </execution >
               </executions >
           </plugin >
       </plugins >
     </build >

 </project >
```

②编写一个 wordCount 小程序，代码如下：

```scala
package cn.itcast.spark
import org.apache.spark.{SparkConf, SparkContext}
/**
  * Created by LYan5 on 2018/9/5.
  */
object WordCount {
  def main(args: Array[String]){
    val conf = new SparkConf().setAppName("WC")
    val sc = new SparkContext(conf)
    sc.textFile(args(0)).flatMap(_.split(" ")).map((_,1)). redu-
    ceByKey(_+_).sortBy(_._2,false).saveAsTextFile(args(1))
    sc.stop()
  }
}
```

（4）将项目打包，如图 10 - 3 所示。

这里会生成两个包，分别是只包含代码的简洁包和包含 Jar 包依赖的大包，如图 10 - 4
所示，使用打包即可。

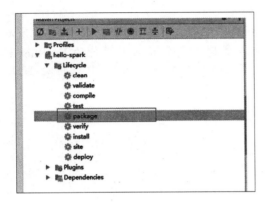

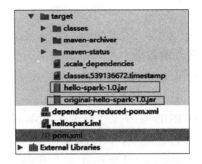

图 10 - 3　项目打包选项　　　　　　　　图 10 - 4　简洁包与大包选项

（5）将包上传到 Spark 集群运行。将包上传到 Spark 集群，启动 Spark 集群的搭建。
在 Spark 目录下输入以下代码：

```
    bin/spark - submit  -- master spark://weekend02:7077  -- class cn. it-
cast. spark.WordCount  -- executor - memory 512m -- total - executor -
cores 2 /home/bigdata/hello - spark - 1.0. jar hdfs://weekend02:9000/
wc hdfs://weekend02:9000/out2
    --master 指定集群 master
    --class 指定类所在地址
    -- executor - memory 512m          //指定每个 work 运行内存为 512m
    --total - executor - cores 2        //指定总共提供 2 个核处理给所有 work
    /home/bigdata/hello - spark - 1.0. jar      //提供上传的 Jar 包所在目录
    hdfs://weekend02:9000/wc        //提供所需分析的文件所在 hdfs 中的目录
    hdfs://weekend02:9000/out2       //提供处理完后的文件要放到 hdfs 中某目录
```

完成命令输入后，按回车键，若不报错，则运行成功。

习　题

一、单项选择题

1. Spark 的核心概念是（　　　）。

A. Mixin　　　　　　B. RDD　　　　　　C. XML 集成　　　　　D. Currying

2. Scala 被特意设计成可与下面三个互操作，以下选项中（　　　）不是。

A. Java　　　　　　B. . NET　　　　　　C. XML　　　　　　D. Basic

二、填空题

1. 内存计算下 Spark 比 Hadoop 快（　　　）倍。

2. Spark Yarn 有 Yarn - （　　　）模式和 Yarn - （　　　）模式两种模式。

三、判断题（正确打√，错误打×）

1. Spark 是在 Scala 语言中实现的，它将 Scala 用作其应用程序框架。（　　　）

2. RDD 是 Spark 的核心概念。（　　　）

3. 所谓开源就是源程序公开，并且免费。（　　　）

4. Spark Application 的概念和 Hadoop MapReduce 中的类似，指的是用户编写的 Spark 应用程序，包含了一个 Driver 功能的代码和分布在集群中多个节点上运行的 Executor 代码。（　　　）

四、简答题

1. Spark 是什么？何为 Spark 核心概念——RDD？

2. 简述 Spark 的生态环境。

3. RDD 基本操作有哪些？各自作用是什么？

4. 何为 Spark 程序框架？

5. Spark 的运行模式主要有哪两种？各自如何运行？

6. Spark Yarn 有哪两种模式？各自如何运行？

7. 何为 Scala 语言？其特性、平台和发展历史？

8. 实现本章的 Spark 程序设计例子及实例。

附录（二维码）

附录 A 《云计算原理与技术》教学大纲

附录 B
实验指导书

附录 B.1
实验一

附录 B.2
实验二

附录 B.3
实验三

附录 B.4.1
实验四

附录 B.4.2
实验五

附录 B.4.3
实验六

附录 B.5
实验七

附录 C.1
模拟考试试卷一

附录 C.2
模拟考试试卷二

参考文献

[1] 姚宏宇. 云计算：大数据时代的系统工程（修订版）. 北京：电子工业出版社，2016.

[2] 刘鹏. 云计算［M］. 3 版. 北京：电子工业出版社，2015.

[3] ICT－TTC. OpenStack 开源云平台核心技术与实战［M］. 北京：中科计算技术转移中心. 2014.

[4] 高磊. 云计算：Cloud Foundry on Cloud——开源 PaaS 集成技术实现［C］. 北京：北京云栖大会的"开发者服务专场"，2017.

[5] 赵新芬. 典型云计算平台与应用教程［M］. 北京：电子工业出版社，2013.

[6] 刘军. Hadoop 大数据处理［M］. 北京：人民邮电出版社，2015.

[7] 王晓华. MapReduce 2.0 源码分析与编程实践［M］. 北京：人民邮电出版社，2014.

[8] 吴朱华. 云计算核心技术剖析［M］. 北京：人民邮电出版社，2011.

[9] 文杰，陈小军，等. 站在云端的 SaaS［M］. 北京：清华大学出版社，2011.

[10] ［美］Ronald L，Krutz 著，张立强译. Cloud security a comprehensive guide to secure cloud computing［M］. 北京：人民邮电出版社，2013.

[11] 杨正洪，郑齐心，吴寒. 企业云计算架构与实施指南［M］. 北京：清华大学出版社，2010.

[12] 周品. 云时代的大数据［M］. 北京：电子工业出版社，2013.

[13] ［英］维克托. 迈尔－舍恩伯格，肯尼思. 库克耶著，盛杨燕，周涛译. 大数据时代生活、工作与思维的大变革［M］. 北京：浙江人民出版社，2013.